DIANLI XITONG JIWANG XIETIAO

电力系统机网协调

闵勇　胡伟　陈磊　徐飞　著

U0246570

中国电力出版社
CHINA ELECTRIC POWER PRESS

内 容 提 要

电力系统机网协调是指发电机组与电网之间在规划、设计、运行等方面的相互配合、协调发展，是保障电力系统安全稳定运行的重要问题。

本书共 9 章，主要包括机网协调在一次调频、二次调频，低频振荡、次同步振荡问题，发电机励磁系统、AVC 中的作用，以及发电机励磁与调速、AGC 与 AVC 协调控制，发电机二次设备保护与电网安全稳定的协调配合。

本书可供电力系统中从事规划、设计、运行和管理的人员在实际工作中参考，也可作为电力企业机网协调技术培训教材，还可供高等院校从事机网协调领域工作的电气专业师生学习参考。

图书在版编目（CIP）数据

电力系统机网协调/闵勇等著 . —北京：中国电力出版社，2018.10
ISBN 978-7-5198-2362-7

Ⅰ . ①电… Ⅱ . ①闵… Ⅲ . ①电力系统-系统管理 Ⅳ . ①TM73

中国版本图书馆 CIP 数据核字（2018）第 204107 号

出版发行：中国电力出版社
地　　址：北京市东城区北京站西街 19 号（邮政编码 100005）
网　　址：http://www.cepp.sgcc.com.cn
责任编辑：罗翠兰
责任校对：黄　蓓　闫秀英
装帧设计：张俊霞
责任印制：石　雷

印　　刷：北京雁林吉兆印刷有限公司
版　　次：2018 年 10 月第一版
印　　次：2018 年 10 月北京第一次印刷
开　　本：710 毫米×1000 毫米　16 开本
印　　张：17.75
字　　数：326 千字
印　　数：0001—1500 册
定　　价：82.00 元

电力系统机网协调

前言

21 世纪以来，我国电力工业逐步全面进入大电网与大机组时代。电网安全稳定运行风险增大，一方面，大容量机组异常运行对电网安全稳定运行的影响更加显著；另一方面，各区域电网之间的相互影响和相互作用进一步增强，新技术、新设备的大量应用使电网运行特性更加复杂，因此大电网安全对机网协调运行提出了更高要求。

电力系统机网协调指的是发电机的各种保护可以适应电网运行方式的变化，并且能与自动装置达到最佳配合，从而保证整个电网的安全稳定性。各种保护包括发电机的失磁保护、失步保护、电压和频率异常保护等与电网密切相关的保护，自动装置包括励磁、调速、电力系统稳定器（PSS）、自动发电控制（AGC）、自动电压控制（AVC）等自动控制装置。由此可见，电力系统机网协调是一个涉及范围广，并具有理论深度和工程实践意义的课题。

本书所介绍的研究成果，大部分来源于清华大学电机系新能源电力系统动态分析与运行团队承担的国家重点研发计划项目（2017YFB0902200）、国家高技术研究发展计划（"863"计划）（2011AA05A112 和 2012AA050207）、国家自然科学基金项目（51777104 和 50607011）以及国家电网公司科技项目等多项科学技术项目的研究成果。本书基于实际电网中存在的机网协调问题，探究其原因和解决策略。本书详细地论述了机网协调在电力系统频率、功角和电压稳定三方面的作用，涵盖内容全面。基于现代控制理论和电力系统协调控制方法，本书构建了电力系统一次调频和二次调频在线评估系统，从多个角度对电力系统调频能力进行全面的分析和评价；研究了中长期稳定计算中的电厂动力系统模型，得到了中长期稳定计算中水力系统以及热力系统的建模要求；对SSR/SSO 问题进行了机理分析、风险评估和抑制措施设计；建立了以网源智能协调监控系统为平台的完整的励磁系统评价体系；研究了发电机组励磁—调速系统协调控制技术；提出了 AGC 和 AVC 分层协调优化系统；同时还基于机组涉网保护的网源协调思路对发电机失磁保护进行了研究。本书的论述过程由浅入深，包含丰富的算例。书中提出的大量协调控制方法已通过工程实践的验证，具有很强的实用性。

　　本书的研究成果大部分来源于作者所在的课题组及他们指导的诸多研究生共同工作所得，同时书中涉及的部分研究工作得到了清华大学电机工程与应用电子技术系的鲁宗相、乔颖、张毅威、谢小荣和桂林等老师的大力支持；另外国网冀北电力科学研究院的李群炬高工也提出了宝贵意见，在此一并向他们表示感谢。

　　在项目研究和本书编写过程中，还得到了华中科技大学、武汉大学、湖南大学、东北电力大学和三峡大学的诸多老师的热情帮助；中国电力出版社对本书的出版也给予了宝贵的支持和帮助，谨借此机会表达深深的谢意。

　　由于作者水平有限，且部分研究工作尚待深入，书中难免存在疏漏和不当之处，恳请读者们批评指正。

作者

2018 年 6 月

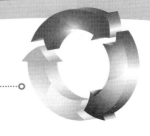

目 录

概　述

1.1　现代电网与机网协调

21 世纪以来，我国电力工业逐步全面进入大电网与大机组时代。一方面，特高压线路相继建成投运，华北、华东、华中（"三华"）联网工程稳步实施，"西电东送"、大区联网的大电网格局在合理利用能源、减少备用容量、提供相互支援，以及提高电网稳定性、经济性、可靠性等方面具有重要的战略意义；另一方面，华能玉环、上海外高桥三期等一批单机容量 1000MW 的火电机组也陆续投入运行，向家坝水电站的单机容量已达 800MW，大容量、高参数的发电机组具有技术先进、效率高、节能环保等优点，对调整电力工业结构、完成节能减排指标具有十分重要的意义。

现代电网一方面在向高电压、大机组、大功率远距离传输、交直流混合运行的方向发展，另一方面也在向分布式发电、电力电子化、多种能源综合的方向发展，电网组成元件和运行特性日趋复杂，因而对电源和电网之间的协调性提出了更高要求。目前大型同步发电机组仍是电力生产任务的主要承担者，因此，从保障电网安全运行的角度深入开展对发电机组自动装置和保护技术的分析研究，强化机组与电网的协调运行能力，有助于提高电力系统安全稳定水平和应对大面积停电事故的能力，是构筑坚强电网的基础。

发电机组运行特性主要由发电机组参数、励磁系统、调速系统、自动发电控制、自动电压控制、一次调频和二次调频功能、继电保护及安全自动装置等多种相关因素综合作用决定，这些设备及控制系统参数的设定与配置，对保障电力系统稳定运行起着至关重要的作用。近年来随着科学技术的进步和发展，数字型调节系统在我国电力系统中得到越来越广泛的应用，大大提高了机组调节运行水平，但是实际运行中发现以下问题：一是发电机组调节器性能不一、生产厂家种类繁多，存在系统性能未达标的情况，对电网的暂态、动态特性造成影响；二是厂网分开后由于管理监督机制尚未完善，部分电厂仅考虑自身利益，更改了调节器的功能和参数，造成机组调节器特性的变化以及模型实际参数与电网掌握的情况不一致，从而削弱了电网的调节能力，同时也降低了电网仿真的精度，增加了电网事故的风险；三是目前电网的调节手段有限，各类调节器以及保护之间缺乏有效的协调控制，无法兼顾厂网安全。因此，大机组和大电网之间的相互作用及影响已成为关系到电力生产安全性和经济性的关键技术问题之一。

1.2 电力系统机网协调现状

电力系统机网协调问题涉及电网安全，近年来国内外发生的多起电网事故，都与机网协调问题有关。

2003 年 8 月 14 日的美加大停电事故负荷损失总计 6180 万 kW，停电范围为 9300 多平方英里（14 966km²），涉及美国的 8 个州和加拿大的 2 个省，受影响的居民约 5000 万人。根据北美电力可靠性协会（NERC）公布的美加"8·14"大停电事故的分析报告，可以看出，由于未建立机网协调的继电保护和安全稳定控制系统，使得在系统电压下降时，许多发电机组很快退出运行，加剧了电压崩溃过程。IEEE 继电保护工作组（J-6）与旋转电机工作组（J-5）的联合撰文也指出上述大停电事故中许多发电机组的跳闸属于机组保护在系统大扰动中的误动作，进而提出发电机相关保护与发电机容量曲线、励磁调节和静稳极限的配合策略，以确保发电机在系统大扰动中的在线运行，这对于恢复系统稳定至关重要。

2006 年 11 月 4 日 22：10，西欧 8 个国家发生了大面积停电事故。这是欧洲 30 年来最严重的一次停电事故，1000 多万人受到影响。这也是继上述美加大停电之后又一次严重的大停电事故，引起了德国乃至欧洲各国的极大震动。处理报告确认本次事故起源于德国西北部，某条双回 380kV 线路正常停运，潮流转移至南部的联络线，导致其他输电线路负荷过重，同时影响了西欧其他国家的电力平衡。事故发生后，调度员立刻采取了相关应急措施，安全自动控制装置也发生动作，取得了一定的效果，但机组保护与系统控制的协调性不好，解网后没有实现子网内的功率平衡，又有众多机组解列，导致大量负荷被切除。除此之外，电网与风力发电机组之间的机网协调不足也是事故进一步发展的一个重要原因：解网后，风电的频率适应性没有发挥出来，当时德国西南电网频率偏差小于 1Hz，东南电网频率偏差小于 0.3Hz，但是风电机组都立即开始切机，从而影响了电网的稳定性。

2005 年 9 月 1 日 18：53~21：12，我国发生了 3 次蒙西电网机组对主网的低频振荡。3 次振荡的持续时间分别为 6min 40s、2min 25s 和 13min 55s。振荡的引发地点在万家寨电厂，引发原因是振荡前与万家寨电厂机组强相关的系统振荡模式的阻尼已经较弱，随着该厂有功出力的增加和无功出力的减少，进一步降低了该振荡模式的阻尼，引发了万家寨电厂机组对系统的低频振荡，由此激发了蒙西电网机组对主网的低频振荡。采用现场试验数据拟合出的励磁系统模型参数计算结果显示，万家寨电厂对系统振荡模式呈现弱阻尼，在万家寨电厂三台机满发且机端电压较低的情况下，甚至出现负阻尼。发电机 PSS 参数整定不当，是引起弱阻尼振荡的主要原因。

以上事故的发生都与电力系统机网协调不当相关，其凸显出的问题主要表现在发电厂与电网位置、结构上的配合以及发电机控制与电网调度指令的协调。前者需要在电网建设前期对其进行规划，后者需要发电厂控制装置的准确动作以及调度员在工作中正确地做出判断。

为了减少由机网协调问题引起的电网事故，我国对机网协调问题展开了积极的研究，在 DL/T 1040—2007《电网运行准则》和 DL 755—2001《电力系统安全稳定导则》等行业标准中，针对电网企业、发电企业、供电企业、直接供电用户等在从规划设计到并网运行各阶段所应遵循的基本技术和管理要求做出了明确规定。电网公司的各级调度根据所在地的具体情况制定了相应的机网协调方面的规章制度，如《国家电网公司十八项电网重大反事故措施》《国家电网公司发电厂重大反事故措施》中都列有防止机网协调事故规程。

然而，随着电网结构的日益复杂，关于机网协调还存在很多尚未解决的问题。因此，必须对机网协调的理论依据、影响因素、分析方法、应用成果等方面进行深入探讨，以期对进一步研究和改善机网协调问题提供帮助。

1.3 电力系统稳定性分类

IEEE/CIGRE 工作组根据电力系统失稳的物理特性、受扰动的大小以及研究稳定问题必须考虑的设备、过程和时间框架，将电力系统稳定分为频率稳定、功角稳定和电压稳定 3 大类。我国目前也采用类似划分，但细节略有差异。

（1）频率稳定：电力系统频率稳定性是指电力系统受到严重扰动以后，发电和负荷产生大的不平衡，电力系统仍能维持频率在合理的数值范围内的能力。频率稳定分为长期频率稳定和短期频率稳定等。一次调频、二次调频是保证电力系统频率稳定的重要手段。

（2）功角稳定：正常情况下，系统中各发电机以相同速度旋转，机间相对转子角度维持恒定，即处于同步运行状态。若受到扰动后，系统中各发电机之间的相对功角随时间衰减并最终达到一个新的稳态值，则系统功角稳定。若受到扰动后，系统中各发电机之间的相对功角随时间不断增加，导致发电机失去同步，则系统功角失稳。功角稳定分为小扰动功角稳定和暂态功角稳定两种❶。小扰动功角稳定是指电力系统运行于某一稳态运行方式时，系统经受小扰动后，能恢复到受扰动前状态，或接近扰动前可接受的稳定运行状态的能力。暂态功角稳定是指电力系统受到大干扰后，各发电机维持同步并过渡到新的稳定方式的能力，通常指第一或第二振荡周期不失步。

（3）电压稳定：电力系统电压稳定性就是电力系统维持节点电压在合理的数值范围内的能力。按照系统受到扰动的大小可以将电压稳定问题分为小扰动电压稳定和大扰动电压稳定。小扰动电压稳定研究的是电力系统在某一种潮流状况下，受到小的扰动系统能否保持稳定并维持各节点电压在合理的数值范围内。例如，负荷的缓慢增加有可能使系统达到承受负荷的极限，任何使系统偏离该平衡点的扰动都将导致母线电压发生不可逆转的下降，而其他状态变量没有明显的变化。大扰动电压稳定问题，是电力系统受到大的扰动后伴随着系统保护的动作与事故处理，某些母线电压发生不可逆转的突然下降，而此时电力系统中其他的状态变量仍处于合理的数值范围内。

本书着眼于机网协调在电力系统稳定性方面的作用，包括以下几方面。

（1）机网协调在频率稳定方面的作用。

这部分包括本书的第 2 章、第 4 章，将介绍一次调频、二次调频中的机网协调。

（2）机网协调在功角稳定方面的作用。

这部分包括本书的第 4 章、第 5 章，将介绍机网协调在低频振荡、次同步振荡上的作用。

（3）机网协调在电压稳定方面的作用。

这部分包括本书的第 6 章、第 7 章和第 8 章，将介绍发电机励磁系统、AVC 上的机网协调，以及发电机励磁和调速协调、AGC 和 AVC 协调。

（4）电力系统继电保护对机网协调的影响。

这部分包括本书的第 9 章，将介绍继电保护在机网协调问题上的应用。

参考文献

[1] 印永华，郭剑波，赵建军，等. 美加"8·14"大停电事故初步分析以及应吸取的教训 [J]. 电网技术，2003，27（10）：8-11.

---

❶ 我国原有功角稳定分类中有静态稳定和动态稳定，静态稳定一般特指不考虑发电机自动控制系统时的小扰动稳定，动态稳定考虑发电机自动控制系统（特别是励磁控制系统）时的小扰动稳定。CIGRE 和 IEEE 建议不再使用该分类。

［2］李再华，白晓民，丁剑，等. 西欧大停电事故分析［J］. 电力系统自动化，2007，31（1）：1-3.

［3］IEEE/CIGRE Joint Task Force on Stability Terms and Definitions. *Definition and Classification of Power System Stability*［J］. IEEE Transactions on Power Systems Pwrs，2004，19（2）：1387-1401.

［4］闵勇，陈磊，姜齐荣. 电力系统稳定分析［M］. 北京：清华大学出版社，2016.

第2章

一次调频中的机网协调

电网的频率是由发电功率与用电负荷大小决定的，当发电功率与用电负荷大小相等时，电网频率稳定；发电功率大于用电负荷时，电网频率升高；发电功率小于用电负荷时，电网频率降低。一次调频是指电网的频率一旦偏离额定值时，电网中机组的控制系统就自动地控制机组有功功率的增减，限制电网频率变化，使电网频率维持稳定的自动控制过程。当电网频率升高时，一次调频功能要求机组利用其蓄热等快速减发电功率；反之，机组快速增发电功率。一次调频一般由发电机的调速器进行，调节过程由发电机的自动调速系统随电力负荷的变化而改变输出功率，同时减小电网频率的变化。一次调频是电力系统有功频率控制的重要环节，反映了电网应对负荷突变的能力，对于系统的安全稳定运行有重要的作用。系统的一次调频能力与发电机组调速器的设置和机组控制方式密切相关，目前火电机组数字电液调节系统的广泛应用，使得一次调频功能不再是调节系统的固有属性，可通过人为操作进行逻辑修改及投切操作。随着电力市场改革的不断深入，厂网分开后发电机的考核管理难度加大。由于投入一次调频功能会造成机组调节系统及热力系统产生一定的波动，部分发电企业只注重机组运行稳定性，长时间切除一次调频功能或是增大动作死区，从而削弱了电网的一次调频能力，致使事故后系统的准稳态频率过低，可能导致低频减载装置动作，不利于系统的安全稳定运行。因此，如何实时、准确地评估机组的一次调频能力，对督促电厂保持发电机组良好的一次调频性能，以及实时掌握全网的一次调频水平、增加电网的运行质量和稳定性具有重要意义。

本章通过对电网频率动态过程中广域测量系统（WAMS）采集数据的分析，设计了一次调频在线评估系统，帮助电网公司实时掌握各个发电厂的一次调频运行状态，利用量化的考核方式提高管理的质量和效率，促进发电厂积极投入一次调频，确保电网的安全稳定运行。另外，还要对全网的一次调频性能展开研究，探索影响全网一次调频性能的因素，寻找提高全网一次调频性能、应对频率大扰动的方法，提升电网在频率大扰动下的安全稳定性能。

2.1　一次调频在线评估指标体系

鉴于一次调频对电网安全稳定性的重要作用，电网相关的一次调频考核管理制度正在逐渐深化。华中电网制定《华中电网发电机组一次调频技术管理规定》（简称《规定》）、提出《华中区域并网电厂运行管理及辅助服务技术支持系统——自动计算方法》等技术规范。湖北省电网公司在《湖北电网机网协调技术研究》项目中完成了发电机组调节器特性实时监测技术研究，实现部分试点电厂的相关参数上传工作。《湖北电网机网协调优化技术深入研究和高级应用》项目在此基础上，进一步开发机组一次调频性能评价功能，全面精细化地对湖北电网机组开展一次调频性能评价，促进机组充分发挥一次调频能力。

2.1.1　一次调频指标体系

近年来，基于全球定位系统（GPS）的同步相量测量技术不断成熟和发展，可在全局统一时钟协调下，对各测点的电压、电流等相量及功率、频率等模拟量进行同步测量，以 25～100 帧/s 的速率实时采样并上送至广域测量系统（Wide Area Measurement System，WAMS）主站。WAMS 是实现准确捕捉电力系统在故障扰动、低频振荡以及人工试验等情况下电网动态过程的技术手段，为系统动态行为的实时监控提供了良好的基础，也为一次调频动态特性的在线评估奠定了基础。

一次调频在线评估系统基于 WAMS 和能量管理系统（EMS）提供的数据，可详细地记录电网一次调频的动态和静态过程，获取实时数据和相关的长期统计数据，可从不同维度对系统进行全面的评估。本章提出了完整的三维一体的一次调频在线评估指标体系，如图 2-1 所示。

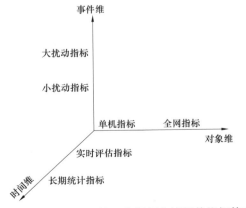

图 2-1　基于 WAMS 的一次调频在线评估指标体系

（1）对象维。一次调频的评估对象包括全网的和单机的一次调频能力，既对电网的一次调频性能做整体的评估，便于调度人员实时掌握电网应对大扰动的能力，也对单台机组进行针对性的评估和考核，以促进机组一次调频性能的提高。

（2）事件维。大电网运行中总是存在各种扰动，而系统频率和机组频率调节特性在不同扰动下的行为特征不尽相同，因此指标体系在事件维上分为大扰动和小扰动两类事件。小扰动下一次调频的调整量较小，数据受到负荷随机波动和机组出力自然波动的影响较大，但又是日常评估的最主要指标，此场景下的评估指标既要能评估一次调频的能力，又要尽量排除测量误差的影响，以保证评估的准确性和考核的公正性；大扰动下系统和机组的一次调频过程具有调节幅度大、时间较长、动作明显等特点，利用 WAMS 系统可有效捕捉完整的频率扰动过程，此场景下的评估指标可用于全面分析评估系统和机组的各个方面，为电网的规划运行、管理考核制度的制定提供相应的依据。可见对事件维度的分类，可从不同角度评价一次调频在不同场景下的行为特征。

（3）时间维。指标体系在时间维上分为实时评估指标和长期统计指标两类，即综合系统的短期数据和长期数据，从单次表现和长期表现两个角度来对单机和系统的一次调频能力进行评估，并为一次调频能力的数学描述提供更全面的数据支撑。

2.1.2　一次调频评估指标

本节提出了 7 个指标用于评估一次调频能力，分别属于上述指标体系的三个维度的范畴，而对于单机和全网的相关指标，又有不同的表示方法和适用场合，下面分别进行介绍。

2.1.2.1　调差系数

由于日常的频率波动小，一次调频的调整量小，计算出的调差系数不够准确。因此，调差系数指标在事件维方面属于大扰动指标，在对象维方面调差系数分为单机和全网 2 种指标。

1. 单机调差系数指标

发电机组的频率一次调整过程中，其输出功率和频率关系的曲线称为发电机组的功率频率静态特性，它可以用直线近似地表示，由此即可计算发电机的调差系数。发电机组功率-频率特性如图 2-2 所示，发电机组在频率 f_0 下运行时，其输出功率为 P_0，相当于图中的 a 点；当系统中的负荷增加导致系统频率下降到 f_1 时，发电机组由于调速系统的作用，使机组的输出功率增加到 P_1，相当于图中的 b 点。

调差系数的计算公式如式（2-1）所示：

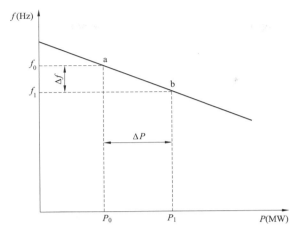

图 2-2 发电机组功率-频率特性

$$\delta = -\frac{\Delta f/f_{\mathrm{n}}}{\Delta P/P_{\mathrm{n}}} \times 100\% \qquad (2-1)$$

式中　Δf——调整后的频率和调整前的频率的差，Hz；

　　　ΔP——调整后的机组有功出力和调整前的机组有功出力的差，MW；

　　　f_{n}——额定频率，Hz；

　　　P_{n}——额定有功功率，MW。

由于调差系数 δ 是根据调节前后的稳态值计算的，因此它反映了机组一次调频的有差调节特性，是衡量一次调频特性的静态指标。

2. 全网的复合频率调节特性系数指标

全系统的一次调频性能由发电机和负荷共同决定，可以用系统复合频率调节特性表示。对于一个有 n 台发电机和阻尼常数为 D 的负荷的系统，当负荷变化为 ΔP_L 时，静态频率偏差 Δf_{ss} 计算公式如式（2-2）所示：

$$\Delta f_{ss} = \frac{-\Delta P_L}{\left(\dfrac{1}{\delta_1} + \dfrac{1}{\delta_2} + \cdots + \dfrac{1}{\delta_n} + \mathrm{D}\right)} = \frac{-\Delta P_L}{\dfrac{1}{\delta_{eq}} + \mathrm{D}} \qquad (2-2)$$

式中　δ_i——第 i 台发电机的调差系数，$i = 1，2，\cdots，n$。

因此，定义系统的复合频率调节特性系数 β 为：

$$\beta = \frac{1}{\dfrac{1}{\delta_{eq}} + \mathrm{D}} \qquad (2-3)$$

由于计算式（2-3）中的负荷阻尼系数 D 由负荷水平及特性决定，难以在线得到，历史数据或经验值都不能保证计算的准确性。本章根据系统复合频率调节特性的物理意义，利用 WAMS 数据寻找系统的突变功率，用以计算系统的一次调频指标。考虑到在大电网系统互联的情况下，需排除外网的影响，计算出来的指标才是反映本系统一次调频性能的指标，故计算公式如式（2-4）所示：

$$\beta = \frac{\Delta f}{\Delta P_{\text{sudden}} + \Delta P_{\text{tieline}}} \qquad (2-4)$$

式中 Δf——调整前后静态频率偏差，Hz；

    ΔP_{sudden}——电网中的突变功率，MW；

    $\Delta P_{\text{tieline}}$——调整前后联络线的功率变化，外送为负。

若所有联络线的 $\Delta P_{\text{tieline}}$ 都与 Δf 符号相同，则扰动发生在本系统；反之，则扰动发生在外部电网，$\Delta P_{\text{sudden}} = 0$。由于目前互联电网的频率都较为稳定，频率大扰动一般是由于大型发电机组跳闸造成的。随着同步相量测量装置（PMU）的广泛应用，大型机组的功率突变可通过 WAMS 数据分析获得，因此式（2-4）具有工程实用性，且计算准确性高，能够真实反映全网一次调频能力。

2.1.2.2 滞后时间和稳定时间

动态指标反映的是机组一次调频过程中的动态性能，包括反应速度和调整速度。因此，在对象维上这两个指标属于单机指标。又由于在日常的小扰动下，这两个时间指标的计算不准确且意义不大，因此在事件维方面这两个指标属于大扰动指标。

机组反应速度用滞后时间 T_{lag} 来评估如式（2-5）所示：

$$T_{\text{lag}} = T_{P\_\text{begin}} - T_{f\_\text{beyond}} \qquad (2-5)$$

式中 T_{P_begin}——有功出力开始发生变化的时刻；

    T_{f_beyond}——电网频率超过阈值的时刻。滞后时间越短，表示机组对频率变化的反应越快。

机组调整速度用稳定时间 T_{stable} 来评估如式（2-6）所示：

$$T_{\text{stable}} = T_{P\_\text{begin}} - T_{P\_\text{end}} \qquad (2-6)$$

式中 T_{P_begin}——有功出力开始发生变化的时刻；

    T_{P_end}——发电机有功出力在调整后到达新的稳定值的时刻。稳定时间越短，表示机组调整的速度越快。

2.1.2.3 贡献率

贡献率是单机指标，该指标可计算大扰动和小扰动情况，因此在事件维方面同属于大扰动和小扰动指标。其中，可以利用小扰动下的机组贡献率来判断机组是否正确动作，进而计算日常扰动的机组正确动作率。

　　静态指标仅可反映一次调频调节前后的稳态特征，动态指标反映的是调节的滞后和调整时间，都没有体现在调节过程中机组出力对频率波动的贡献。而贡献率指标衡量的是整个调节过程中机组的能量贡献，是一次调频评估的重要指标，同时其对数据采样率和精度要求不高，SCADA 数据亦可满足粗略的评估要求，因此目前多数电网采用贡献率作为一次调频的考核标准。贡献率 K 是实际贡献电量和理论贡献电量的比值，其计算公式如式（2-7）所示：

$$K = \frac{H_i}{H_g} \times 100\% \tag{2-7}$$

式中　H_i——机组在调整过程中实际的贡献电量；

　　　　H_g——机组在调整过程中理论的贡献电量。

　　实际的贡献电量计算公式如式（2-8）所示：

$$H_i = \int_{t_0}^{t_t} (P_t - P_0)\,\mathrm{d}t \tag{2-8}$$

式中　t_0——电网频率超过阈值的时刻；

　　　　t_t——电网频率回到阈值的时刻，最大积分时间为 1min，如果超过 1min

　　　　　　　则按照 1min 记；

　　　　P_t——在积分过程中 t 时刻的机组有功出力；

　　　　P_0——t_0 时刻机组的有功出力。

　　理论的贡献电量计算公式如式（2-9）所示：

$$H_g = \int_{t_0}^{t_t} \left(\frac{\Delta f(t)}{f_n} \times \frac{1}{\delta_{\text{set}}} \times P_n \right) \mathrm{d}t \tag{2-9}$$

式中　$\Delta f(t)$——t 时刻的电网频率与阈值的偏差；

　　　　f_n——额定频率；

　　　　δ_{set}——理论上的机组调差系数的设定值或电网规定的调差系数考

　　　　　　　核值，一般取 5%；

　　　　P_n——额定有功功率。

　　实际贡献电量和理论贡献电量的比值反映了机组的一次调频性能和预期的关系。在华中电网的规定中，贡献率 $K>0.5$ 则合格，否则不合格。

2.1.2.4　储备系数

　　储备系数属于全网的实时评估指标，通过实时计算和在线监测全网的储备系统，可以帮助调度员实时地了解电网承受大扰动的状况，为在线的预警和安全预防策略的制定提供关键性的信息。

　　由于系统的复合频率特性系数是随着负荷变动而变化的，大扰动下计算得到的全网复合频率特性系数仅可在一定程度上提供参考，在实时系统中调度员无法实时掌握全网一次调频的状态。对于全网而言，在日常的运行中，运行人员更关心的是系统中可以用来进行一次调频的总容量，以此估计系统能够承受的扰动大小，从而评估系统当前的安全稳定运行状况。全网一次调频储备系数 S，可以根据电网的状态实时计算出当前电网的一次调频储备值，用以评估电网的频率稳定性。储备系数的计算公式如式（2-10）所示：

$$\begin{cases} S_-(t) = \sum \min\left\{\Delta f_-(t) \times \dfrac{P_N}{\delta_* \% \times f_n}, P_{\max} - P(t)\right\}, \\[2mm] \Delta f_-(t) = f_L - f(t), \\[2mm] S_+(t) = \sum \min\left\{\Delta f_+(t) \times \dfrac{P_N}{\delta_* \% \times f_n}, P(t) - P_{\min}\right\} \\[2mm] \Delta f_+(t) = f_H - f(t), \end{cases} \quad (2\text{-}10)$$

式中　f_L——系统的最低安全预警频率，一般采用切负荷的动作阈值频率；

f_H——系统的最高安全预警频率，一般采用切机的动作阈值频率。

$f(t)$——t 时刻的电网频率；

P_N——发电机额定有功功率；

f_n——电网的额定频率；

$P_{\max}$——发电机最大有功出力；

$P_{\min}$——发电机最小有功出力；

$P(t)$——发电机 t 时刻的有功出力；

$\delta_* \%$——机组的调差系数，取自一次调频特性数据库；

S_+——可承受的最大正扰动量，以负荷为正方向；

S_-——可承受的最大负扰动量，以负荷为正方向。

该数据库中，$\delta_* \%$ 是由发电机的出厂实验数据以及各次频率大扰动下计算的数据加权平均得到的，是实时更新的。因此，可以看出前一部分反映了当系统频率达到安全预警频率时机组能够做出的一次调频有功调整量；后一部分是机组的旋转备用，两者的最小值就是机组当前可提供的最大一次调频可调整量。将全网的发电机的有功储备相加就能得到全网一次调频储备系数 S。

2.1.2.5　投运率

一次调频投运率属于单机长期统计指标。机组一次调频投切信号由 SCADA/EMS 系统实时采集。机组控制系统通过组态，以软开关形式将机组一次调频投切信号通过远程测控终端（RTU）输送至省调 SCADA/EMS。EMS 系统则自动记录机组一次调频投切时间，计算一次调频投运率并作为考核机组一次调频的依据之一。机组一次调频投运率（月）统计计算式如式（2-11）所示：

$$一次调频月投运率 = \frac{一次调频月投运时间}{机组月并网时间} \times 100\% \qquad (2-11)$$

若要统计每天或每年的一次调频投运率可以用相似的公式计算，只需将式（2-11）中的相关月统计量改为相关日或相关年统计量即可。若要计算某电厂全厂的一次调频投运率，将该厂内各机组的一次调频投运率求平均值即可。

2.1.2.6 正确动作率

正确动作率属于单机长期统计指标，是单机日常小扰动下机组贡献率的统计值。由于日常频率的波动较小，因此机组可能尚未开始明显动作，频率即可回到阈值以内；或者部分机组的调速器死区设置过大，在频率超过阈值期间一次调频并没有动作，但机组本身有功功率存在自然波动，使其在调节过程中计算得到的贡献率为正值，但并不属于其主动行为。可见，仅用单次调节的贡献率对机组进行考核是不合理的。正确动作率可为一次调频表现的长期分析积累数据，也是对单机一次调频能力进行考核的重要指标。

当机组并网运行时，在电网频率越过机组一次调频死区的一个积分期间，如果机组的一次调频功能贡献量大于阈值，则统计为该机组一次调频正确动作1次，否则，为不正确动作1次。阈值一般取0，但因为贡献率受机组出力随机波动的影响较大，也可取一个较小的负数，如-0.1，认为只有负的贡献电量的绝对值较大时，机组才被判定发生了反调。用机组一次调频的月正确动作率作为考核机组日常一次调频性能的指标。

机组一次调频月正确动作率 F 的计算公式如式（2-12）所示：

$$F = \frac{f_{\text{correct}}}{f_{\text{total}}} \times 100\% \qquad (2-12)$$

式中 f_{correct}——每月正确动作次数；

f_{total}——每月频率超出阈值，机组应发生动作的次数。

一般认为，正确动作率小于40%的机组，没有投入一次调频功能。

按照本章2.1.1节中的3种维度分类方法对以上7种指标进行总结分类，得到一次调频指标体系如图2-3所示。

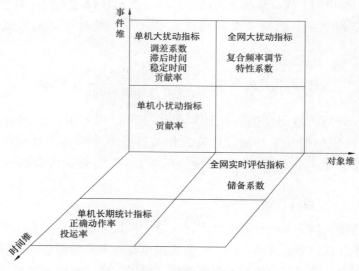

图 2-3　一次调频指标体系

2.2　一次调频评估指标算法

本节将结合 WAMS 数据特点介绍一次调频评估指标的计算机算法。大扰动下的单机一次调频性能指标计算方法在各类指标的算法中具有代表性，因此首先以大扰动下单机一次调频指标为例，详细介绍指标实时计算的方法。大扰动下单机一次调频指标的算法分为数据处理、启动判断、确定关键时间点、计算指标这四个步骤。具体的流程如图 2-4 所示。

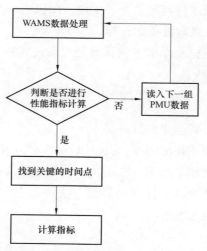

图 2-4　大扰动下单机一次调频性能指标算法流程图

2.2.1　数据处理

数据处理包括坏数据修正、平滑处理和二次调频影响剔除3个部分。

1. 坏数据处理

一次调频指标计算的基础数据是电网频率 f 和发电机有功功率 P。在实际的工程中，由于数据的测量、采集、传输和存储过程中难免出现错误，因此对于 WAMS 系统提供的数据应该首先进行坏数据辨识与修正。

坏数据修正，即将明显超出正常范围的数据剔除，并利用频率曲线的连续性，用前一个时刻的数据代替坏数据的方法进行修正。

例如，参考湖北 WAMS 系统提供的数据进行分析，可以应用式（2-13）进行判断。

$$|f - f_n| > 50\%f_n$$
$$\text{或} \tag{2-13}$$
$$|P - P_n| > 50\%P_n$$

2. 平滑处理

算法需要从大量的数据中提取关键信息以计算各类指标，但是数据的波动对信息的提取造成了困难，容易引起误判，因此需要滤去干扰，获得平滑化的数据。

平滑处理是利用平均值方法，将固定时间周期内的所有数据进行平均，平均值代替这短时间内所有的数据，以消除单点测量误差。固定的时间周期取得越长，平滑的效果越好，但是滤去的信息也就越多；如果时间周期取得太短，数据扰动大，计算的准确度也不会高。本例中频率数据的平滑周期取 0.1s，有功功率的平滑周期取 0.5s，通过仿真测试可以证明该取值较合适。如图 2-5 所示为有功功率处理前后的数据对比图。相比于其他的数据滤波平滑方法，该方法可以起到很好的平滑效果，尽量避免丢失必要的信息，而且方法简单，便于应用。

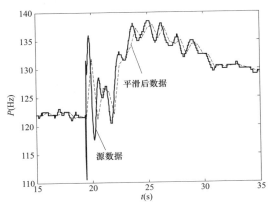

图 2-5　处理前后的有功功率序列对比

3. 二次调频影响剔除

若机组为 AGC 机组，承担二次调频的任务。当发生大扰动时，一次调频和二次调频会耦合在一起，因此在利用 WAMS 数据考核机组的一次调频性能的时候应该剔除二次调频的作用。

根据 AGC 指令是一个矢量的特点，确定剔除方案。剔除时有 2 个关键点，首先是剔除的方向，其次是剔除的量值。

（1）剔除方向的确定：根据 AGC 指令数据以及二次调频在线评估系统的计算结果，确定在频率大扰动过程中二次调频的方向（增出力或者减出力）以及总的出力改变量。

（2）剔除量值的确定：根据二次调频在线评估系统的计算结果得到该机组响应的上升速率和下降速率。

将剔除的量值与剔除的方向拟合出一条 AGC 响应指令的曲线，作为剔除 AGC 指令的最终依据。

2.2.2　计算启动判断

只有在频率大扰动发生时才进行单机大扰动一次调频性能的计算与评估。因此需要设置相应的判据，判断是否需要启动指标计算程序。

经过分析和仿真验证，提出的大扰动判断依据为：

（1）$|f-f_n|$ 超过 df_1 持续 t_1 时间，其中 df_1 取 0.033Hz，t_1 取 10s。

（2）$|f-f_n|$ 超过 df_2 持续 t_2 时间，其中 df_2 取 0.05Hz，t_2 取 0.3s。

以上 2 条均满足时，可以判定系统发生大扰动。

系统发生小扰动的判断依据只取第一条，时间阈值 t_1 取 8s。

在电网日常的运行过程中，发电机的开启和停止是经常发生的。但是每当机组启、停的过程中，机端测得的频率就会发生很大的变化，因此不能简单地用发电机组机端的频率来判断是否进行计算启动。算法设计取分布在电网不同地理位置的几个大型变电站的频率数据，将这些数据的平均值作为判断的依据。

2.2.3　关键点搜索

从单机的三种指标来看，指标计算的难点在于确定调节开始或结束的关键时间点，其曲线如图 2-6 所示。

从图 2-6 所示的典型一次调频过程曲线中可以看出，需要寻找的关键时间点有：频率超过阈值的时间点 t_1、频率回到阈值内的时间点 t_2、频率开始变化的时间点 t_3、有功功率开始变化的时间点 t_4、频率稳定的时间点 t_5 和有功功率稳定的时间点 t_6。

下面具体介绍各个关键时间点的寻找方法。

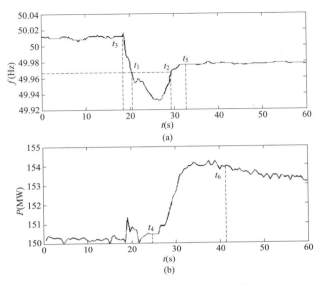

图 2-6　一次调频过程关键时间点曲线

（a）频率曲线；（b）有功功率曲线

（1）频率超过阈值的时间点 t_1：在启动判断中，第一个条件是频率超过阈值持续一定的时间。在判断过程中记下频率超过阈值的第一个点所对应的时间 T，则在这一步算法中可以直接得到 $t_1 = T$。

（2）频率回到阈值内的时间点 t_2：从 t_1 后开始寻找，比较频率和阈值的关系，回到阈值内的第一个频率点所对应的时间即为 t_2。

（3）频率开始变化的时间点 t_3：由于负荷的随机性，系统的频率也在不断地波动。准确寻找频率发生突变的时间点较为困难。观察频率大扰动的典型曲线可以发现，频率从稳定状态突然开始改变的点具该点之前的数据平稳，而之后的点快速变化的特征。方差是典型的用来表示序列中各点的差异的统计量，因此，突变点前一段时间内的方差接近于零而突变点后一段时间内的方差是一个比较大的值，突变点的前后方差差值比其他点的都大。据此提出了方差比较法，利用频率突变点的数学特征进行筛选。具体做法为：对频率超过阈值前的一段数据窗进行扫描，比较各个数据点前 1s 的频率序列方差和该点后 1s 的频率序列的方差之差，前后方差变化最大的点即为频率突变点。如图 2-7 所示为一个典型的掉机事故频率曲线，如图 2-8 所示为 2~30s 的数据前后方差变化，可以看到，频率突变点和方差偏差点是一致的，用该方法可准确识别频率突变发生在 18.5s。

以上通过仿真验证了该方法的准确性和有效性，而且该方法简单直观，便

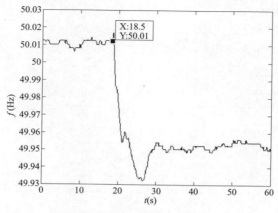

图 2-7　典型的掉机事故频率曲线

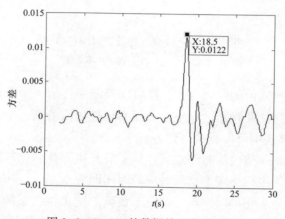

图 2-8　2~30s 的数据前后方差变化

于编程计算。

另外，为了降低计算量，减少计算时间，只需要搜索到之前已经搜索出的时间点 t_1，也就是说频率发生突变的点一定在频率超过阈值之前。

（4）有功功率开始变化的时间点 t_4：在系统发生大扰动瞬间，首先发生的是电磁暂态过程，发电机组按照同步功率系数承担部分功率扰动量，机组电磁功率发生突变，这一过程是较为迅速的。虽然电磁功率发生了突变，但是在这一瞬间，由于机械惯性，机械功率不可能突然改变，仍为原来的数值，也就是说此时量测到的有功功率的变化不等于机械功率的变化，不是一次调频作用的结果。之后，由于功率的不平衡，引起发电机转速的改变，根据距扰动点的距离、转动惯量和整步功率系数的不同，各发电机将按照各自的有关参数、伴随着相互之间的作用进行新的有功出力的调整，这是机电暂态过程，大概要持续几秒。此时发电机的电磁功率和机械功率不相等。而 WAMS 测量得到的功率为电磁功率，因此不能使用这段时间内的 WAMS 数据进行计算和评估。如图 2-9 所示的案例，频率发生突变后，电磁功率迅速增大，从图中可以看出，实际上一次调频的作用从大约 23s 开始。可见，需要剔除机电暂态过程对有功突变判据的影响。

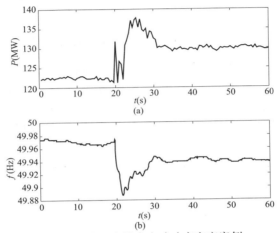

图 2-9　掉机事故中有功功率突变案例

（a）2009 年 7 月 23 日华中掉机事故水布垭 2 号机有功功率曲线；

（b）2009 年 7 月 23 日华中掉机事故水布垭 2 号机频率曲线

　　为准确评估一次调频的作用，避开机电暂态过程对电磁功率曲线影响，忽略机组有功功率在机电过程的变化，从 t_3 后的 3s 开始寻找 t_4。寻找的依据如式（2-14）所示：

$$| P - P_{s\_before} | > 0.4\% \times P_n$$
$$(P - P_{s\_before}) \times (f - f_{s\_before}) < 0$$

(2-14)

式中　s_before——调整前的稳定状态。如果 t_4 超过了频率开始动作后的 30s 则判定为一次调频没有动作。

　　（5）频率稳定的时间点 t_5：从 t_1 开始往后寻找，若某个频率点往后某段时间内最大 f 和最小 f 差距小于某个设定值，第一个这样的点就被判定为 t_5。其中，这段时间可取 3s，该设定值可取为 0.005Hz。

　　（6）有功功率稳定的时间点 t_6：从 t_5 开始往后寻找，若某个有功功率点往后某段时间内最大 P 和最小 P 差距小于某个设定值，第一个这样的点就被判定为 t_6。其中设定值和机组的容量有关。

2.2.4 指标计算

确定了关键时间点后，即可利用上述的公式对各类指标进行计算。需要指出的是，为了避开机电暂态的过程，实际贡献电量 H_i 在计算时，积分初始时刻 t_0 取机组有功出力变化的时刻 t_4，P_0 取扰动前机组的稳态有功出力，即实际贡献电量的计算也剔除了电磁功率在机电暂态中的突变部分。

以上介绍了大扰动下单机一次调频性能指标的计算。其他指标的算法流程和关键点都与上述的内容类似。以下对另外 3 种类型的指标算法内容进行说明。

（1）单机小扰动指标计算：单机小扰动和大扰动下贡献率的计算有一些不同，主要是由于在日常的小扰动过程中频率一般是由负荷持续增加引起的，不是突变的，发电机机电暂态过程的有功突变也不明显。因此，在计算实际贡献电量时不再取机组有功出力变化的时刻为积分开始的时刻，而是取频率超过阈值的时刻，P_0 也不取扰动前机组的稳态有功出力，而是取积分开始时刻的有功出力。

（2）大扰动下全网指标的计算：根据大扰动下全网一次调频性能指标的计算式（2-4）可以知道，需要的数据为：调整前后静态频率偏差 Δf，电网中调频过程之前的所有功率突变 ΔP_{sudden} 和调整前后联络线的功率变化 $\Delta P_{\text{tieline}}$。其中 Δf 和 $\Delta P_{\text{tieline}}$ 按前述的方法可以得到。ΔP_{sudden} 这个量由全网中所有的发电机有功功率和负荷有功功率突变相加得到。这个突变量指的是在一次调频还没有来得及反应之前的突变量，如发电机掉机，则突变量就为发电机掉机前的有功功率。这个量的捕捉需要快速的量测系统，WAMS 系统可以满足要求。

（3）全网日常指标的计算：全网的日常指标由式（2-10）可以得出，该指标是可以实时计算出的，只需要获得机组当前的频率和有功出力数据即可。

就本例中介绍的湖北电网目前的技术条件而言，计算全网的一次调频指标还有一定的困难，主要原因是 PMU 安装点并没有遍布全网的大型发电机组和大规模重要负荷，因此可能不能从 WAMS 系统中得到足够的数据来支持指标的计算。但随着技术条件的不断完善，该指标的计算是可以实现的。

2.3 一次调频分布特性对联络线潮流影响分析

2.3.1 区域自然频率特性系数

区域一次调频的特性由区域内的发电机和负荷的频率特性决定，一般用区域自然频率特性系数 β 表示，它表示了各区域所具备的一次调频能力，也是一次调频和二次调频的纽带。

当前互联电网的调频手段由一次调频和二次调频（AGC）共同组成。一次调频主要是应对系统中的功率突变 ΔP_L，快速抑制系统频率的变化，对功率扰动区域提供功率支援，保证一次调频后的准稳态频率不会导致各类保护装置动作，一次调频的过程是有差调节。二次调频是对区域控制偏差（ACE）进行调节，使得系统频率或联络线交换功率恢复到计划值，二次调频的过程可以是无差调节，也可以是有差调节。二次调频中各区域的频率偏差系数（B 系数）代表了区域的二次调频责任。研究表明：当 $B=\beta$ 时，各区域的负荷扰动将完全由本区域 AGC 承担，从而将扰动过程中暂时平衡扰动功率 ΔP_L 的一次调频功率完全补偿。可见，区域自然频率特性系数 β 联系着系统一、二次调频，也决定着系统频率控制效果和区域二次调频责任落实。

然而，由于各个区域的 β 是其固有的自动调频特性，并且一次调频作为基本辅助服务不予补偿，目前一次调频也缺乏有效的监管体制，导致各区域一次调频的能力不尽相同。因此，一次调频能力较强（β 较小）的区域将会无偿地参与调节其他区域的负荷扰动，造成联络线潮流的波动。这不仅对区域发电机组的一次调频成本不公平，而且可能引发联络线潮流过载等安全问题。

因此，本节将推导一次调频能力分布特性对联络线潮流的影响，分析合理的一次调频能力分布情况，为区域间一次调频能力公平合理的分配提供理论依据。

2.3.2　一次调频分布特性与联络线功率分析

当事故发生、二次调频尚未来得及动作时，各区域一次调频的动作将对区域间的联络线功率产生影响，联络线功率变化的方向和大小与功率大扰动发生的位置以及各子区域自然频率特性分布情况有关。分析电网一次调频能力分布特性对联络线潮流的影响，掌握从一次调频角度控制联络线潮流的方法，从而保证电力电量交易正常开展并且保证电网安全稳定运行。

下面将针对某省电网（称为 A 省电网）与其他省电网间联络线的潮流变化进行研究，因此将外省电网等效成外部网络，如图 2-10 所示。

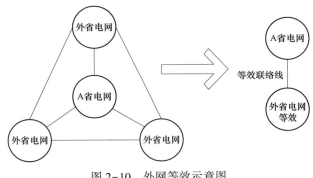

图 2-10　外网等效示意图

A省电网的复合频率调节特性系数为：

$$\beta_A = \frac{1}{\frac{1}{\delta_A} + D_A}$$ (2-15)

等效外网的复合频率调节特性系数为：

$$\beta_{out} = \frac{1}{\sum_{\text{所有外网}}\left(\frac{1}{\delta_{outi}} + D_{outi}\right)} = \frac{1}{\frac{1}{\delta_{out}} + D_{out}}$$ (2-16)

从功率扰动发生在区域内和区域外两种情况，分析一次调频分布特性对联络线功率的影响。

1. 有功突变发生在A省电网内

当A省电网发生了一个有功突变ΔP_L，整个互联系统经过一次调频之后的频率变化为：

$$\Delta f = \frac{-\Delta P_L}{\left(\frac{1}{\delta_A} + D_A + \frac{1}{\delta_{out}} + D_{out}\right)} = \frac{-\Delta P_L}{\frac{1}{\beta_A} + \frac{1}{\beta_{out}}}$$ (2-17)

从外网的角度计算联络线上的潮流变化，可以将变化看作两部分，一部分是由于频率变化负荷吸收的有功功率的变化，变化方向与Δf相同；另一部分是发电机在一次调频作用下的有功出力变化，方向与Δf相反。如式（2-18）所示：

$$\Delta P_{tie} = -\Delta P_G + \Delta P_D = \frac{1}{\delta_{out}} \times \Delta f + D_{out} \times \Delta f = \frac{1}{\beta_{out}} \times \Delta f$$ (2-18)

其中，ΔP_{tie}的正方向是从外网到A省电网。将式（2-17）代入式（2-18）可得：

$$\Delta P_{tie} = \frac{1}{\beta_{out}} \times \Delta f = \frac{\frac{1}{\beta_{out}}}{\frac{1}{\beta_{out}} + \frac{1}{\beta_A}} \times (-\Delta P_L) = \frac{\beta_A}{\beta_{out} + \beta_A} \times (-\Delta P_L)$$ (2-19)

由式（2-19）可知，当A省电网内发生功率扰动时，A省电网与外省电网联络线有功功率的变化量由A省电网的自然频率特性系数以及外省电网的等效自然频率特性系数决定。此时若A省电网的一次调频特性比外省电网好（$\beta_A < \beta_{out}$），则联络线有功的变化小。即A省电网承担了自身的一次调频责任，因而外省电网的暂时支援较少，从而联络线功率变化较小。

所以，功率扰动发生在A省电网内时，A省电网的发电机一次调频性能越好，联络线的潮流变化越小。

2. 有功突变发生在外部电网

当外省电网发生功率突变 ΔP_L，与发生在 A 省电网内部一样，整个互联系统经过一次调频之后的频率变化为：

$$\Delta f = \frac{-\Delta P_L}{\left(\dfrac{1}{\delta_A} + D_A + \dfrac{1}{\delta_{\text{out}}} + D_{\text{out}}\right)} = \frac{-\Delta P_L}{\dfrac{1}{\beta_A} + \dfrac{1}{\beta_{\text{out}}}} \qquad (2\text{-}20)$$

在这种情况下，从 A 省电网的角度计算联络线上的潮流变化比较简单，可以将变化看作两部分，一部分是由于频率变化负荷吸收的有功功率的变化，变化方向与 Δf 相同，另一部分是发电机在一次调频作用下的有功出力变化，方向与 Δf 相反。如式（2-21）所示：

$$\Delta P_{\text{tie}} = -\Delta P_G + \Delta P_D = \frac{1}{\delta_A} \times \Delta f + D_A \times \Delta f = \frac{1}{\beta_A} \times \Delta f \qquad (2\text{-}21)$$

其中，ΔP_{tie} 的正方向是从 A 省电网到等效外省电网。将式（2-20）代入式（2-21）可得：

$$\Delta P_{\text{tie}} = \frac{1}{\beta_A} \times \Delta f = \frac{\dfrac{1}{\beta_A}}{\dfrac{1}{\beta_A} + \dfrac{1}{\beta_{\text{out}}}} \times (-\Delta P_L) = \frac{\beta_{\text{out}}}{\beta_A + \beta_{\text{out}}} \times (-\Delta P_L) \qquad (2\text{-}22)$$

由式（2-22）可知，当外省电网发生功率扰动 ΔP_L 时，与前一种情况相似，A 省电网与外省电网联络线有功功率的变化量由 A 省电网以及外省电网的区域自然频率特性系数共同决定。与前一种情况有所不同的是，此时 A 省电网的一次调频能力越差（$\beta_A > \beta_{\text{out}}$），则联络线潮流的变化越小。即 A 省电网对外省电网的功率突变进行的支援越少，联络线功率变化越小。

所以，功率扰动发生在外部电网时，A 省电网的发电机一次调频性能越差，联络线的潮流变化越小。

2.3.3　一次调频特性合理分布

通过上节的分析可以看到，一次调频能力的分布特性对联络线潮流的影响与功率扰动发生的地点密切相关。当本区域的一次调频能力较强时，对区域内发生的功率扰动可及时响应，减少联络线上的临时功率支持；而对区域外发生的功率扰动，也会积极无偿地参与，支援其他区域的调节，从而造成联络线功率较大的变化，不仅违反了省间交换电量计划，在严重时甚至可能造成联络线功率短时过载或超过联络线稳定极限，威胁系统的安全稳定运行。

对于现代互联电力系统，每个区域都是独立的经济实体。而由于各区域频率统一，使得系统频率质量成为一项公共利益。在这种情况下，每个控制区在分享电网互联带来益处的同时，都有责任调节自身的发电出力，以维持系统频率的稳定。系统和区域的一次调频能力对电网的安全运行有重要意义。目前很多电厂为了减少机组磨损而闭锁一次调频功能，使得系统和各区域的一次调频能力并不能保证时刻都真正发挥作用，这可能导致系统一次调频能力处于失控状态，不仅自身无法响应区域内的功率突变，也导致其他区域在扰动发生时对本区域产生过量的功率支援。另一方面，不计成本一味追求较高的一次调频能力（减小 β），也是没有必要的，会使得本区域的机组过多地参与功率调节，造成不公平现象，从而影响电厂参与一次调频的积极性。区域一次调频能力过高和过低都会导致违反区域电量交易计划、引发联络线功率过载等安全性问题。

为体现一次调频成本的公平性，提出根据区域负荷扰动统计特性安排区域一次调频分布的方法。只有各区域 β_i 的比例与各区域负荷扰动的统计特性比例相同，这样本区域一次调频参与调节外区负荷扰动的概率也相同，才能实现区域发电机组一次调节成本的公平。在此利用负荷扰动的方差作为其统计特性参数，以两个互联系统为例，计算整个系统的一次调频能力相同的情况下，不同的一次调频分布情况对系统联络线潮流的影响。

计算参数：区域 1 和区域 2 互联，区域参数相同，容量均为 10GW，其自然频率特性系数分 3 种情况：

方案 1：$\beta_1 = 5\%$，$\beta_2 = 10\%$，$2\beta_1 = \beta_2$。即两个区域的频率调节系数为 $B_1 = 4000\text{MW/Hz}$，$B_2 = 2000\text{MW/Hz}$。

方案 2：$\beta_1 = 10\%$，$\beta_2 = 5\%$，$\beta_1 = 2\beta_2$。即两个区域的频率调节系数为 $B_1 = 2000\text{MW/Hz}$，$B_2 = 4000\text{MW/Hz}$。

方案 3：$\beta_1 = 7.5\%$，$\beta_2 = 7.5\%$，$\beta_1 = \beta_2$。即两个区域的频率调节系数为 $B_1 = 2667\text{MW/Hz}$，$B_2 = 2667\text{MW/Hz}$。

因此，以上 3 种方案下整个互联系统的等效频率调节系数相同，为 1333MW/Hz，只是分布特性不同。

设区域 1 和区域 2 的负荷扰动为正态分布，方差比为 $\sigma_1 : \sigma_2 = 2 : 1$，即区域 1 的负荷扰动大于区域 2。计算以上 3 种分布特性下频率变化和联络线潮流变化的均值，见表 2-1。

表 2-1　　　　　　　3 种调频分布特性对联络线功率影响

方案	频率变化均值（Hz）	联络线功率变化均值（MW）
方案 1	0.0182	49

续表

方案	频率变化均值（Hz）	联络线功率变化均值（MW）
方案2	0.0182	60
方案3	0.0185	54

由计算结果可以看到，由于整个系统的等效调节能力相同，因此频率变化均值基本相同，一次调频分布特性的差别将对联络线潮流产生影响。方案1的一次调频分布与负荷扰动特性比例相同（扰动大的区域调节能力好），因此联络线的潮流变化较小；方案2的一次调频分布与负荷扰动特性相反，因此联络线潮流变化最大；方案3两个区域调节能力相同，因此联络线潮流变化介于两者之间。

综上所述，功率扰动下区域间联络线有功功率的变化，体现了区域间一次调频能力的临时支援，体现了互联电网的优势。但是，为了保证联络线的安全稳定以及互联电网一次调频的公平公正，互联电网应根据各个区域电网的功率扰动的统计特性，为各区域一次调频能力的分布提供合理的参考值，让各区域的一次调频能力与负荷扰动的统计特性比例相同，从而规范和约束区域一次调频能力，实现一次调节成本的公平分配。

参考文献

［1］吴瑞涛，常澍平，肖利民. 电网调度侧一次调频在线监测系统的开发与应用［J］. 河北电力技术，2008，27（3）：15-17.

［2］张毅明，罗承廉，孟远景，等. 河南电网频率响应及机组一次调频问题的分析研究［J］. 中国电力，2002，35（7）：35-38.

［3］张爽. 基于PMU的广域电网相量测量系统概述［J］. 广东电力，2007，20（12）：26-29.

［4］杨建华. 华中电网一次调频考核系统的研究与开发［J］. 电力系统自动化，2008，32（9）：96-99.

［5］华中电网公司. 华中电网发电机组一次调频技术管理规定，2006.

［6］华中电网公司. 华中区域并网电厂运行管理及辅助服务技术支持系统——自动计算方法，2011-9-13.

［7］陶冶. 电厂一次调频性能评价新指标的研究［C］. 大连：大连理工大学，2008.

［8］何利铨，邱国跃. 电力系统无功功率与有功功率控制［M］. 重庆：重庆大学出版社，1995.

第3章

二次调频中的机网协调

当系统负荷发生随机变化和缓慢变化时，虽然通过一次调频调节发电机的输出功率，可以使之随着负荷的变化而变化，但是由于发电机自动调速系统的调差系数不能为零，单靠一次调频不可避免地会产生频率偏差。而当系统负荷发生较大变化时，频率偏差将会超出容许范围。此时，需要进行频率的二次调整，即二次调频，进一步调整发电机的输出功率，使之跟随负荷的变化同时维持系统频率的稳定。二次调频实现的方式主要包括调度员人工下令手动改变机组的出力和通过自动发电控制系统（Automatic Generation Control，AGC）自动改变机组的出力。

随着我国电力系统规模越来越大，跨省跨区的系统互联正在逐步形成，这就需要在保证系统频率稳定的同时，兼顾区域联络线的功率交换按照事先约定的协议进行。二次调频不仅能够弥补一次调频带来的系统静差，对于维护系统安全、稳定运行有着重要的意义，而且在系统互联、电力市场环境下显得更为重要。

本章将介绍 AGC 系统，并构建二次调频在线评估系统的总体结构和设计方案，重点研究 AGC 机组调节性能指标的在线评估方法。

3.1 自动发电控制

随着电力系统对频率控制的精度和实时性的要求不断提高，目前二次调频主要由自动发电控制系统协调完成。随着电网的自动化水平不断提高，AGC 机组的比例也逐年升高。

3.1.1 自动发电控制原理

AGC 是一个基于电力系统实时状态的闭环控制系统，作为电力系统重要的调频手段，其主要控制目标是在电网负荷变化时调整发电出力，使其与负荷功率平衡；响应负荷和发电的随机变化，实现负荷频率控制，使电网频率偏差符合规定的标准要求；在分区控制的电网中，进行联络线交换功率的控制，使区域间联络线功率与计划值相等；合理分配各发电厂或机组之间的出力，使区域内发电运行成本最小。AGC 的投入将提高电网频率质量，以及经济效益和管理水平。

我国从 20 世纪 60 年代起在东北、华东和华北 3 大电网应用 AGC 控制，到 1989 年基本完成华北、东北、华东和华中 4 大区域电网调度自动化引进工程，使各区域电网的 AGC 功能达到实用化要求。目前随着各地区 AGC 机组容量的增加，电网频率合格率有了较大的提高。

一般的 AGC 调节是一个控制滞后的调节过程。当系统频率或联络线交换功率偏离计划值时，产生区域控制偏差（ACE），则 AGC 系统根据 ACE 的大小对可控机组发出控制命令，待机组响应控制命令后，系统频率或联络线交换功率逐渐恢复到原计划值。常用的 AGC 控制模式包括恒频率控制（FFC）、恒交换功率控制（FTC）、联络线频率偏差控制（TBC），目前多数的大型互联系统采用的都是 TBC 的控制模式。

3.1.2 现有的 AGC 评价方法

现有的 AGC 评价体系基于能量管理系统（Energy Management System，EMS），数据采集及传输终端为传统的监控与数据采集系统（Supervisory Control and Data Acquisition，SCADA），在采样率、采集精度及传输速率方面受到了很大的限制，难以满足现代电力系统快速调节的要求。对 AGC 机组调节性能测试的时间间隔一般较长，而且基本上以抽样的方式进行试验测试，无法实时反映各 AGC 机组的调节性能，无法对当前全网的二次调频能力做出全面的分析。

近来广受关注的广域测量系统（Wide-area Measurement System，WAMS）是仅针对稳态过程的 EMS 系统的进一步延伸，外部基本单元为基于全球定位系统（Global Positioning System，GPS）的同步相量测量单元（Phasor Measurement Unit，PMU）和连接各 PMU 的实时通信网络。在同一时钟协调下，系统可以对各测点的电压、电流等相量及功率、频率等模拟量进行同步测量，并以 25～100 帧/s 的速率实时采样并上传至 WAMS 主站。WAMS 借助 PMU 既可以确保全局范围内的测量结果具有同时性，也有助于通过较高的采样频率分析计算负荷变动时机组二次调频的动作过程。利用 PMU 的信息，通过实时同步测量机组出力与 AGC 指令变化的关系，可以在线测算 AGC 机组的各种二次调频参数，并与要求的整定值比较，评价机组二次调频的投入情况和调节性能，为二次调频的考核与评价提供依据。

3.2 二次调频在线评估指标体系

合理的二次调频评价标准，能够促使电网和 AGC 机组改进控制策略，规范机组 AGC 的控制行为，对于改善系统的频率响应特性起着至关重要的作用。

二次调频的评价可以分为运行区域性能指标和机组性能指标，下面将分别进行介绍。

3.2.1 二次调频运行区域性能评估指标

全网二次调频指标主要评价整个电网的 AGC 系统运行效果，作为考核电网二次调频能力的主要依据。

北美电力可靠性协会（NERC）对于电网二次调频的性能评价主要有 $A1/A2$ 标准和 $CPS1/CPS2$ 标准。

1. $A1/A2$ 评价标准

A1 标准要求在任何一个 $10min$ 间隔内，区域联络线控制偏差（ACE）必须为零。A2 标准规定了 ACE 的控制限值，即 ACE 的 $10min$ 平均值小于规定的 L_d，即

$$AVG(ACE_{10min}) \leq L_d$$

其中 L_d 由式（3-1）给出：

$$L_d = 0.025\Delta L + 5\text{MW} \tag{3-1}$$

式中　ΔL 可以用以下两种方法计算：

（1）ΔL 指控制区在冬季或夏季高峰时段，日小时电量的最大变化量；

（2）ΔL 指控制区在一年中任意 $10h$ 电量变化量的平均值。

一般情况下每个控制区的 L_d 每年修改一次。

2. $CPS1/CPS2$ 评价标准

（1）$CPS1$ 标准是指控制区在一个长时间段（如一年）内，其区域联络线控制偏差（ACE）应满足式（3-2）要求：

$$\frac{ACE_i}{-10B_i}(f - f_0) \leq \varepsilon_1^2 \tag{3-2}$$

式中　ACE_i——控制区 i 的 ACE 的平均值；

B_i——控制区 i 的频率偏差系数，此值为负，单位为 MW/0.1Hz；

f——控制区的实际频率；

f_0——控制区的标准频率；

ε_1——一年时段内互联电力系统实际频率与标准频率偏差的 $1min$ 平均值的方均根，如式（3-3）所示：

$$\varepsilon_1 = \sqrt{\frac{\sum\limits_{i=1}^{n}(\Delta f_i)^2}{n}} \tag{3-3}$$

式中　n——一年时间段内的分钟数；

Δf_i——第 i 分钟的频率偏差。

ε_1 作为频率控制目标值，是一个长期的考核指标，在互联电力系统中，各控制区的 ε_1 均相同，且为固定常数。

$CPS1$ 的计算公式为：

$$CF = AVG\left(\frac{ACE \times \Delta f}{-10B \times \varepsilon_1^2}\right) \tag{3-4}$$

$$CPS1 = (2 - CF) \times 100\% \tag{3-5}$$

由式（3-4）和式（3-5）可以看出，$CPS1 \geqslant 200\%$ 表示区域 AGC 的调节对减少控制区的 ACE 或者系统频率偏差有利；$200\% > CPS1 \geqslant 100\%$ 表示区域 AGC 的调节对控制区 ACE 或者系统频率偏差未超出规定的范围；$CPS1 < 100\%$ 表示 AGC 的调节对控制区 ACE 已超出了规定的范围。

（2）$CPS2$ 标准是指在一个时间段内（如 1h），控制区 ACE 的 10min 平均值，必须控制在特殊的限值 L_{10} 内。

$CPS2$ 的计算公式为：

$$AVG(ACE_{10min}) \leqslant L_{10} \tag{3-6}$$

$$L_{10} = 1.65 \times \varepsilon_{10} \times \sqrt{(-10B_i) \times (-10B_s)} \tag{3-7}$$

$$CPS2 = \left(\frac{10minACE \text{ 合格点}}{\text{总的 10min 的日历点}}\right) \times 100\% \tag{3-8}$$

式中　ε_{10}——给定一段时间内，系统实际频率与标准频率偏差的 10min 平均值的方均根；

B_s——互联电力系统总的频率偏差系数。

对于每个控制区，按照 $CPS1$、$CPS2$ 的标准对其区域 AGC 性能进行评价，其控制指标要求 $CPS1 \geqslant 100\%$，$CPS2 \geqslant 90\%$。

3. 两类标准相关讨论

A1 标准要求在任何一个 10min 间隔内，ACE 必须为零，这样可以尽可能减少互联区域间的交换电量，但是 ACE 频繁过零，将会导致系统进行无谓的重复、反复调节，对系统频率的恢复产生负面的影响，主要表现为以下两个方面。

（1）A1 标准要求 ACE 频繁过零，一定程度上增加了发电机组的调节负担。

（2）A2 标准要求控制区域 ACE 每 10min 的平均值被限制在一定的范围内，一旦控制区域发生某一事故，而与之互联的控制区域尚未修改交换计划时，相邻区域之间难以做出较大的支援。

$CPS1/CPS2$ 标准不要求 ACE 频繁过零，可以避免一些不必要的调节，有利于机组的稳定运行。而且，$CPS1$ 标准中的参数 ε_{10} 体现了电网频率控制的目标，与频率质量的评价密切相关，有利于提高电网的频率质量。但是，*CPS*1/*CPS*2 标准主要判断的是区域联络线控制偏差 *ACE* 时间尺度上的大小关系，控制对象主要针对区域 AGC 的性能，难以与每台 AGC 机组建立一一对应的联系，亦即无法对单台 AGC 机组的自动发电控制性能进行评估。

而实际电网中采用哪种评价方式，是根据电网的实际情况来决定的。目前基于 CPS 指标的 AGC 控制策略尚未完全成熟，结合我国实际电网的 AGC 情况，采用 *A*1/*A*2 指标作为二次调频区域性能评价指标。

3.2.2　二次调频机组性能评估指标

机组性能指标包括 AGC 投运率、调节容量、调节速率和调节精度等评价指标。

3.2.2.1　AGC 调节过程分析

AGC 指的是电网调度中心直接通过机组分散控制系统（Distribution Control System，DCS）实现自动增、减机组目标负荷指令的功能。AGC 以满足电力供需实时平衡为目的，根据机组本身的调节性能及其在电网中的地位，对不同的机组分配不同的权重系数，分类进行控制，自动地维持电力系统中发电功率和负荷的瞬时平衡，使由于负荷变动而产生的 *ACE* 不断减少直至为零，从而保证电力系统频率稳定。

电厂内的 AGC 控制主要包括单机控制方式和集中控制方式两种，在单机控制方式中，调度机构将自动发电控制系统计算得到的 AGC 指令直接下发到电厂中参与 AGC 调节的 AGC 机组机炉协调控制系统（Coordinate Control System，CCS）上，直接给机组发送升降功率指令。在集中控制方式中，调度中心 AGC 控制指令为全厂总功率设定值，此功率值再由电厂内部的 DCS 对全厂每台机组进行综合协调控制和经济负荷分配。我国实际电网中，采取单机控制的方式。

从系统的角度，AGC 服务的目的是维持系统的频率（或联络线上的潮流）在要求的范围内；但是，从机组考虑，AGC 服务就是提供跟踪指令变化的能力。评价 AGC 服务质量，就是考核 AGC 机组跟随指令变化是否达到了要求。

如图 3-1 所示展示了一个比较典型的单机 AGC 调节过程，其中曲线 Z 表示 AGC 指令曲线，曲线 P 表示 AGC 机组有功输出曲线，t_0、t_1'、t_1 和 t_2 分别表示某个控制时段的控制起点时刻、机组出力跨出控制死区时刻、控制终点时刻和下一个控制时段起点时刻（控制时段指的是 AGC 指令与当前机组出力的偏差大于机组 AGC 响应死区的时段），Z_0、Z_1 和 Z_2 分别表示相应时刻的 AGC 指令值，P_0、P_1 和 P_2 分别表示相应时刻的机组出力值。

在 t_0 时刻，机组出力与 AGC 指令的差值大于预先设定的 AGC 响应死区，

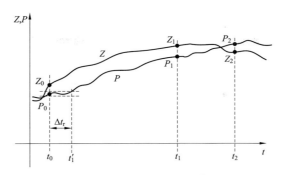

图 3-1 AGC 调节过程示意图

于是机组开始根据 AGC 指令调整出力，在调整的过程中，AGC 指令有可能改变，也有可能保持，都要求机组出力曲线能够跟随 AGC 指令曲线。在 t_1' 时刻，机组出力跨出了机组的调节死区，在此之后开始机组出力的跟随调节。在 t_1 时刻，机组出力和 AGC 指令的差值重新回到 AGC 响应死区之内，AGC 调节过程结束，开始进入相对稳态，机组出力在小范围随机波动。此时虽然机组有可能接收到 AGC 指令，但是只要处于 AGC 响应死区之内，机组的 AGC 调节就不会动作，这主要是为了防止机组频繁动作而可能对机组造成损害。在 t_2 时刻，当机组出力与 AGC 指令的差值重新大于 AGC 响应死区时，又开始了和上面一样的调节过程，这里不再赘述。

3.2.2.2 AGC 机组调节性能指标

根据 2009 年 4 月 1 日开始施行的《华中区域发电厂并网运行管理实施细则（试行）》(简称《细则》) 中的规定，并网发电厂单机 100MW 及以上火电机组和单机容量 40MW 及以上非贯流式水电机组应具有 AGC 功能。并网发电机组 AGC 的可投率和调节精度、调节范围、响应速度等应满足要求。安装 AGC 设备的并网发电厂应保证其正常运行，不得擅自退出并网机组的 AGC 功能。具备 AGC 功能的机组，应按调度指令要求投入 AGC，投入的 AGC 调节性能应满足的技术要求见表 3-1、表 3-2。

表 3-1　　　　　　　　　　　火电机组 AGC 调节性能要求

额定容量（MW）	调节范围下限（额定容量的百分数）（%）	调节范围上限（额定容量的百分数）（%）	调节速度（%/min）	调节精度（%）
100（含）~200	75	100	2.0	±3
200（含）~300	66	100	2.0（直吹式制粉系统机组为1）	±3
300（含）~600	60	100	2.0（直吹式制粉系统机组为1）	±3
600 及以上	55	100	2.0（直吹式制粉系统机组为1）	±3

表 3-2 水电机组 AGC 调节性能要求

调节形式	调节范围下限（额定容量的百分数）	调节范围上限（额定容量的百分数）（%）	调节速度（%/min）	调节精度（%）
全厂方式	最低振动区上限	100	最大机组的 80	±3
单机方式	最低振动区上限	100	80	±3

对于 AGC 机组的考核方式包括以下几种。

（1）AGC 的月可用率必须达到 90% 以上。每低于 1 个百分点（含不足 1 个百分点），每台次记考核电量 5 万 kWh。经调度机构同意退出的时间段，不纳入考核范围。

（2）具备 AGC 功能的机组，应按调度指令要求投入 AGC，无法投入 AGC 功能或 AGC 调节性能不满足表 3-1、表 3-2 中任一项基本要求，每日按 0.5 万 kWh 记为考核电量。每月由电力调度机构对所有机组 AGC 控制单元的调节性能进行测试，测试结果及时在"三公"调度网站上公布，并报电力监管机构备案。

（3）在电网出现异常或由于安全约束限制电厂出力，导致机组 AGC 功能达不到投入条件时，不考核该机组 AGC 服务。

细则中详细地给出了目前华中电网对于 AGC 机组的考核量及考核方式，可以对全网 AGC 机组的调节性能做出较为客观、公正的评价。根据细则中对 AGC 机组的要求，AGC 机组的性能指标主要包括 AGC 投运率、调节容量、调节速率和调节精度，为了更全面地考察 AGC 机组的调节性能，也为了充分利用 PMU 采集的数据，我们还可以加上正确动作率、响应时间、差动速率等附加指标。将性能指标根据不同的方法进行分类，可分为以下几类。

（1）按时间尺度来分：

长期性能指标：AGC 投运率、调节容量和正确动作率；

短期性能指标：响应时间、调节速率、差动速率和调节精度。

（2）按状态维度来分：

静态性能指标：AGC 投运率、调节容量和调节精度；

动态性能指标：正确动作率、响应时间、调节速率和差动速率。如图 3-2 所示为各种性能指标之间的对应关系。

下面将给出各个指标的定义和计算方法。

（1）AGC 投运率。所谓 AGC 投运率是指除经调度机构同意退出的时间段外，机组 AGC 可用时间与总时间的比值，反映了机组响应 AGC 指令潜在能力的大小。一般情况下，调度机构要求机组的 AGC 投运率能够达到 95% 及以上，

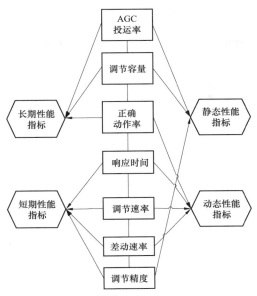

图 3-2 各性能指标相互间的对应关系

一旦机组的月投运率小于90%，就会对该机组采取相应的惩罚措施。AGC 投运率的计算公式如式（3-9）所示：

$$\gamma = \frac{t_{\text{available}}}{t_{\text{total}}} \times 100\% \qquad (3-9)$$

式中 $t_{\text{available}}$——在统计时间（如一个月）内 AGC 机组除经允许退出的时间段外的投运时间总和；

t_{total}——所选的总的统计时间。

总的时间需要剔除以下因素导致的免考核时间。

1）由于发电计划不合理导致机组出力在调节区外，导致机组 DCS 系统或电厂监控系统认为 AGC 指令是坏数据，不予执行的时间。

2）由于电网运i行方式的需要、通道故障或主站自动化系统故障等原因导致的 AGC 功能未投入的时间。

（2）调节容量。所谓调节容量是指正常情况下 AGC 机组受控期间，有功输出所能达到的最大值和最小值之间的差值，反映了负荷发生变化时，机组对系统出力-负荷动态平衡调节所做出贡献的能力的大小。一般来说，机组的调节容量为相对固定的值，在机组控制系统调试期间就能确定机组的调节容量。对于大部分机组，调节范围上限能够达到额定容量的100%，若调节范围下限为额定容量的50%，那么该机组的调节容量就是机组额定容量的50%。火电机组一般要求调节容量达到机组额定容量的40%或以上，水电机组由于出力调节相对容易，因此一般要求调节容量达到机组额定容量的100%。调节容量百分比与计算公式如式（3-10）所示：

$$\zeta = \frac{R_{\max} - R_{\min}}{P_n} \times 100\% = \frac{\Delta R}{P_n} \times 100\% \qquad (3-10)$$

式中　$R_{\max}$——AGC 机组受控期间有功输出的最大值；

　　　$R_{\min}$——AGC 机组受控期间有功输出的最小值；

　　　P_n——机组的额定容量。

（3）正确动作率。所谓正确动作率是指 AGC 机组正确响应 AGC 指令次数与总的有效 AGC 指令次数的比值，反映了机组出力跟随 AGC 指令变动而变动的能力的大小。一旦自动发电控制系统下发了某个有效 AGC 指令，机组就要开始动作，并且必须在规定的时间内完成整个调节过程。如果机组没有响应该有效 AGC 指令，或是没能在规定的时间内完成调节过程，或者出现反调的情况，将会对系统的频率稳定造成潜在的威胁甚至是直接的损害，那么就认为该次 AGC 动作不正确。显然，需要要求正确动作率为100%。正确动作率计算公式如式（3-11）所示：

$$\lambda = \frac{n_{\text{right}}}{n_{\text{total}}} \times 100\% \qquad (3-11)$$

式中　n_{right}——一段时间（如一天）内机组正确响应有效 AGC 指令的次数；

　　　n_{total}——该段时间内总的有效 AGC 指令的次数。

（4）响应时间。所谓响应时间是指自动发电控制系统发出 AGC 指令之后，机组出力在原出力点的基础上，可靠地跨出与调节方向一致的机组调节死区所用的时间，是纯延迟时间，由通信延时和机组响应延时组成，统称响应时间。通信延时与机组和自动发电控制中心之间相对的地理位置相关，不过由于信号在光缆中以光速传输，不同机组之间通信延时的差距不大；机组响应延时主要和机组自身的性质相关，特别是火电机组和水电机组之间的差距很大，所以导致了火电机组和水电机组的响应时间也有很大的差别。根据经验，一般认为火电机组的响应时间应小于1min，水电机组的响应时间应小于20s。

根据图 3-1 定义的参量，机组的响应时间，如式（3-12）所示：

$$\Delta t_{\text{response}} = t'_1 - t_0 \qquad (3-12)$$

式中　$\Delta t_{\text{response}}$——某次调节段的响应时间，量纲为 s。

（5）调节速率。所谓调节速率是指机组响应负荷指令的速率，即正常情况下 AGC 机组受控期间，有功输出对时间的变化率，反映了机组出力改变的快慢速度，也就是对维持系统频率贡献的快慢。由于 AGC 指令可能要求发电机出力增加或者减少，所以调节速率也分为上升速率（对应出力增加）和下降速率（对应出力减少），原则上要求二者的大小相等或者相近。一般来说，机组的调节速度与机组的额定容量应该相关，比较机组调节速率的时候考虑的是单位分钟内机组出力的变化量与机组额定容量的比值。

根据图 3-1 定义的参量，可以写出机组的调节速率，如式（3-13）所示：

$$v_i = \frac{P_1 - P_0}{t_1 - t_0} \tag{3-13}$$

式中　v_i——AGC 机组在第 i 个控制时段的调节速率，量纲为 MW/min；当 $v_i > 0$ 时，表示上升速率，当 $v_i < 0$ 时，表示下降速率。

（6）差动速率。所谓差动速率是指机组上升速率和下降速率之间的差值，反映了机组增加出力能力和减少出力能力之间的差别。为了维持机组出力上升和下降的平衡，一般调度机构要求机组的上升速率和下降速率不能有太大差距。机组的差动速率 Δv 的计算公式如式（3-14）所示：

$$\Delta v = |\ v_{\text{up}} - |\ v_{\text{down}}\ |\ | \tag{3-14}$$

式中　Δv——AGC 机组在某段时间内的差动速率；

　　　v_{up}——AGC 机组在该段时间内的平均上升速率；

　　　v_{down}——AGC 机组在该段时间内的平均下降速率。

（7）调节精度。所谓调节精度是指机组最后稳定时有功输出与 AGC 指令值之间的差值，由于机组性能以及一些人为因素，机组实际稳定后有功出力往往和 AGC 指令存在一定的差异，这种差异会对系统频率的稳定带来不好的影响。由于机组出力每时每刻都会不停地变化，出力稳定指的是机组的输出功率与 AGC 指令值的差值小于机组控制死区。而且，为了避免输出功率与 AGC 指令值差值的不断变化给计算造成不便，使用该差值在一段时间内的积分，即电量的调节偏差来表示。同样，用调节偏差除以机组的额定容量，以调节偏差百分数来度量不同机组调节偏差的大小。一般来说，积分的时间窗口以有效控制段结束时刻为起点，下一个有效控制端开始时刻为终点。

根据图 3-1 定义的参量，可以写出机组的调节偏差百分数，如式（3-15）所示：

$$\eta = \int_{t_1}^{t_2} \frac{|\ z(t) - p(t)\ |}{P_n} \mathrm{d}t \Big/ (t_2 - t_1) \cdot 100\% \tag{3-15}$$

式中　$z(t)$ 和 $p(t)$——分别表示 $t_1 \sim t_2$ 时间段内 AGC 指令值和机组出力值随时间变化的函数关系。考虑到实际采样取值得到的 AGC 指令值和机组出力值都是离散的，将式（3-15）写成离散的形式，如式（3-16）所示：

$$\eta = \frac{\sum\limits_{i=1}^{n_1} z_i \cdot \Delta t_1 - \sum\limits_{j=1}^{n_2} p_j \cdot \Delta t_2}{P_n(t_2 - t_1)} \cdot 100\% \qquad (3-16)$$

式中　z_i——AGC 指令在第 i 个采样点的值；

　　　p_j——机组出力在第 j 个采样点的值；

　　　Δt_1——AGC 指令的采样间隔；

　　　Δt_2——机组出力的采样间隔；

　　　n_1——AGC 指令的总采样点个数；

　　　n_2——机组出力的总采样点个数。

3.2.2.3　AGC 机组调节性能指标效能系数

AGC 机组调节性能定量评估同样可以分解为对上述 6 个评价标准的定量评估和计算，主要目的是将上面给出的 6 个评价标准进行类似标幺化的处理，将有量纲的参数归一化为无量纲的参数，这样既有利于评估结果的呈现，又可以对不同参数的机组进行横向的比较。需要说明的是，上面给出的 AGC 机组调节性能指标适用于所有 AGC 机组，但是，由于水电机组和火电机组在很多方面存在明显的差异，水电 AGC 机组和火电 AGC 机组的调节性能和评估要求之间存在很大差别。因此，先给出各种效能系数的计算方法，具体的参数将在最后以水电机组和火电机组分别给出。

1. AGC 投运率效能系数

AGC 投运率显示了 AGC 机组可用时间的多少，投运率越高的机组对电网调度的支持度越大，对维持电网频率稳定的潜在贡献也就越大。实际运行时，实时统计 AGC 机组的在线时间，一般一周或者一个月统计一次并反馈 AGC 投运率数据，用于计算 AGC 投运率效能系数。

根据电网 AGC 投运率的实际情况，可确定 AGC 投运率达到规定水平时，其 AGC 投运率效能系数 $k_1 = 1.0$，当 $k_1 < 1$ 时，表示 AGC 投运率低于规定水平，需对电厂进行考核。取 AGC 投运率为 ρ_1 时，机组的 AGC 投运率效能系数 $k_1 = 1.0$，在此基础上，AGC 投运率每升降 1%，k_1 相应增减 $b_1\%$，表示为：

$$k_1 = 1.0 + (\gamma - \rho_1) \times b_1 \qquad (3-17)$$

式中　γ——式（3-9）给出的 AGC 投运率；

　　　b_1——松弛系数。

2. 调节容量效能系数

调节容量是 AGC 机组性能评估的重要方面，调节容量越大的机组对系统的贡献就越大。AGC 机组的调节容量一般相对固定，由电厂根据机组的控制性能上报。实际运行中，自动发电控制系统计算出来的 AGC 指令值一般不会低到机组出力调节范围的下限，因此在线测量调节容量效果不甚明显，也没有什么意义，一般认为 AGC 机组实际运行调节容量等于电厂申报值。

根据电网 AGC 机组调节容量的实际情况，可确定调节容量达到规定水平时，其调节容量效能系数 $k_2 = 1.0$，当 $k_2 < 1$ 时，表示调节容量低于规定水平，需对电厂进行考核。取 AGC 调节容量达到机组额定容量的 ρ_2 时，机组的调节容量效能系数 $k_2 = 1.0$，在此基础上，调节容量每升降 1%，k_2 相应增减 b_2%，表示为：

$$k_2 = 1.0 + (\zeta - \rho_2) \times b_2 \qquad (3-18)$$

式中 ζ——式（3-10）给出的机组调节容量百分比；

b_2——松弛系数。

3. 正确动作效能系数

AGC 机组仅仅保证 AGC 投运率高于一定水平是不够的，还必须保证 AGC 调节的有效性，即需要保证一定的 AGC 正确动作率。以往的 AGC 机组评估中，并没有加入该项指标，主要是因为 EMS 系统的数据时间信息不足，无法正确判断某次 AGC 调节是否正确。结合 WAMS 系统给出的实时数据，可以正确判断某段时间内总的 AGC 调节次数和正确调节的次数，从而计算出正确动作率，对于规范 AGC 机组调节方式、提高 AGC 机组调节性能有一定的帮助。

根据电网 AGC 动作的实际情况，可确定正确动作率达到规定水平时，其正确动作效能系数 $k_3 = 1.0$，当 $k_3 < 1$ 时，表示正确动作率低于规定水平，需对电厂进行考核。取正确动作率为 ρ_3 时，机组的正确动作效能系数 $k_3 = 1.0$，在此基础上，正确动作率每升降 1%，k_3 相应增减 b_3%，表示为：

$$k_3 = 1.0 + (\lambda - \rho_3) \times b_3 \qquad (3-19)$$

式中 λ——式（3-11）给出的机组正确动作率；

b_3——松弛系数。

4. 响应时间效能系数

响应时间表示 AGC 机组出力值跨出调速死区时间的长短，实际反映了 AGC 机组响应 AGC 指令快慢的程度，只有当响应时间被限定在一定的时长之内时，机组的动作才能满足电网快速调节的要求。火电机组的响应时间一般在 1min 以内，性能好的火电机组可以将响应时间控制在 30s 以内；水电机组的响应时间一般在 20s。WAMS 数据具有采样率高的特点，并且都还有时标，与实际的时间一一对应，因此可以利用 WAMS 数据及一定的算法测量得到机组的响应时间，这是之前利用 EMS 系统无法做到的。

根据 AGC 机组响应时间分布的实际情况，可确定响应时间达到规定水平时，其响应时间效能系数 $k_4 = 1.0$，以此为标准，响应时间高于此水平时，需对电厂进行考核。取 AGC 机组响应时间为 ρ_4s 时，机组的响应时间效能系数 $k_4 = 1.0$，在此基础上，响应时间每升降 1%，k_4 相应减增 b_4%，表示为：

$$k_4 = 1.0 - \left(\frac{\Delta t_{\text{response}} - \rho_4}{\rho_4} \right) \times b_4 \qquad (3-20)$$

式中　$\Delta t_{\text{response}}$——式（3-12）给出的机组响应时间，量纲为 s；

　　　　b_4——松弛系数。

5. 调节速率效能系数

AGC 机组仅仅具备一定的调节容量还是不够的，还必须具备一定的调节速率配合才能满足电网快速调节的要求。尽管 AGC 机组控制系统调试的时候已经给出机组调节速率，但在实际运行中，机组实际的调节速率往往和试验测定值存在差异，甚至差异较大。为此，在 AGC 机组实际的调节过程中，必须结合 WAMS 系统给出的实时数据，在线测量、计算机组的调节速率，才能真正反映出 AGC 机组对系统贡献量的大小。

根据 AGC 机组调节速率分布的实际情况，可确定平均调节速率达到规定水平时，其调节速率效能系数 $k_5 = 1.0$，以此为标准，调节速率低于此水平时，需对电厂进行考核。我国实际电网中，大部分机组都是非直吹式制粉系统机组，根据细则中的规定，取 AGC 机组调节速率达到机组额定容量的 ρ_5 时，机组的调节速率效能系数 k_5 为 1.0，在此基础上，调节速率每升降 1%，k_5 相应增减 b_5%，表示为：

$$k_5 = \begin{cases} 1.0 + \left(\frac{|v|}{P_n} \cdot \frac{\rho_2}{\zeta} - \rho_5 \right) \times b_5, & \zeta \leqslant \rho_2 \\[3mm] 1.0 + \left(\frac{|v|}{P_n} - \rho_5 \right) \times b_5, & \zeta > \rho_2 \end{cases} \qquad (3-21)$$

式中　$|v|$——式（3-13）中给出的机组调节速率 v 的范数，v 和 P_n 都只取数值，量纲不参与计算；

　　　　ζ——式（3-10）给出的机组调节容量百分比；

　　　　b_5——松弛系数。

当 $\zeta \leqslant \rho_2$ 时，说明机组的调节容量没有达到要求，已经在调节容量效能系数 $k_2 < 1$ 中得到了体现，为了消除其对调节速率效能系数 k_5 的影响，故需要乘以系数 $\dfrac{\rho_2}{\zeta}$ 加以修正。

6. 差动速率效能系数

根据规定，要求 AGC 机组的上升速率和下降速率大致相等，以保证 AGC 机组在受控调节期间出力增加环节和出力减少环节相对平滑，但是，实际中有时上升速率和下降速率有较大差异。极端情况下，少数电厂为了多发电，人为调整 AGC 机组的整定参数，上升速率调整得大些，下降速率调整得小些，从而牺牲了其他 AGC 机组的利益，这种行为在生产中必须严令禁止。

差动速率效能系数 k_6 主要反映了 AGC 机组调节过程中上升速率与下降速率之间的差异，定义为当上升速率不大于下降速率时 $k_6 = 1.0$，当上升速率小于下降速率时，速率的差值每升高额定容量的 1%，k_6 就相应降低 b_6%，表示为

$$k_6 = \begin{cases} 1.0 - \dfrac{\Delta v}{P_n} \times b_6, & v_{up} \leqslant |v_{down}| \\ 1.0, & v_{up} > |v_{down}| \end{cases} \tag{3-22}$$

式中　v_{up}——式（3-13）中给出的机组上升速率；

$|v_{down}|$——式（3-13）中给出的机组下降速率的范数。

一般情况下，上升速率和下降速率都是取某一个时间段内的平均速度，单次的上升速率和下降速率统计意义上并不能完全表征 AGC 机组的动态速率性能。b_6 为松弛系数。

7. 调节精度效能系数

一般情况下，AGC 机组调节结束后的实际出力应该与 AGC 指令值接近，两者的差值应该被控制在机组的控制死区之内，但是由于不同机组的调节系统性能不尽相同，有的 AGC 机组会出现过调或欠调的现象，对系统频率的稳定会造成不良的影响。更有甚者，由于某些人为因素，机组的实际出力始终要大于 AGC 指令值，这样机组就能尽量多地发电，从而牺牲了其他 AGC 机组的利益，这种行为在生产中必须严令禁止。

根据 AGC 机组调节精度分布的实际情况，可确定平均调节精度达到某一水平时，其调节精度效能系数 $k_7 = 1.0$，以此为标准，调节精度低于此水平时，需对电厂进行考核。我国实际电网中，根据细则中的规定，取 AGC 机组的调节偏差百分数达到额定容量的 ρ_7 时，机组的调节精度效能系数 $k_7 = 1.0$，在此基础上，调节偏差百分数每升降 1%，k_7 相应减增 b_7%，表示为：

$$k_7 = 1.0 - (\eta - \rho_7) \times b_7 \tag{3-23}$$

式中　η——式（3-14）或式（3-15）中给出的调节偏差百分数；

b_7——松弛系数。

3.2.2.4　综合评价指标

在上面的小节中分别探讨并给出了 AGC 机组调节性能定量评估时需要用

到的 7 个效能系数，即 AGC 投运率效能系数 k_1、调节容量效能系数 k_2、正确动作效能系数 k_3、响应时间效能系数 k_4、调节速率效能系数 k_5、差动速率效能系数 k_6 和调节精度效能系数 k_7。为了进一步将不同的效能系数统一起来，更加直观地将结果呈现出来，将根据 3.2.2.2 节中的分类，引入短期评估系数 k_{short} 和长期评估系数 k_{long}，对 AGC 机组在短期（如 1 小时）和长期（如 1 天或 1 个月）两种不同时间尺度下进行评估。其中，根据短期评估系数可以对机组的实时调节性能进行直观的了解，根据长期评估系数可以对机组的平均调节性能进行深入的分析，结合短期评估系数和长期评估系数，可以对 AGC 机组的调节性能从时间和事件两个维度进行全面的掌握，从而把握全网的二次调频性能。

考虑到调节精度的时间尺度既可以是短时间的，例如计算某一个 AGC 控制段的调节精度，也可能是长时间的，例如计算某一天 AGC 机组的调节精度，因此调节精度效能系数 k_7 应该同时放到长期评估系数 k_{long} 和短期评估系数 k_{short} 中考虑。于是，长期和短期评估系数与 AGC 机组调节效能系数的关系如下：

$$k_{\text{long}} = f(k_1,\ k_2,\ k_3,\ k_7) \tag{3-24}$$

$$k_{\text{short}} = g(k_4,\ k_5,\ k_6,\ k_7) \tag{3-25}$$

式中 f 和 g——两种不同的函数映射关系，为了简单起见，取各效能系数的加权平均值来表征最终的短期和长期评估系数，即：

$$k_{\text{long}} = \alpha_1 k_1 + \alpha_2 k_2 + \alpha_3 k_3 + \alpha_4 k_7 \tag{3-26}$$

$$k_{\text{short}} = \beta_1 k_4 + \beta_2 k_5 + \beta_3 k_6 + \beta_4 k_7 \tag{3-27}$$

式中的各权重系数需要满足的条件为：

$$\begin{cases} \sum_{i=1}^{4} \alpha_i = 1 \ 并且 \ \alpha_i \in [0,\ 1],\quad i = 1,\ 2,\ 3,\ 4 \\ \sum_{j=1}^{4} \beta_j = 1 \ 并且 \ \beta_j \in [0,\ 1],\quad j = 1,\ 2,\ 3,\ 4 \end{cases} \tag{3-28}$$

3.2.2.5 评价体系中不同系数的补充说明与取值

上面给出的各种效能系数（k 系列）、标准参数（ρ 系列）、松弛系数（b 系列）和权重系数（α 系列和 β 系列）的绝对大小和相对大小所具有的物理含义是不同的，有的时候需要关注它们的绝对大小，有的时候则需要关注它们之间的相对大小。

（1）各效能系数的绝对大小反映了机组各性能指标的好坏，效能系数越大，则该性能指标越好；不同机组相同效能系数的相对大小能够反映出不同机组某项性能指标间的优劣程度，可以促进该项性能指标不足的机组在优化机组性能的时候有的放矢。

（2）各标准参数反映了电网对 AGC 机组的基本要求，不同类型的 AGC 机组的标准参数不同，不同电网要求的也不全相同。我国实际电网中，对于投运率标准 ρ_1、可调容量标准 ρ_2、调节速率标准 ρ_5 和调节精度标准 ρ_7 都在细则中有明确规定，按照细则的定值选取即可。对于正确动作率标准 ρ_3 和响应时间标准 ρ_4，可根据工程运行经验来选取。

（3）各松弛系数的绝对大小没有实际的参考意义，主要是为了规范不同的效能系数。不同性能指标变化的范围是不一样，以响应时间和调节速率为例，有些火电机组的响应时间可以达到 30s，那么相对于标准响应时间 1min 来说，变化量达到 50%。而假设机组的调节速率可以高达 5%，变化量也只有 3%，若 $b_4 = b_5$，那么 k_4 就会比 k_5 大很多，但实际上调节速率的提升对机组性能的提升更大。

（4）各权重系数的绝对大小没有实际的参考意义，相互之间的大小关系表示了相应效能系数对于评估系数的贡献量的大小，权重系数越大，说明该权重系数所表征的效能系数贡献越大，则相应性能指标越能反映机组的调节性能。

至于各系数的具体取值，则需要根据我国实际电网具体运行情况和经验来定，对于火电机组，各系数取值见表 3-3～表 3-5。

表 3-3　　　　　　　　　　我国实际电网中 AGC 机组调节性能标准

	ρ_1	ρ_2	ρ_3	ρ_4	ρ_5	ρ_7
火电机组	90%	40%	100%	60s	2%/min	3%
水电机组	90%	100%	100%	20s	80%/min	3%

表 3-4　　　　　　　　　　AGC 机组调节性能指标松弛系数

	b_1	b_2	b_3	b_4	b_5	b_6	b_7
火电机组	10	10	20	1	50	50	50
水电机组	10	10	10	1	20	50	50

表 3-5　　　　　　　　　　综合评价指标权重系数

系数	α_1	α_2	α_3	α_4	β_1	β_2	β_3	β_4
取值	0.2	0.1	0.4	0.3	0.1	0.2	0.2	0.5

于是，得到了短期评估系数和长期评估系数的相关表达式为：

$$K_{\text{long}} = \alpha^T k = [\alpha_1, \alpha_2, \alpha_3, \alpha_4] \begin{bmatrix} k_1 \\ k_2 \\ k_3 \\ k_7 \end{bmatrix} = 0.2k_1 + 0.1k_2 + 0.4k_3 + 0.3k_7$$

$$(3-29)$$

$$K_{\text{short}} = \beta^T k = \begin{bmatrix} \beta_1, & \beta_2, & \beta_3, & \beta_4 \end{bmatrix} \begin{bmatrix} k_4 \\ k_5 \\ k_6 \\ k_7 \end{bmatrix} = 0.1k_4 + 0.2k_5 + 0.2k_6 + 0.5k_7$$

$$(3-30)$$

3.3 AGC机组调节性能指标算法

AGC机组调节性能在线评估需要使用到的各效能系数均是基于实时记录的机组实际发电曲线和AGC控制指令曲线（见图3-1）。由于火电机组惯性较大，所以AGC控制指令若下发太频繁，对于机组的控制效果提升也不很明显。我国实际电网中，AGC控制指令发出的最小时间间隔大约为1min，机组的实际出力采样周期约为5s，最小可以达到1s。将这些数据都保存到数据库中，并用曲线的形式显示出来，供调度人员查看。具体的计算原则在之前已经给出了详细的介绍，下面针对具体的计算方法做简要说明。

3.3.1 统计时间段定义

所谓AGC机组调节性能在线评估，要求评估系统对AGC机组的实时调节性能做出判断。长期性能指标计算所用的数据需要经过一定时间的积累，而短期性能指标中，由于机组会受到很多随机因素的影响，单次AGC调节过后得到的调节速率、调节精度等性能指标，难以反映机组真实的情况，取均值之后的平均效果会更有说服力。因此，选择一定长度的时间段，计算该时间段内的平均效能系数，从而得到短期和长期评估系数，该时间段称为统计时间段。关于统计时间段，为了保证计算的有效性不能选的太小，为了保证实时性又不能选的太大，本章取统计时间段的长度为1h。

3.3.2 控制段定义

当前的电力系统中，自动发电控制系统根据ACE数值计算出每个AGC机组的AGC指令值之后，就会下发到各个AGC机组端。AGC的分配功率一般是按照经济系数进行分配的，如果某些AGC机组的经济系数较小，或者当前的ACE总分配功率较小，就可能出现这些AGC机组所得到的AGC指令值与当前出力之间的差距偏小，尚在机组的控制死区之内的情况。这种情况下，机组不会执行该次AGC指令。由此，引出了控制段的概念，即从AGC指令值和实际出力值相差超过机组的控制死区起（t_0时刻）到实际出力值和AGC指令值之差小于机组控制死区或反向时（t_1时刻）为止，为一个控制段，火电机组的控制死区为10MW，水电机组的控制死区为5MW。如式（3-31）、式（3-32）所示：

$$|P_{AGC}(t_0) - P_{out}(t_0)| > P_{threshold} \tag{3-31}$$

$$|P_{AGC}(t_1) - P_{out}(t_1)| < P_{threshold} \tag{3-32}$$

3.3.3 分段评价算法

随着电网规模的不断扩大，电网负荷变动时分配给单台发电机的出力调整量越来越小，大部分情况下，机组都能在较短的时间内将出力调整至 AGC 指令死区之内，现场采集到的数据也支持上述观点。如果对每一个控制段都进行效能系数的计算，无疑会大大增加不必要的计算量和存储量（尤其对于采样率较大的 WAMS 系统），而得到的有效考核数据并没有增加多少。因此，结合 WAMS 高采样率、高精度的数据特点，为减少计算量和数据存储量，满足在线快速评估的要求，将控制段分成 3 段：快速控制段、考核控制段、超时控制段，对各个段采用不同的处理方法，进行分段考核。

1. 快速控制段

如本书 3.1 节所述，从机组角度考虑，AGC 服务就是提供跟踪指令变化的能力，评价 AGC 服务质量，就是考核 AGC 机组跟踪指令变化是否达到了要求。因此当某个控制段小于某一给定时间间隔 t_{min} 时，定义其为快速控制段。一旦 AGC 控制在 t_{min} 之内结束，说明该段时间内 AGC 调节能够快速、准确地跟随响应系统的指令，那么默认机组在该段时间内的 AGC 调节满足要求，不再对该控制段的各性能指标进行计算考核。综上所述，快速控制段是控制段的一个子集，如式（3-33）所示：

$$\delta t_{fast} = t_1 - t_0 < t_{min} \tag{3-33}$$

2. 考核控制段

考虑到每一个统计时间段内机组实际出力和 AGC 指令值可能上下波动，以及火电机组惯性大滞后时间较长，测定机组调节速率时需确定能使机组响应的 AGC 指令及指令最小保持时间。又自动发电控制要求 AGC 机组的调节快速有效，控制段若能够控制在某一给定时间间隔 t_{max}，则认为该段时间的 AGC 调节有效。即当控制段的时间间隔处于 t_{min} 和 t_{max} 之间时，说明该段 AGC 调节能够在规定的时间内跟随响应系统的指令，但是需要对该控制段的各性能指标进行计算考核，核算该段时间的性能指标是否满足要求，定义其为考核控制段。综上所述，考核控制段是控制段的一个子集，对控制时间有着严格的要求，如式（3-34）所示：

$$t_{min} \leq \delta t_{estimation} = t_1 - t_0 \leq t_{max} \tag{3-34}$$

3. 超时控制段

自动发电控制要求 AGC 机组的调节快速有效，控制段若超过某一给定时间间隔 t_{max}，则认为该段控制是无效调节或者错误调节。即当控制段的时间间

隔大于 t_{max} 时，说明该段 AGC 调节没能在规定的时间内跟随响应系统的指令，不再对该段内各性能指标进行考核，记 AGC 错误调节一次，定义其为非法控制段。综上所述，非法控制段是控制段的一个子集，如式（3-35）所示：

$$\delta t_{illegal} = t_1 - t_0 > t_{max} \tag{3-35}$$

从前面的描述可以看出，控制段可以分成 3 类，即快速控制段、考核控制段、超时控制段，其中快速控制段和考核控制段的调节动作为正确调节，如式（3-36）、式（3-37）所示：

$$n_{total} = n_{fast} + n_{estimation} + n_{illegal} \tag{3-36}$$

$$n_{right} = n_{fast} + n_{estimation} \tag{3-37}$$

式中 n_{total}——式（3-11）中给出的总调节次数；

n_{right}——式（3-11）中给出的正确调节次数。

结合我国电网的实际情况，对于火电机组，取值为 $t_{min}=3min$，$t_{max}=6min$；对于水电机组，取值为 $t_{min}=30s$，$t_{max}=60s$。

3.3.4 控制算法

至此，已经具体介绍了计算原则和方法，程序算法流程如图 3-3 所示。

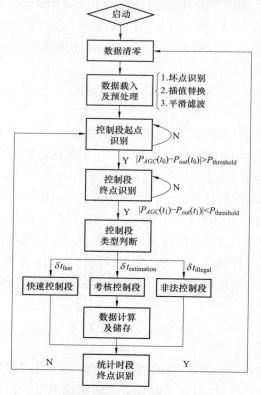

图 3-3 程序算法流程图

参考文献

［1］常乃超，兰洲，甘德强，等. 广域测量系统在电力系统分析及控制中的应用综述［J］. 电网技术，2005，29（10）：46-52.

［2］郑涛，高伏英. 基于 PMU 的机组一次调频特性参数在线监测［J］. 电力系统自动化，2009，33（11）：57-61.

［3］高伏英，高翔，贾燕冰，等. DCS 性能评价标准在华东电网应用探讨［J］. 电力系统自动化，2007，31（22）：99-103.

［4］庄莉莉. 电网调度 AGC 机组性能评测的研究与实现［D］. 上海：上海交通大学电子信息与电气工程学院，2009.

［5］任广宇. CPS 标准下动态调整频率偏差系数的自动发电控制［D］. 武汉：华中科技大学水利水电工程系，2006.

［6］任丽娜. CPS 标准评价控制区域调频性能准确性的研究［D］. 大连：大连理工大学，2008.

［7］钱梦迪. 京津唐地区 AGC 辅助服务补偿及市场化研究［D］. 北京：华北电力大学电气与电子工程学院，2011.

［8］王淑娟. AGC 机组调节性能的模糊综合评价研究［D］. 大连：大连理工大学，2010.

［9］G Gross，JWLee. *Analysis of Load Frequency Control Performance Assessment Criteria*［J］. IEEE Power Engineering Review，2007，21（8），59-59.

［10］言茂松，邹斌. 概率学的 AGC 先验定价和后验考核新方法［J］. 电力系统自动化，2003，27（2）：1-6.

第4章

低频振荡中的机网协调

电网互联极大提高了电力系统的经济性和可靠性，因而得到了十分迅速的发展。但是随着系统规模的扩大，电网结构和运行方式日益复杂，致使电力系统的稳定性问题变得越来越突出。近年来，低频振荡现象在大规模互联电力系统中频繁出现，已成为限制区域间功率传输能力和严重影响系统安全稳定运行的突出问题。

过去在低频振荡研究中，经常忽略原动机系统的动态，假定发电机输入机械功率恒定。这种做法的主要原因是调速系统存在死区，当转速的变化小于死区范围时原动机输出功率不发生变化。但是，随着电网互联的发展，低频振荡的频率不断降低，振荡周期不断增加，接近甚至超过动力系统的时间常数。此外，数字式电液调速系统的响应速度也有了很大提高。因此，有必要详细研究原动机系统对低频振荡的影响。

长期以来，原动机系统对低频振荡的影响研究较少，也不系统。本章重点研究低频振荡中的机网协调问题，所研究的原动机系统包括水力系统和水轮机、热力系统和汽轮机以及调速器，以期找到电厂动力系统模型中和低频振荡联系紧密的环节，揭示原动机系统对低频振荡影响的机理，并提出相应的抑制措施。

4.1 中长期过程中的机网协调

4.1.1 电力系统的中长期稳定

电力系统在暂态稳定之后的中长期稳定性逐渐成为威胁电网安全稳定运行的主要问题。2003 年 8 月 14 日的美加大停电从 Eastlake 5 号机跳闸开始到系统全面崩溃持续了 2h 34min，是一个典型的灾难性的中长期稳定事故。电力系统动态元件的响应时间可从微秒、毫秒级到数小时。其中，发电厂的热力系统（锅炉、汽轮机）和水力系统（水轮机）动态过程的时间常数较大，对中长期稳定具有重要影响。

电力系统的中长期稳定还可以细分为中期稳定和长期稳定。长期稳定分析假设发电机间的同步功率振荡已得到阻尼平息，结果使系统频率单一，研究重点放在伴随大型系统扰动的较缓慢和较长持续时间的现象，及其造成的有功功率和无功功率发电和用电间的持续失配过程。对长期稳定影响较大的动态过程包括火电机组锅炉动态、水电机组进水管和导水管动态、自动发电控制、保护与控制、变压器饱和、负荷特性等。中期稳定代表暂态响应和长期响应间的转换过程，研究重点放在发电机间的同步功率振荡、某些缓慢现象的影响以及可能存在的大的电压或频率偏移。两者之间的主要区别在于长期稳定假设系统频率单一，快速动态不再值得注意，因此对长期稳定的研究可以采用简化模型，方便进行数值积分。但实际上，中期稳定和长期稳定涉及的模型并没有明确区分，不能以仿真时长进行选择，在中期动态仿真中，缓慢的锅炉动态有时影响很大，在长期动态仿真中，有时有必要描述发电机间振荡和励磁动态。因此，现在一般统一为中长期稳定进行研究，而现代的分析软件可同时研究快、慢动态，实现全过程仿真。

电力系统的中长期稳定主要包括频率稳定、中长期电压稳定和低频振荡。其中低频振荡持续的时间从数十秒到十几分钟，为典型的中期稳定问题。中长期电压稳定主要和系统的无功电压控制有关，和中长期电压稳定相关的动态过程涉及的设备主要包括有载调压变压器、温控负荷、发电机励磁电流限制器等，电厂热（水）力系统主要和系统有功控制相关，因此对中长期电压稳定影响不大，在研究中不予考虑。现代互联电网中，由于电网规模很大，系统维持频率的能力较强，频率稳定基本上不是影响电网安全稳定运行的关键问题，近年来实际电网中频率失稳事故也出现的较少。因此，本章研究中长期过程中的机网协调问题，重点放在低频振荡这种中期稳定问题上。

4.1.2　电力系统低频振荡

4.1.2.1　中国的低频振荡情景

2001 年 8 月 3 日、2002 年 7 月 1 日和 7 月 15 日四川电网二滩电厂分别出现过三次低频振荡现象，事后研究发现由于二滩机组励磁系统存在设计缺陷造成在二滩机组相继增加励磁升高母线电压时，多台机组 PSS 功能同时退出，导致系统阻尼变弱而引发二滩电厂机组对系统的局部振荡。

2003 年 2 月 23 日、3 月 6 日和 3 月 7 日，云南电网与南方电网 500kV 联络线（罗马线）发生了 3 次低频功率振荡，振荡频率均为 0.4Hz。经分析发现，这是由于线路停电检修导致云南电网与南方电网之间的联系减弱，同时随着西电东送潮流增大，电压降低，使得云南电网相对南方电网的区间振荡模式的阻尼被削弱而引发区间功率振荡。

2005 年 9 月 1 日发生了 3 次蒙西电网机组对系统的低频振荡。功率振荡频率在 0.85~0.91Hz 之间，蒙西-华北区间联络线 500kV 丰万双线上的功率振荡幅度比较大，最大振幅达到 900MW。后经分析发现，当时系统存在万家寨电厂机组对华北系统的弱阻尼局部振荡模式，随着电厂有功出力的增加或无功出力的减少，该振荡模式的阻尼会进一步降低，引发了万家寨电厂机组对系统的低频振荡，造成系统区间联络线存在较大幅度的功率振荡。2005 年 10 月 29 日，华中电网在较大范围出现 0.77Hz 的功率振荡现象，经事后分析也认为可能是由于系统存在弱阻尼的局部振荡模式而引发全网的大功率振荡。

上述低频振荡现象都是由于当时系统存在负阻尼或弱阻尼的局部或区间振荡模式而引发的，事后采用传统的负阻尼机理都得到了较好的解释。除此之外，系统中近几年还出现了一些未知机理的低频振荡现象。

2005 年 5 月 13 日南方电网的罗马线、玉茂线、来玉线等多条 500kV 联络线及广东电网内部出现功率振荡，云南电网与南方电网的联络线——罗马线的功率振荡最大振幅为 140MW，振荡频率为 0.85Hz，振荡持续了 4min。振荡发生前，电网没有明显的故障和大的操作，因而振荡起因很不明确。事后通过模态分析和时域仿真发现采用传统的负阻尼机理不能很好地解释此次低频振荡事件，功率振荡可能是发电机组受到周期性外施扰动所引起的。类似未知机理的低频振荡还曾发生多起，例如从 1997 年 12 月起，河北南网安保线发生的十多起功率大幅度低频振荡，具有起振快并最终发展为等幅同步振荡，振荡能自行平息等特点；南方电网 1994 年 4 月发生的低频振荡事故，在增加向广东电网输送功率的过程中，出现送端机组功率、电压小摆动，继而发展为天贵、天广联络线功率和电压大幅度振荡，最终导致南方互联电力系统解列。

对于上述未知机理的低频振荡现象，部分学者事后通过大量仿真分析和振荡复现，认为可能是由于系统存在外施周期性小扰动引发的强迫功率振荡。

低频振荡已经成为影响中国电网安全稳定运行的重要问题，是互联电网中限制联络线传输容量的一个重要因素。低频振荡一旦发生，将会对发输电设备产生很大的威胁，并有可能诱发连锁反应事故，造成系统瓦解、大面积停电等灾难性后果。因此对低频振荡的研究具有十分重要的理论和实际意义，是目前电力系统稳定研究中的重点问题之一。

4.1.2.2　低频振荡的定义和分类

电力系统低频振荡通常是指同步运行的电力系统受到小扰动后由于阻尼不足引起发电机转子间的持续相对摇摆，在电气上表现为发电机功角、联络线功率和母线电压等的持续振荡，其振荡频率一般在 0.1~2.5Hz，又称为机电振荡，是电力系统功角稳定研究的一部分。

按照 IEEE/CIGRE 电力系统稳定定义和分类标准，电力系统功角稳定是指互联系统中同步发电机受到扰动后保持同步运行的能力。功角失稳可能由同步转矩或阻尼转矩不足引起，一般认为同步转矩不足会导致非周期性失稳，而阻尼转矩不足会导致振荡失稳。根据扰动的大小又可以将功角稳定分为小扰动功角稳定和大扰动功角稳定。小扰动功角稳定是指电力系统遭受小扰动后保持同步运行的能力，它取决于系统的初始运行状态，小扰动功角失稳一般表现为同步转矩不足造成的非周期性失稳和阻尼转矩不足造成的转子角增幅振荡失稳。当前，由于具有连续调节能力的自动电压调节器的广泛应用，同步转矩不足造成的非周期性失稳问题已经基本消除。因此，目前小扰动功角稳定研究主要关注由于系统阻尼不足造成的低频振荡问题，特别在大电网互联的情况下，这一问题变得更为突出，受到越来越多技术和研究人员的重视。大扰动功角稳定是指电力系统遭受短路、断线、切机等大扰动故障时保持同步运行的能力，它取决于系统故障前的运行状态以及故障的严重程度，通常称为暂态功角稳定。大扰动功角失稳通常表现为同步转矩不足的非周期性失稳（第一摆失稳）和多个振荡模式共同作用或系统非线性特性影响造成的振荡失稳（多摆失稳）。

由此可见低频振荡可能出现在正常运行工况下，系统受到小扰动后的动态过程中，此时对应小扰动功角稳定问题；也可能出现在系统发生短路、元件切除等大扰动情况下，此时属于大扰动功角稳定问题，这种大扰动下出现的低频振荡，也有学者认为是源于故障后稳态条件下系统本身的小扰动功角稳定性差。因此，目前对低频振荡的研究通常更多地归于小扰动功角稳定的研究体系下。

根据电力系统低频振荡的表现形式、影响范围以及振荡频率大小，可以将低频振荡大致分为两类。

1. 局部振荡模式

局部振荡模式（Local mode）是指几台邻近机组之间或单个电厂或机组相对系统其他部分之间的振荡，其影响范围较小，振荡频率一般在 $0.7 \sim 2.5 \mathrm{Hz}$，通过安装 PSS 易于得到控制。

2. 区间振荡模式

区间振荡模式（Inter-area mode）是指系统中不同区域之间一部分机群对另一部分机群间的振荡，其参与机组多，影响范围广，振荡频率一般在 $0.1 \sim 0.7 \mathrm{Hz}$，多发生在联系薄弱的互联电网中，对电网的安全稳定威胁很大，一般难以通过 PSS 进行有效控制。

区间振荡模式是全局的振荡问题，决定了互联系统的小扰动功角稳定性，往往在区间联络线或振荡中心附近振荡强度最大，而局部振荡模式是局部区域的振荡问题，在强相关机组附近的振荡强度最大，但是近年来也有研究发现局部振荡模式引起的振荡也可能会在区间联络线上引发较大的功率振荡现象。

在我国，长期以来电力工业界习惯采用"动态稳定"的提法对应电力系统的低频振荡问题，并经常出现在一些文献中。在 2001 年修订的《电力系统安全稳定导则》和 2006 年发行的《国家电网公司电力系统稳定计算规定》中，明确定义动态稳定是指电力系统受到小的或大的扰动后，在自动调节和控制装置的作用下，保持长过程的运行稳定性的能力，是电力系统功角稳定的另一种形式，通常指电力系统受扰后不发生发散振荡或持续振荡。根据扰动大小以及分析方法的不同可以分为小扰动动态稳定和大扰动动态稳定，这一提法一直以来为国内电力行业所采用。而在北美和欧洲"动态稳定"一词分别具有不同的含义。在北美，动态稳定一般表示考虑控制（主要是发电机励磁控制）的小扰动功角稳定，以与不计发电机控制的经典"静态稳定"相区别，而在欧洲，动态稳定则直接等同于暂态稳定。为避免混淆，目前国际大电网会议（CIGRE）以及国际电气和电子工程师学会（IEEE）都建议不用该词。

4.1.2.3 国内外研究现状

1. 低频振荡的机理

目前研究中对低频振荡的机理有几种不同的认识，主要有负阻尼机理、强迫振荡、强谐振、分岔理论等。

负阻尼机理是当前电力系统低频振荡研究中应用最为广泛的机理解释，它由 DeMello 和 Concordia 于 1969 年首次提出。两位学者运用阻尼转矩的概念对计及快速励磁调节器的单机——无穷大系统线性化模型进行了分析，指出在较高外部系统电抗和较高发电机输出功率情况下，高放大倍数的快速励磁在增加系统同步转矩的同时，有可能给系统带来负的阻尼转矩，当它抵消掉发电机原有的正阻尼后，使系统总阻尼很小或为负，这样一旦出现扰动，便会引发增幅的低频振荡。

上述基于单机无穷大系统分析的负阻尼机理解释物理概念清晰、意义明确、易于理解，逐渐成为低频振荡问题最重要和最被广泛接受的机理解释。在此基础上，两位学者还提出了基于增加机组阻尼转矩的辅助励磁环节（电力系统稳定器 PSS）的设计方法，用于抑制低频振荡，目前 PSS 已成为抑制低频振荡最主要的手段。

在多机系统分析中，通过电力系统线性化模型的模态分析方法可以将系统低频振荡问题与系统弱阻尼或负阻尼的振荡模式相联系，从而将负阻尼机理应用于多机系统低频振荡解释。通过模态分析获得的固有振荡频率、阻尼比、左右特征向量和参与因子等模态参数，可以进一步了解系统低频振荡的起因和主要影响因素。文献［16］讨论了多机系统中同步转矩和阻尼转矩的计算方法，并且认为与模态分析方法相结合可以得到多机系统小扰动稳定性的完整信息。文献［17］通过研究多机系统低频振荡阻尼转矩分析与模态分析间的联系，发现两者基本上是等效的。文献［18~19］从阻尼转矩的角度分析了互联电网的低频振荡，揭示了弱互联系统中区域联络线阻抗大幅度削弱系统阻尼的机理，并且通过对两机系统阻尼系数的推导，指出多机系统中存在各发电机组电磁阻尼彼此影响、相互耦合的特性。在互联电力系统中，除发电机励磁系统和调速器参数外，系统的网架结构、运行方式和负荷特性对系统振荡模式的阻尼均有较大的影响。

近 20 年来，我国出现的部分低频振荡现象采用传统的负阻尼机理不能很好地解释，事后通过模态分析发现，这些系统振荡前都有良好的阻尼特性，为此部分学者认为振荡产生的原因可能是电网中存在外施周期性小扰动引发的强迫功率振荡。研究表明发电机控制系统和负荷等的持续的周期性小扰动会引发电力系统强迫振荡，当扰动频率接近系统固有频率时，会引起系统共振，导致大幅度的功率振荡，或称为共振机理的低频振荡。它具有起振快、起振后保持等幅同步振荡和失去扰动源后振荡很快衰减等特点。文献［6］采用模态分析和时域仿真方法对南方互联电网"5·13"功率振荡进行了仔细分析，认为此次功率振荡产生原因可能是由于发电机组受外施周期性小扰动引发，而外施扰动可能是因为锅炉、汽轮机以及调节系统在变工况运行中引起的原动机功率波动。文献［7，21］通过对河北南网安保线低频功率振荡的分析，认为它属于强迫振荡，并通过仿真指出强迫振荡可由发电机的轴系、励磁器和调速器之一的周期性扰动引发。文献［8］计及周期性扰动的多机系统，通过对非齐次线性方程组解的推导分析，提出了当扰动频率接近系统固有振荡频率时将发生大幅度强迫功率振荡的结论。文献［22］基于单机无穷大系统分析，系统地提出了电力系统强迫功率振荡的基础理论，并分析了其主要的影响因素。

目前已有的关于电力系统强迫功率振荡的研究还主要集中于通过仿真方法分析系统中各类设备内部扰动是否会引发强迫功率振荡。文献［23］研究了汽轮机功率变化的原因，发现汽轮机调节汽门扰动频率与电力系统固有振荡频率一致或接近时，均可能引起电力系统强迫功率振荡。文献［24］发现汽轮机热力系统中存在引发电力系统强迫振荡的扰动源。文献［25］通过频域和时域方法研究了某一实际系统弱阻尼情况下，由于周期性负荷扰动频率与系统固有频率接近从而引发强迫功率振荡的问题。文献［26］认为原动机功率和负荷功率持续周期性扰动是引发强迫功率振荡两种主要原因，并且研究了原动机功率与负荷功率持续周期性小扰动造成电网功率振荡的区别，认为原动机功率扰动引起电网强迫功率振荡的可能性更大，影响也更严重。文献［27］通过分析详细模型下机组功角变化与外施功率扰动之间的传递函数发现，以提高局部振荡模式阻尼为目的调制的 PSS 可能会加剧更低振荡频率的区间模式强迫功率振荡。

除了负阻尼机理和强迫振荡机理外，还有强谐振、分岔理论等机理来解释低频振荡问题。文献［28］对多机电力系统不同振荡模式之间的相互作用进行了深入研究，详细讨论了强谐振导致系统振荡失稳的机理。文献［29～30］发现电力系统 Hopf 分岔与电力系统的振荡型失稳和低频振荡的发生直接相关，提出了低频振荡的分岔机理。

2. 低频振荡的分析方法

在低频振荡的分析中目前最常用、最基本的方法是特征分析法和时域仿真法，此外还有基于正规形理论的方法、功率振荡增量分布分析方法、小扰动稳定域分析方法和基于量测的方法等。

特征分析法通过求解电力系统线性化状态矩阵的特征值判断系统的小扰动稳定性，是小扰动稳定分析的基本方法。其基本思想是将原始微分代数方程组在平衡点线性化，然后根据线性系统理论求取线性化模型的特征值，根据特征值在复平面的分布和性质，确定系统的模态，得到其随时间而变化的过程，展示系统的小扰动稳定特性。特征分析法由于物理概念明确，提供的信息量多，因此在电力系统小扰动分析中得到了广泛应用。但是，要看到特征分析法的实质是在平衡点附近的小扰动稳定问题，它忽略了系统的非线性因素，因此不适于分析实际扰动较大、系统非线性因素对低频振荡有明显影响时的情况。另外，它是在给定运行方式下的求特解问题，受制于模型和参数的有效性。

时域仿真法在低频振荡的研究中应用也比较广泛。具体做法是对一给定运行方式下的系统施加某个扰动，观察系统中关键发电机的功角振荡特性，区域间联络线的功率振荡特性，从而估算系统区域间振荡模式的振荡频率和阻尼，并根据各区域发电机振荡的相对相位判别同调机群。该方法的优点是直观、方便，不受系统规模的限制，可以考虑元件复杂精确模型，同时计及了系统的非线性因素，因此常常被调度运行部门用于系统动态稳定性研究。这种方法存在的主要缺点是针对特定的运行方式，扰动也是人为确定的，不能保证激发和观察到所有的关键振荡模式，可能会漏掉一些关键模式。选择不同的故障方式，可能得出不同的结果。观察量由不同频率、阻尼的模态混杂在一起，很难分析，甚至出现误导。另外物理概念不强，难以反映物理本质，在低频振荡发生时很难用它分析引起振荡的原因，也不利于稳定控制策略的研究。同特征分析法一样，时域仿真法也受模型和参数有效性的制约。实践中通常将特征分析法和时域仿真法相结合进行低频振荡研究。

4.1.2.4 原动机系统对低频振荡的影响

低频振荡研究中，经常忽略原动机系统的动态，假定发电机输入机械功率恒定。这种做法的主要原因是调速系统存在死区，当转速的变化小于死区范围时原动机输出功率不发生变化。但是，在特高压大电网低频振荡的研究中，一方面，调速系统不断发展，死区不断减小（国内一般要求不大于±0.033Hz）；另一方面，对于大扰动激发的低频振荡，系统频率发生较大变化，超过调速系统的死区，原动机及其调速系统会对扰动后系统的振荡过程产生影响。长治-荆门特高压示范工程投运以来，在几次跳机引起的特高压联络线功率波动中，一次调频系统都对波动过程产生了影响。因此，有必要详细研究原动机系统对低频振荡的影响。

文献［44］中在讨论水轮机建模的准则中指出：调速器对频率约为1.0Hz的局部电站模式振荡的影响可以忽略。但是，对于0.5Hz以下的地区间低频振荡的影响，可能是明显的。

在国外，文献［45］很早就研究了水轮机调速器的改进对抑制系统低频振荡的效果。国内对原动机及其调速系统对低频振荡的影响也展开了研究，主要集中在水轮机，研究结果显示原动机系统对低频振荡会产生一定的影响，但目前的研究还不够系统深入。

4.2 中长期稳定计算中的电厂动力系统模型

电力系统的动态响应具有多时间尺度特性，根据响应的时间常数可以分为三类不同的动态过程：电磁暂态（毫秒级）、机电暂态（秒级）和中长期动态（分钟级）。不同的元件及其调节控制装置具有不同的响应速度，时间常数差别很大，分别影响不同的动态过程，如图4-1所示。

从图4-1可以看到，发电厂的热力系统（锅炉、汽轮机）和水力系统（水轮机）动态过程的时间常数较大，对中长期稳定具有重要影响。电力系统中长期稳定所关注的是伴随大扰动的较缓慢和持续时间较长的现象，及由此造成的有功功率和无功功率发电量和用电量之间的持续失配过程。在此过程中，如果不采取校正措施，会导致系统电压和频率偏离正常值，引发发电机组跳闸，造成互联系统的部分解列并形成一个或多个电气上孤立的电网。通常在这些情况下，控制及保护系统会响应，并将支配系统，但情况常常因保护和控制系统协调不良而恶化。为了避免整个系统瓦解，大量紧急控制保护投入。另外，在某些严重扰动发生后，火电厂的锅炉中温度变化剧烈，这会对锅炉产生巨大冲击，同样会触及相关的锅炉保护。所以非常有必要对速度控制以及随后的原动机和供应能量系统的中长期动态过程进行研究。因此，在中长期稳定计算中，

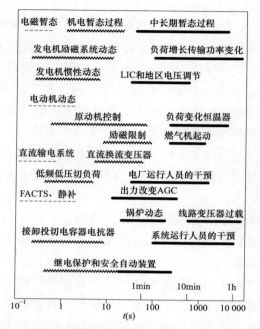

图 4-1　电力系统中不同时间常数的动态过程示意图

除了常规暂态稳定计算中的模型外，还应包括原动机和能量供给系统，各种保护和控制系统。

目前的中长期稳定仿真软件，主要有以下几种。

（1）Eurostag，由比利时 TRACTEBEL 和法国 EDF 开发。

（2）EXSTAB，由美国通用电气公司电力系统工程中心和日本东京电力公司开发。

（3）SimPowr，由 ABB 开发。

（4）PSS/E，由美国 PTI 开发。

（5）LTSP，由美国 EPRI 开发。

（6）PSD-FDS，电力系统全过程动态仿真程序，由中国电力科学研究院开发。

不同的仿真软件在数值积分算法上各有特点，但在电厂动力系统模型方面具有很多共同的地方。本章在广泛调研国内外相关的文献资料及程序技术说明的基础上，结合电力系统中长期稳定计算对火电厂和水电厂模型的要求，归纳总结火电厂和水电厂的动力模型，并研究模型的适应性。

4.2.1　水电厂动力系统模型

水电机组的动态过程是一个由水力动态过程、机械动态过程、电磁动态过程耦合且紧密相关的相互影响的复杂过程，即水机电耦合过程。根据暂态过程的速度由高到低分为：

（1）机电暂态过程，低频振荡包含在该过程中，频率范围为 0.1~2.5Hz。

（2）中速的水力动态过程和水轮机调节过程。

（3）低速的水力动态过程如调压室水位波动，其频率小于 0.1Hz，大都为 10^{-2}Hz 量级。

带调压室水电站在发生扰动时，水力系统波动可分为主波和尾波，分别对应上述的中速水力动态过程和低速水力动态过程。主波是由压力管道水压力波动所产生的较高频率的振荡，尾波是由调压室水位波动所产生的较低频率的振荡。一般而言，低速的水力动态过程如调压室水位波动频率很低，对相对高速的机电暂态过程不产生作用，而机电暂态过程对缓慢振荡的水力动态过程也不会发生影响，因此，两者可以分开进行研究，在研究水力系统对电网安全稳定的影响时，不需要考虑调压室水位波动过程。

但是，中速的水力动态过程和水轮机调节过程，其频率范围和机电暂态的频率存在重合，会对较低频率的机电暂态过程造成影响。尤其是随着互联电网规模的不断扩大，区间振荡的频率不断降低，水力系统和水轮机的影响将不能忽略。

除了水力系统自身的动态外，水力系统中还可能存在许多外施的扰动，常见的扰动源及其相应的扰动频率范围见表 4-1。其中，尾水管压力脉动的频率和机电暂态的频率接近，可能对电网安全稳定带来影响。实践证明，在所有可能的扰动源中，尾水管压力脉动是最常见、最危险的扰动源，应当予以足够的重视。

表 4-1　　　　　　　　　　　扰动源及其扰动频率范围

扰动源	频率量级（Hz）
水库和尾水渠中的波浪	$10^{-1} \sim 10^{0}$
尾水管压力脉动	$(0.167 \sim 0.5)\, n/60$
转轮偏心引起的扰动	$n/60,\ 10^{1}$
水流撞击转轮叶片引起的扰动	$10^{1} \sim 10^{2}$
转轮叶片经过导叶时引起的扰动	10^{2}
闸、阀或导叶的振动	10^{2}
空化噪声	$10^{2} \sim 10^{3}$

注　n 为转速，单位为 r/min。

4.2.1.1　水力系统模型

根据以上的分析，低速水力动态过程中调压室的水位波动对电网安全稳定的影响可以忽略，建模时不用考虑。不考虑调压室的水力系统模型主要有刚性模型和弹性模型两种。

1. 刚性模型

（1）无弹性水柱下的线性模型。刚性模型中，假设引水管是非弹性的并且水是不可压缩的，水力系统和水轮机的模型如式（4-1）所示：

$$G_{ht}(s) = \frac{\Delta P_m(s)}{\Delta \mu(s)} = \frac{1 - T_W s}{1 + 0.5 T_W s} \tag{4-1}$$

其中

$$T_W = \frac{L U_0}{g H_0} \tag{4-2}$$

式中　ΔP_m——机械功率增量。

$\Delta \mu$——导水叶开度增量。

T_W——水力时间常数或水启动时间。对于水头 H_0，引水管中的水从静止加速到速度 U_0 所需要的时间。

L——导水管长度。

g——重力加速度。

U_0——运行点的水流速度。

H_0——水头。

需要注意的是，T_W 是随负荷变化的量，与稳态运行点有关。设额定状态下的水启动时间为：

$$T_{W,\text{base}} = \frac{L U_{\text{base}}}{g H_{\text{base}}} \tag{4-3}$$

式中　H_{base}——额定水头；

U_{base}——导水叶全开（$\mu = 1$）时的水流速度（U_{base} 一般不是额定负载下的水流速度，额定负载下导水叶的开度一般小于1）。

假设水头都为额定水头，则 $T_W = U_0 T_{W,\text{base}}$。水流速度和水头、导水叶开度之间的关系为 $U = K_u \mu \sqrt{H}$，在水头一定时，U 和导水叶开度 μ 成正比。进一步可得 T_W 和稳态运行点导水叶开度成正比。

T_W 的大小对电网的安全稳定特性有较大影响，因此在模型中考虑 T_W 随负荷的变化是必要的。

（2）无弹性水柱下的非线性模型。对于涉及功率输出和频率大变化的研究，线性模型是不合适的，需要采用更适合于大信号时域仿真的非线性模型，如图 4-2 所示，其中 G' 为实际导叶开度，G 为理想导叶开度，U 为水流速度，H 为水头高度。

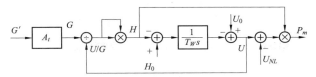

图4-2　无弹性水柱时水轮机非线性模型

2. 弹性模型

弹性模型考虑引水管的弹性和水的可压缩性，其模型为：

$$\frac{H(s)}{U(s)} = -Z_p \tanh(T_e s) = -Z_p \frac{1 - \mathrm{e}^{-2T_e s}}{1 + \mathrm{e}^{-2T_e s}} \qquad (4-4)$$

$$G_{ht}(s) = \frac{\Delta P_m(s)}{\Delta \mu(s)} = \frac{1 - Z_p \tanh(T_e s)}{1 + 0.5 Z_p \tanh(T_e s)} \qquad (4-5)$$

式中　T_e——水的弹性时间（或波传播时间，wave travel time），$T_e = \dfrac{L}{a}$;

　　　a——水中压力波的波速，其典型值对于钢管是 1220m/s，对于石头涵洞是 1420m/s;

　　　Z_p——引水管的规格化水力阻抗，$Z_p = \dfrac{T_W}{T_e}$。

此外文献中还常用到管道反射时间常数 T_r，$T_r = 2\dfrac{L}{a} = 2T_e$。

如前所述，水力系统波动过程中的主波是由压力管道水压力波动所产生的较高频率的振荡，对机电暂态过程会产生一定影响。因此，在电网的安全稳定研究中，水力系统和水轮机模型中需要准确地反映水压力的波动。当引水管长度较短时，水压力波的传播速度快，对应的频率高而且衰减很快，忽略水中的压力波不会带来很大影响，采用刚性模型不会带来很大误差。但当引水管长度较长时，水压力波对应的频率较低，落入电网低频振荡涉及的频率范围，对电网的安全稳定特性会带来较大影响，此时水力系统模型应该采用弹性模型。

弹性模型近似如式（4-6）所示：

$$\tanh(T_e s) = \frac{1 - \mathrm{e}^{-2T_e s}}{1 + \mathrm{e}^{-2T_e s}} \qquad (4-6)$$

详细的弹性模型中，$\tanh(T_e s)$ 可以展开成：

$$\tanh(T_e s) = \frac{T_e s \prod\limits_{n=1}^{n=\infty}\left[1 + \left(\dfrac{T_e s}{n\pi}\right)^2\right]}{\prod\limits_{n=1}^{n=\infty}\left[1 + \left(\dfrac{2T_e s}{(2n-1)\pi}\right)^2\right]} \qquad (4-7)$$

详细模型不便于进行特征分析，对于时域仿真也不容易解耦，因此，在满足精度要求的情况下，可以采用近似的弹性模型。对式（4-7）中的无穷展开式取不同 n，即可得到不同的近似。$n=0$ 时，$\tanh(T_e s) \approx T_e s$，传递函数变为：

$$G_{ht}(s) = \frac{1 - Z_p T_e s}{1 + 0.5 Z_p T_e s} = \frac{1 - T_W s}{1 + 0.5 T_W s} \qquad (4-8)$$

即前述的刚性模型。

$n=1$ 时，$\tanh(T_e s) \approx \dfrac{T_e s \left[1 + s^2 \left(\dfrac{T_e}{\pi}\right)^2\right]}{\left[1 + s^2 \left(\dfrac{2T_e}{\pi}\right)^2\right]}$，再根据式（4-8）即可得相应的传

递函数。同理可写出更高阶的近似模型。

3. 模型比较

下面分析水轮机不同传递函数的幅频特性和相频特性。参数 $T_W = 1.0\text{s}$，$T_e = 0.5\text{s}$。详细模型以及 $n=0$，1，2 阶近似模型的幅频特性和相频特性分别如图 4-3 和图 4-4 所示。水轮机的详细弹性模型的幅频特性和相频特性是频率的周期函数，频率为 $1/(2T_e)$ Hz。$n=1$ 阶近似在第 1 个周期具有良好的近似效果，$n=2$ 阶近似在前 2 个周期具有良好的近似效果。由此可以得到对所研究的问题需采用的最小近似阶数。设所研究问题的上限频率是 $f_{\max}$，则频段内含有 $2 f_{\max} T_e$ 个周期，所采用的近似模型的阶数应该大于 $2 f_{\max} T_e$。对于低频振荡而言，$f_{\max}$ 一般取 2.5Hz，此时近似模型的阶数应该大于 $5 T_e$。对于上述参数，$5 T_e = 2.5\text{s}$，取 $n=3$ 阶近似即可满足要求。如果 $f_{\max}$ 取 2.0Hz，则 $n=2$ 阶近似即可满足要求。而且，引水管越短，T_e 越小，模型阶数可取得越低，对于 T_e 小于 0.1s 的情况（引水管长度石头涵洞不大于 140m，钢管不大于 120m），采用 $n=0$ 阶近似就足够准确。

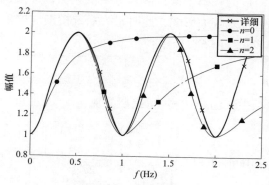

图 4-3 不同水轮机模型的幅频特性

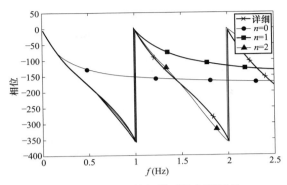

图4-4 不同水轮机模型的相频特性

4.2.1.2 水轮机调速器

水轮机调速系统采用文献 [44] 中的调速器模型（PSD-BPA 中的 GH 模型，为水轮机调速器与原动机组合在一起的通用模型），忽略死区和限幅，如图4-5 所示。其中参数也采用文献 [44] 中给出的典型参数，$T_P = 0.05\text{s}$，$K_s = 5.0$，$T_G = 0.2\text{s}$，$R_P = 0.04$，$R_T = 0.4$，$T_R = 5.0\text{s}$。

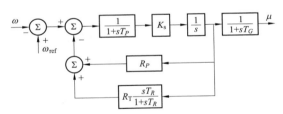

图4-5 水轮机调速器模型

4.2.1.3 水电厂模型仿真试验

根据国内某水电厂提供的甩负荷试验数据，进行了水电厂模型的仿真分析。研究比较不同水轮机和调速器的模型和参数对系统中长期动态过程的影响。

长期以来在电力系统稳定计算中，一般都只采用水轮机线性化模型，在BPA、PSASP 等常用电力系统分析软件中的水轮机模型都是理想水轮机模型，其输出机械功率 P_m 与导叶开度 G 的关系为：

$$\frac{P_m}{G} = \frac{1 - T_W s}{1 + 0.5 T_W s} \qquad (4-9)$$

在频率变化不大的稳定分析中通常采用这种线性化模型。但是对于涉及功率输出和频率变化较大的研究，这样的模型是不适合的。在这种情况下，应使用适合大信号时域仿真的非线性模型，如图4-6 所示，其中 G' 为实际导叶开度，G 为理想导叶开度，U 为水流速度，H 为水头高度。

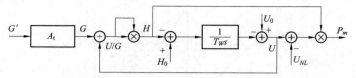

图 4-6 水轮机调速器非线性模型

该模型是建立在水轮机非线性方程的基础之上，并综合考虑了在甩大负荷或甩全负荷过程中极为重要的两个因素：实际导叶开度与理想导叶开度的转换、水轮机内部的损耗。

理想水轮机模型中 G 为理想导叶开度，它是建立在从空载到标幺值为 1.0 的满载基础上的。在常规的稳定仿真研究中，导叶开度一般不会发生太大范围的变化，所以可以不考虑空载开度的存在，而采用理想导叶开度的 0—1 对应输出功率的 0—1。而实际导叶开度 G' 是建立在导叶从完全关闭到标幺值为 1.0 的完全打开的基础上的。理想导叶开度和实际导叶开度的关系如图 4-7 所示。

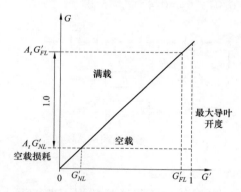

图 4-7 理想和实际导叶开度间关系示意图

从图 4-7 中可以分析出，理想导叶开度和实际导叶开度的定量关系为：

$$G = A_t G', \quad A_t = \frac{1}{G'_{FL} - G'_{NL}} \tag{4-10}$$

式中 A_t——水轮机增益；

　　　G'_{NL}——实际空载开度；

　　　G'_{FL}——实际满载开度。

采用水轮机增益对导叶开度进行修正后，空载开度和满载开度分别对应输出功率的标幺值为 0 和 1。

水轮机必须在空载开度时才能以额定转速空转，只有大于空载开度水轮机才能输出有功功率。故水轮机建模时应考虑其内部的损耗，才能仿真小于空载开度时水轮机消耗能量的工况。所以在水轮机非线性模型中，输出的机械功率为：

$$P_m = P - P_L = (U - U_{NL})H \tag{4-11}$$

式中　P_L——水轮机的功率损耗；

　　　U_{NL}——水轮机的空载水速。

通过仿真分析比较两种水轮机模型在某水电厂甩负荷过程的响应特性。其中理想水轮机和非线性水轮机模型的参数分别如下：

理想水轮机模型：$T_W = 1s$；

非线性水轮机模型：$T_W = 1s$，$H_0 = 1.0$，$G'_{FL} = 0.674$，$G'_{NL} = 0.105$。

试验曲线示意如图 4-8 所示。水电厂提供的试验甩负荷曲线如图最高频率为 1.29p.u.，与仿真结果中的非线性水轮机模型相同。从仿真结果可以看出：对于甩负荷这种大波动过程，理想水轮机的误差较大，而非线性水轮机模型基本真实地反映了整个甩负荷过程。

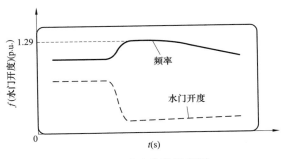

图 4-8　试验曲线示意图

下面仿真调速器模型和参数的影响。仿真工具采用 PSASP，水轮机的调速器模型如图 4-9 所示。

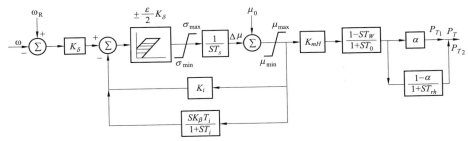

图 4-9　PSASP 中水轮机的调速器模型

水轮机调速器参数的设置，直接影响了机组一次调频的快速性和稳定性，决定了系统的静态和动态品质，是保证电能质量、机组安全运行的重要因素，特别是决定了系统稳定性的暂态缓冲环节。在机组并网运行时，有些电厂为追求调速器调节的快速性，对并网参数的暂态环节系数取得过小甚至切除了暂态装置，这是不合理的。由于并网时整个电网容量大，自平衡能力强，可认为机组总是能稳定调节的；但若由于外送通道故障形成了水电群孤网，水电机组不易稳定的缺陷就更加突出，上述的做法可能会引起系统的不稳定。

比较下列两组调速器参数，其中，（1）为原来提供的调速器参数，记作第一组；（2）为修改后的参数，记作第二组：

（1）$Bt = 0.5$，$T_d = 5$，$T_n = 1$，$T_{1v} = 0.2$，$B_p = 0.04$；

（2）$Bt = 20$，$T_d = 5$，$T_n = 1$，$T_{1v} = 0.2$，$B_p = 0.04$。

电厂甩 100% 负荷时，两组参数的比较如图 4-10 所示。结果显示，调速器参数对系统中长期过程中的频率动态有很大影响。当暂态缓冲环节的系数取得过小时，会导致频率的持续大幅波动，甚至可能出现发散的情况。

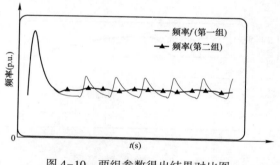

图 4-10　两组参数得出结果对比图

4.2.1.4　对水力系统模型的要求

（1）水启动时间是随负荷而变化的，模型中必须反映其变化。

（2）当引水管长度较长时，应该采用弹性模型，可根据引水管长度和所研究的频率范围采用合适阶数的近似模型。

（3）在低频振荡研究中，可以不考虑调压室的动态，但水轮机及其调速器对低频振荡的影响可能较大，需要进行较为详细的模拟。

（4）长期动态稳定计算中可能需要水轮机和水力系统非常详细的动态非线性表示，包括尾波影响和调压室动态。

4.2.2　火电厂动力系统模型

4.2.2.1　火电机组原动机系统结构

火电机组包括热力、机械和电气 3 个子系统，分别对应锅炉、汽轮机和发电机 3 大主要设备。3 个子系统之间互相耦合，构成一个复杂的热机电系统。

火电机组主要有 3 个调节系统。一是发电机励磁控制系统，它以发电机机端电压为控制目标，通过对发电机励磁电流或电压的调整，达到调整发电机机端电压的目的。二是机组的转速控制系统，它以机组转速为控制目标，通过对输入原动机的主动转矩的调整，来保持系统负荷平衡，达到调整机组转速，维持系统频率为规定值的目标。三是锅炉和汽轮机侧的锅炉汽轮机控制系统，以控制锅炉生产的蒸汽压力和流量。励磁控制系统只影响电气子系统，转速控制系统主要影响机械子系统，而热力子系统由锅炉汽轮机控制系统控制。

整个火电机组的动力系统结构示意图如图 4-11 所示，主要包括 4 个部分：锅炉汽轮机控制系统、锅炉、速度负载控制系统、汽轮机。

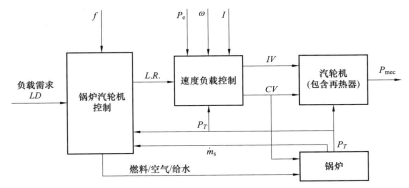

图 4-11　火电机组动力系统结构示意图

锅炉汽轮机控制系统输入量为负载需求（LD，手动给定或由 AGC 给定）、频率（f）、主蒸汽压力（P_T）、蒸汽流量（$\dot{m}_s$），输出量为锅炉的燃料/空气/给水信号、速度负载控制系统的速度负载参考值（$L.R.$）。

锅炉系统输入量为燃料/空气/给水信号、汽轮机控制阀开度（CV），输出量为主蒸汽压力（P_T）、蒸汽流量（$\dot{m}_s$）。

速度负载控制系统输入量为速度负载参考值（$L.R.$）、发电机电功率（P_e）、机组转速（ω）、发电机电流（I）、主蒸汽压力（P_T），输出量为控制阀开度（CV）、截止阀开度（IV）。

汽轮机系统（包含再热器）输入量为主蒸汽压力（P_T）、控制阀开度（CV）、截止阀开度（IV），输出量为机械功率（P_{mec}）。

在电网安全稳定分析中，对锅炉汽轮机系统一般都采用了不同程度的简化。暂态稳定分析中，很多情况下完全忽略了锅炉汽轮机系统的动态，将机械功率 P_{mec} 视为恒定值。更长时间的电网动态过程研究需要考虑原动机的动态和由此导致的机械功率变化，将汽轮机和速度负载控制系统加入模型中，但是不考虑锅炉动态，即认为主蒸汽压力 P_T 恒定。一般的电力系统仿真软件中都只考虑汽轮机及其调速系统模型，不考虑锅炉动态。当需要考虑更长时间的电网动态过程时，锅炉动态就可能带来一定影响，需要考虑锅炉的模型。

4.2.2.2 汽轮机模型

如图 4-12 所示为一个典型的单再热串联复合汽轮机模型。在再热器后、中高压缸前考虑了截止阀。由于截止阀只是提供了一种截止气流的备用手段，很多情况下不会动作。模型中有 3 个时间常数：T_{CH}、T_{RH}、T_{CO}，分别为进气室容积时间常数，再热器容积时间常数和交换器容积时间常数，其典型值分别为 0.1~0.4s、4~11s、0.3~0.5s。而且，汽轮机控制阀动作后，经过进汽室一个环节后就会导致机械功率的变化，时滞仅为 T_{CH}。电力系统低频振荡关心的频率为 0.1~2.5Hz，其下限频率对应的周期为 10s，远大于进气室的容积时间常数 T_{CH}。因此，在低频振荡的研究中，汽轮机的动态是不能忽略的。

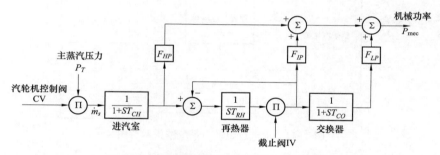

图 4-12　典型单再热串联复合汽轮机模型

不考虑主蒸汽压力的变化和截止阀的动作，上述串联组合、单再热器汽轮机的模型（PSD-BPA 中的 TB 模型）为：

$$G_{st}(S) = \frac{\Delta P_m(S)}{\Delta \mu(S)} = \frac{1}{1 + ST_{CH}}\left(F_{HP} + \frac{1}{1 + ST_{RH}}\left(F_{IP} + \frac{F_{LP}}{1 + ST_{CO}}\right)\right) \quad (4-12)$$

典型参数：$F_{HP} = 0.3$，$F_{IP} = 0.4$，$F_{LP} = 0.3$，$T_{CH} = 0.2s$，$T_{RH} = 8.0s$，$T_{CO} = 0.5s$。

4.2.2.3 汽轮机调速器

汽轮机调速器考虑下面 2 种：

（1）普通数字电液调速器 SGOV1（PSD-BPA 中的 GS 模型）模型如图 4-13 所示。

采用文献 [65] 中的参数：$\delta = 0.05$，$T_1 = 7.5s$，$T_2 = 2.8s$，$T_{SM} = 0.1s$。

（2）功频电液调速器 SGOV2 模型如图 4-14 所示。

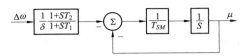

图 4-13　汽轮机普通数字电液调速器模型 SGOV1

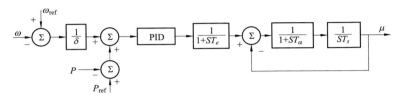

图 4-14　汽轮机功频电液调速器模型 SGOV2

参数：$\delta = 0.05$，$T_e = 0.05\text{s}$，$T_\alpha = 0.02\text{s}$，$T_s = 0.3\text{s}$，$\text{PID} = 1.0 + \dfrac{0.2}{S} + \dfrac{0.1S}{1 + 0.02S}$。

4.2.2.4　调速系统中的控制和保护

调速系统的作用主要是平衡正常工况下的负荷波动，通过上述的调速器控制调节高压汽门调节阀 CV，改变汽轮机输出功率，从而平衡负荷波动。此外，调速系统中一般还具有下面两类保护，在中长期动态中可能产生重要影响，在中长期稳定计算中也需要详细建模。

1. 超速保护

超速保护（Overspeed Protection Control，OPC），即机组转速超过 103%（3090r/min）时，快速关闭高中压调节汽门（CV，IV），转速恢复后再打开。一般的动作逻辑为，当机组转速达到 3090r/min（51.5Hz）时，无延时关闭调节汽门，待转速恢复至 3000r/min（50Hz）后重新开启调节汽门。

2. 紧急停机

一般转速不得超过额定转速的 110%，超过之后汽轮机各个汽门快速关闭，系统停机。

4.2.2.5　热力系统模型

下面考虑锅炉的动态模型如图 4-15 所示。燃料空气信号输入后，经过燃烧动态过程，产生热量释放 $\dot{Q}$。典型的燃烧动态过程，燃煤机组为 $\dfrac{e^{-40s}}{1+30s}$，燃油机组为 $\dfrac{1}{1+5s}$。经过水冷壁滞后环节后，水冷壁产生的蒸汽流量为 $\dot{m}_W$，水冷壁滞后时间常数 T_W 一般为 5~7s。流出汽包流入过热器的蒸汽流量为 $\dot{m}$，汽包

蒸汽压力 P_D 和流入汽包的净流量 $\dot{m}_W-\dot{m}$ 的积分成正比, 满足关系 $C_D\dfrac{\mathrm{d}P_D}{\mathrm{d}t}=\dot{m}_W-\dot{m}$, C_D 为汽包容积时间常数, 典型值为 $90\sim300\mathrm{s}$。节流阀处的蒸汽压力 P_T 由流入过热器的蒸汽流量 $\dot{m}$ 和流入汽轮机的蒸汽流量 $\dot{m}_s$ 决定, 满足 $C_{SH}\dfrac{\mathrm{d}P_T}{\mathrm{d}t}=\dot{m}-\dot{m}_s$, C_{SH} 过热器容积时间常数, 典型值为 $5\sim15\mathrm{s}$。流出汽包流入过热器的蒸汽流量 $\dot{m}$ 由汽包和过热器中的压力差决定, 满足 $\dot{m}=K\sqrt{P_D-P_T}$, 系数 K 的典型值为 3.5。流入汽轮机的蒸汽流量 $\dot{m}_s$ 由汽轮机控制阀开度和主蒸汽压力 P_T 共同决定, 满足 $\dot{m}_s=\mu P_T$, μ 为控制阀开度。

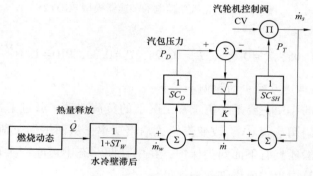

图 4-15 锅炉的动态模型

从锅炉的模型可以看出, 锅炉动态过程的时间常数非常大。燃料空气信号发生变化后, 分别进过燃烧动态过程、水冷壁滞后导致流入汽包的蒸汽流量发生变化, 这个过程的时滞对燃煤机组为 $75\mathrm{s}$ 左右, 燃油机组为 $10\mathrm{s}$ 左右。流入汽包的流量变化导致汽包压力变化还存在很大的时滞 (典型值为 $90\sim300\mathrm{s}$)。汽包压力变化导致流入过热器的流量变化, 流量变化再引起主蒸汽压力 P_T 的变化, 中间的时滞也达到 $5\sim15\mathrm{s}$。因此, 燃煤汽包型锅炉的总时滞达到数分钟。直流式锅炉没有汽包环节, 时滞比汽包型锅炉小很多, 但也接近分钟的量级。

电力系统低频振荡关心的频率为 $0.1\sim2.5\mathrm{Hz}$, 其下限频率对应的周期为 $10\mathrm{s}$, 远小于锅炉系统的时间常数。因此, 在低频振荡的研究中, 锅炉的动态基本不会对振荡过程产生影响, 忽略锅炉的动态是合理的, 模型中可以认为汽轮机的主蒸汽压力恒定。

4.2.2.6 锅炉汽轮机控制

火电厂的锅炉汽轮机控制方式主要有 3 种。

1. 锅炉跟随 (汽轮机先导)

控制过程为: 负荷指令改变—汽轮机汽门开度变化—汽轮机改变进汽量

（汽轮机机械功率改变）—锅炉主蒸汽压力变化—调节锅炉给煤量和送风量。

这种控制方式的优点是能够快速改变汽轮机输出机械功率，对系统稳定有利，但锅炉出口压力剧烈波动会影响锅炉的稳定运行。

2. 汽轮机跟随（锅炉先导）

控制过程为：负荷指令改变—调节锅炉给煤量和送风量—锅炉主蒸汽压力变化—汽轮机汽门开度变化—汽轮机机械功率改变。

这种控制方式对机组运行有利，但响应速度受锅炉慢响应的限制，对系统稳定不利。

3. 锅炉汽轮机协调控制

锅炉汽轮机协调控制（CCS）将锅炉跟随和汽轮机跟随两种运行模式可调整的混合在一起，兼顾了快速响应和锅炉的安全性。

不同控制方式下汽轮机的响应特性存在较大差别，如图 4-16 所示，在中长期稳定计算中要详细模拟锅炉汽轮机控制系统。

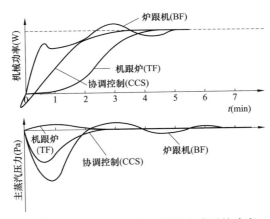

图 4-16　不同锅炉汽轮机控制方式下的响应

4.2.2.7　对热力系统模型的要求

（1）在中期稳定计算如低频振荡研究中，汽轮机和汽轮机调速器是需要详细建模的对象，会对低频振荡产生一定影响，锅炉系统由于时间常数较大，低频振荡研究中可以忽略其动态。

（2）热力系统动态在电力系统长期动态响应中起着重要的作用，需要详细地模拟汽轮机、调速器、锅炉系统以及相应的控制和保护系统。

4.3　发电厂动力系统对低频振荡的影响

低频振荡是影响电力系统安全稳定运行的重要问题。目前的低频振荡研究中，对发电厂动力系统（包括热/水力系统、汽/水轮机，调速器）的研究较少，一般假定发电机输入机械功率恒定，即忽略了原动机调速系统的动态。这种做法的主要原因是调速系统存在死区，当转速的变化小于死区范围时原动机输出功率不发生变化。但是，这种做法在目前情况下已经不适合特高压大电网中低频振荡的研究，一方面，调速系统不断发展，死区不断减小（国内一般要求不大于±0.033Hz）；另一方面，对于大扰动激发的低频振荡，系统频率发生较大变化，超过调速系统的死区，原动机及其调速系统会对扰动后系统的振荡过程产生影响。长治-荆门特高压示范工程投运以来，在几次跳机引起的特高压联络线功率波动中，一次调频系统都对波动过程产生了影响。因此，有必要详细研究原动机及其调速系统对低频振荡的影响。

本书4.2节研究了低频振荡中的动力系统建模。在低频振荡研究所关心的频率范围内，原动机和调速器是需要详细建模的。水力系统中，可以不考虑调压室的动态，但模型中必须反映水启动时间随负荷的变化，而且，当引水管长度较长时，应该采用弹性模型，根据引水管常数和所研究的频率范围采用合适阶数的近似模型。热力系统中，锅炉动态可以忽略。本节在此基础上，详细研究电厂动力系统对低频振荡的影响。

在国外，文献［45］很早就研究了水轮机调速器的改进对抑制系统低频振荡的效果。国内对原动机及其调速系统对低频振荡的影响也展开了研究。文献［46］详细研究了二汽自备电厂2号机组调速器对华中电网低频振荡的不利影响，得到结论：二汽自备电厂机组调速系统与弱阻尼低频振荡模式相关度很高，在不计调速器死区情况下，参与低频振荡，提供负阻尼转矩；在调速器动作正常情况下，由于死区的存在，调速系统只有低频振荡被激发到足够大的幅度时才有可能参与低频振荡，一般不起作用。但由于二汽自备电厂2号机组调速器本身的不稳定，使其在系统有扰动时极易介入，与系统固有低频振荡共振，从而形成大幅度不衰减振荡。此情况已由对此低频振荡的实际处理所证实。

本节详细研究了原动机及其调速系统对低频振荡的影响，利用阻尼转矩分析、特征分析和时域仿真法相互验证，分析不同原动机和调速器对低频振荡的影响，论证在低频振荡研究中考虑原动机及其调速系统的必要性。

4.3.1 原动机及其调速系统转矩分析

4.3.1.1 阻尼转矩分析

记调速系统的传递函数 $G_{\text{gov}}(S) = \dfrac{\Delta\mu(S)}{\Delta\omega(S)}$，整个原动机及其调速系统的传递函数：

$$G(S) = \frac{\Delta P_m(S)}{\Delta \omega(S)} = G_t(S) G_{gov}(S) \tag{4-13}$$

将 $S = j\omega_d$ 代入式（4-13），$\omega_d = 2\pi f_d$，f_d 为振荡频率，即可得到：

$$\Delta P_m = G(j\omega_d) \Delta \omega = K_{RE} \Delta \omega + jK_{IM} \Delta \omega \tag{4-14}$$

按照阻尼转矩与同步转矩分析的理论，其中 $K_{RE} \Delta \omega$ 是影响系统阻尼特性的分量。$K_{RE} > 0$ 时，ΔP_m 中含有和 $\Delta \omega$ 同相位的分量，根据发电机的转子运动方程，这个分量对系统的阻尼特性是不利的，原动机及其调速系统产生了负阻尼。$K_{RE} < 0$ 时，原动机及其调速系统产生正阻尼，因此，$K_{RE} \Delta \omega$ 为阻尼转矩，K_{RE} 称为机械阻尼转矩系数。

首先分析水轮机及其调速系统，水轮机采用式（4-14）所示的刚性模型，水流惯性时间常数 $T_W = 1.0\mathrm{s}$，调速器采用 4.2.2.2 节中的机械液压调速器模型和参数。随着振荡频率的变化，机械阻尼转矩系数的变化如图 4-17 所示。

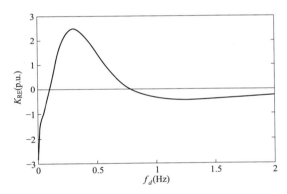

图 4-17　水轮机及其调速系统的机械阻尼转矩系数随振荡频率的变化

水轮机采用弹性模型时，首先分析引水管长度较短的情况，设 $T_e = 0.1\mathrm{s}$，分别采用刚性简化模型和弹性详细模型时，机械负阻尼转矩系数 K_{RE} 的变化如图 4-18 所示。引水管长度较短时，刚性简化模型和弹性详细模型的差别可以忽略。

引水管长度较长时，设 $T_e = 0.5\mathrm{s}$，分别采用刚性模型、弹性模型以及 $n = 2$ 近似模型时，机械负阻尼转矩系数 K_{RE} 的变化如图 4-19 所示。此时，刚性模型和弹性模型存在较大差别，特别是在 $0.5 \sim 1.4\mathrm{Hz}$ 的区间内，采用刚性模型和弹性模型时，K_{RE} 的符号不相同，而弹性模型和 $n = 2$ 近似模型差别不大。因此，当引水管长度较长时，采用弹性模型分析水力系统和水轮机对低频振荡的影响是必需的，否则可能得出完全错误的结论。而根据引水管长度和所研究的频率范围，可以采用合适阶数的近似模型。

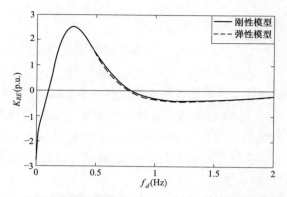

图 4-18　引水管较短时刚性模型和弹性模型对阻尼转矩系数影响的比较

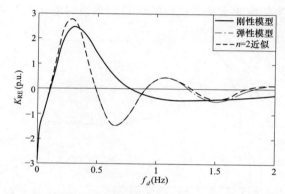

图 4-19　引水管较长时刚性模型和弹性模型对阻尼转矩系数影响的比较

　　水轮机都采用详细弹性模型，T_W 随着负荷而变化时，K_{RE} 的变化情况如下。引水管较短时，设 $T_e = 0.1s$。假设 $T_W = 1.0s$ 对应满载时的情况，当负荷逐渐减小到 40% 时，根据前面的分析，T_W 将按比例减小到 0.4s。不同 T_W 时 K_{RE} 的变化情况如图 4-20 所示。随着 T_W 的减小，K_{RE} 为正的频段右移（频率增加），而且宽度变宽。

　　引水管长度较长时，设 $T_e = 0.5s$。结果如图 4-21 所示，随着 T_W 的变化，K_{RE} 的变化情况比较复杂。但是，不同 T_W 时 K_{RE} 曲线的差别较大，因此考虑 T_W 随负荷的变化是必需的。

4.3.1.2　特征分析验证

　　为了验证上述分析是否合理，在单机无穷大系统中进行仿真分析。发电机采用如式（4-15）所示的 3 阶模型，不考虑励磁调节系统。系统频率为 50Hz，无穷大母线电压为 1.0，发电机母线和无穷大母线之间的连接电抗 $X_L = 0.8$，发

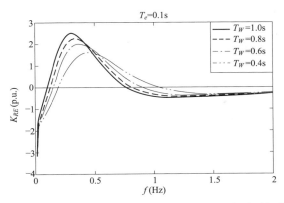

图 4-20 引水管较短时，机械阻尼转矩系数随水启动时间的变化

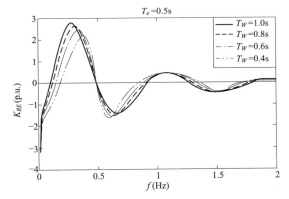

图 4-21 引水管较长时，机械阻尼转矩系数随水启动时间的变化

电机参数 $X_d = 0.1460$，$X_q = 0.0969$，$X'_d = 0.0608$，$T'_{d0} = 8.96\mathrm{s}$，$P_m = 1.0$，$D = 0.0$，$E_{fd} = 1.09195$。

$$\dot{E}'_q = \frac{1}{T'_{d0}} \left[E_{fd} - E'_q - (X_d - X'_d) i_d \right]$$

$$\dot{\delta} = \omega_0 (\omega - 1)$$

$$\dot{\omega} = \frac{1}{2H} \left\{ P_m - \left[E'_q i_q - (X'_d - X_q) i_d i_q \right] - D(\omega - 1) \right\} \qquad (4-15)$$

首先分析无调速器时的系统，计算系统平衡点并进行特征分析，得到机电模式的振荡频率 f_{d0} 和阻尼比 ζ_0。然后加入水轮机及其调速系统，维持发电机运行点不变，重新进行特征分析，计算机电模式的频率 f_{d1} 和阻尼比 ζ_1，并计算 $\Delta\zeta = \zeta_1 - \zeta_0$，$\Delta\zeta$ 即可表示水轮机及其调速系统对系统阻尼的影响。

通过改变发电机的转动惯量 H，使系统的振荡频率变化，计算不同振荡频

率下的 $\Delta\zeta$，并和 K_{RE} 绘在一张图上，如图 4-22 所示。图 4-22 显示，K_{RE} 和 $\Delta\zeta$ 始终符号相反，即机械负阻尼转矩系数为正时，系统阻尼比减小，原动机和调速系统减小系统阻尼，验证了阻尼转矩分析的结论。

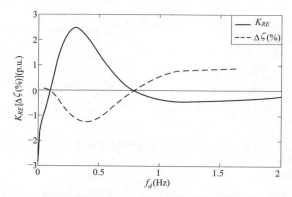

图 4-22　水轮机及其调速系统的机械负阻尼转矩系数和阻尼比变化

以 $H=10$ 为例进行详细分析，无调速器时，机电模式对应特征值 $-0.0068+3.2432j$，$f_{d0}=0.5162\text{Hz}$，$\zeta_0=0.210\%$，加入水轮机和调速器后，特征值 $0.0268+3.2074j$，$f_{d1}=0.5105\text{Hz}$，$\zeta_1=-0.837\%$，$\Delta\zeta=-1.047\%$，特征值变化量 $0.0336-0.0358j$。

记式（4-15）所示系统的 Jacobian 矩阵为 J。调速器的引入改变了 P_m，根据 $\Delta P_m=K_{RE}\Delta\omega+jK_{IM}\Delta\omega$，同时考虑到 $s\Delta\delta=j\omega_d\Delta\delta=\omega_0\Delta\omega$，可得 $\Delta P_m=-K_{IM}\dfrac{\omega_d}{\omega_0}\Delta\delta+K_{RE}\Delta\omega$，则 J 中元素 J_{21} 和 J_{22} 分别变化为 $\Delta J_{21}=-K_{IM}\dfrac{\omega_d}{2H\omega_0}$ 和 $\Delta J_{22}=\dfrac{K_{RE}}{2H}$，由此导致特征值发生变化。$f_d=0.5162\text{Hz}$ 时，计算得到 $G(j\omega_d)=1.3354-1.4747j$，$K_{RE}=1.3354$，$K_{IM}=-1.4747$。设矩阵 J 的特征值 λ 对应的左、右特征向量分别为 ψ、ϕ，且满足 $\psi\phi=1$，则特征值相对矩阵元素 J_{ij} 的灵敏度为 $\dfrac{\partial\lambda}{\partial J_{ij}}=\psi(i)\phi(j)$。由此可求得特征值对矩阵元素 J_{21}、J_{22} 的灵敏度分别为 $\dfrac{\partial\lambda}{\partial J_{21}}=-0.2032-48.4396i$、$\dfrac{\partial\lambda}{\partial J_{22}}=0.5001-0.0010i$，计算可得 ΔP_m 中两个分量导致的特征值变化分别为 $\dfrac{\partial\lambda}{\partial J_{21}}\Delta J_{21}=-0.0002-0.0369i$，$\dfrac{\partial\lambda}{\partial J_{22}}\Delta J_{22}=0.0334-0.0001i$，总的特征值变化量为 $0.0332-0.0370j$，和实际的特征值计算结果很接近。分量 $K_{RE}\Delta\omega$ 主要改变实部，分量

$jK_{IM}\Delta\omega$ 主要改变虚部。上述分析也说明了原动机及其调速系统改变系统阻尼的机理。

进一步分析发现，$\dfrac{\partial\lambda}{\partial J_{22}}$即为状态变量 ω 参与到特征值 λ 对应模式的参与因子，记为 p_ω。原动机及其调速系统对特征值实部的影响近似为 $p_\omega\dfrac{K_{RE}}{2H}$。$K_{RE}$ 越大，转速参与振荡模式的参与因子 p_ω 越大，转动惯量 H 越小，对阻尼的影响越大。

4.3.1.3 时域仿真验证

下面利用时域仿真进行验证，线路上发生瞬时三相短路，0.02s 后清除，不同的转动惯量，即产生的振荡频率不同时，得到的结果如图 4-23、图 4-24 所示，振荡频率较高时，调速器增强了阻尼，振荡频率较低时，调速器减弱了阻尼。和图 4-22 中的结果进行比较，和阻尼转矩分析的结果是一致的。

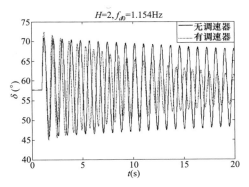

图 4-23 高振荡频率时调速器的影响

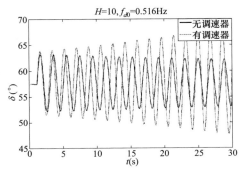

图 4-24 低振荡频率时调速器的影响

4.3.1.4 汽轮机分析

汽轮机采用 4.2.3.2 节中的单再热串联复合汽轮机模型，当采用普通数字电液调速器（4.2.3.3 节中的 SGOV1）时，机械阻尼转矩系数随振荡频率的变化如图 4-25 所示。和水轮机相比，汽轮机及其调速系统在振荡频率较低时（低于 1Hz）产生正阻尼，振荡频率较高时产生负阻尼，但 K_{RE} 数值很小，即使产生负阻尼也很小。

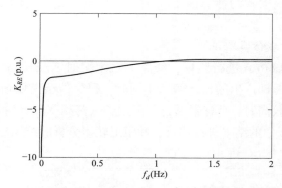

图 4-25 汽轮机及其调速系统的机械负阻尼转矩系数

4.3.2 原动机及其调速系统相位分析

相频特性表示了原动机及其调速系统的输出信号与输入信号的相位之差。由于调速器的输入为 $-\Delta\omega$，为方便说明各部分的相位滞后，输入设定为 $-\Delta\omega$，调速器的传递函数为 $G'_{\text{gov}} = \Delta\mu/(-\Delta\omega) = -G_{\text{gov}}$，原动机和调速器总的传递函数为 $G' = \Delta P_m/(-\Delta\omega) = -G$。在相平面上，$\Delta P_m$ 的位置如图 4-26 所示。ΔP_m 滞后于 $-\Delta\omega$ 的角度 ϕ_{tg} 由两部分构成，一部分是调速器的相位滞后 ϕ_g，另一部分是原动机的相位滞后 ϕ_t，$\phi_{tg} = \phi_g + \phi_t$。显然，当 $-270° \leqslant \phi_{tg} \leqslant -90°$ 时，ΔP_m 中含有和 $\Delta\omega$ 同相位的分量，$K_{RE} > 0$，原动机和调速器产生负阻尼，反之亦然。

如图 4-27 和图 4-28 所示分别为水轮机及其调速器以及汽轮机和调速器 SGOV1 的相频特性。从图 4-27、图 4-28 中可以看到，相比于水轮机，汽轮机以及调速器 SGOV1 的相位滞后都比较小。所研究的水轮机调速器是机械液压调速器，速度较慢，而汽轮机调速器是数字电液调速器，因此，汽轮机调速器的相位滞后较小。影响更大的是水轮机产生的相位滞后。由于水的惯性，水轮机的机械功率输出相对于导叶位置的变化存在较大的滞后，因此其传递函数的相位滞后较大。而汽轮机的响应则快速得多，相位滞后很小。如果原动机和调速器不产生任何相位滞后，其输出机械功率 ΔP_m 与转速变化 $\Delta\omega$ 反相，可以有效改善系统的阻尼特性。正是由于水轮机的滞后相移，使得水轮机及其调速系统产生了和转速变化同相的转矩分量，即负阻尼转矩，给系统的阻尼特性带来了不良影响。而且，从图4-25可以看到，即使采用速度更快、相位滞后较小的调速器，由于水轮机的相位滞后，仍然无法避免水轮机及其调速系统产生负阻尼。而对汽轮机而言，采用相位滞后更小的调速器，能够增加阻尼转矩分量，对系统的动态稳定是有利的。

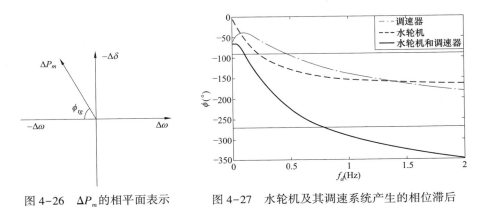

图4-26　ΔP_m的相平面表示　　　　图4-27　水轮机及其调速系统产生的相位滞后

图4-28　汽轮机及其调速系统产生的相位滞后

4.3.3　汽轮机功频电液调速器

现代电网中，汽轮机大量采用功频电液调速器，它对低频振荡产生很大影响，本节将对这种调速器进行详细分析。为方便起见，重画功频电液调速器模型框如图4-29所示。

4.3.3.1　负阻尼分量和相位分析

首先在单机无穷大系统中分析汽轮机功频电液调速器对低频振荡的影响。利用Heffron-Philips模型进行分析，不考虑励磁调节，则：

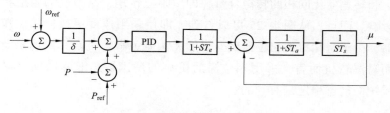

图 4-29　汽轮机功频电液调速器模型

$$\Delta E'_q = \frac{K_3}{1 + T'_{d0}K_3 S}\Delta E_{fd} - \frac{K_3 K_4}{1 + T'_{d0}K_3 S}\Delta \delta = -\frac{K_3 K_4}{1 + T'_{d0}K_3 S}\Delta \delta \qquad (4-16)$$

$$\Delta P_e = K_1 \Delta \delta + K_2 \Delta E'_q = \left(K_1 - \frac{K_2 K_3 K_4}{1 + T'_{d0}K_3 S}\right)\Delta \delta = \left(K_1 - \frac{K_2 K_3 K_4}{1 + T'_{d0}K_3 S}\right)\frac{\omega_0}{S}\Delta \omega$$

$$(4-17)$$

设图 4-29 中，从 PID 环节开始到输出 μ 的传递函数为 $G_g(S)$，则转速反馈产生的机械功率分量为：

$$\Delta P_{m1} = -\frac{1}{\delta}G_g(S)G_{st}(S)\Delta \omega \qquad (4-18)$$

功率反馈产生的机械功率分量为：

$$\Delta P_{m2} = -G_g(S)G_{st}(S)\Delta P_e = -G_g(S)G_{st}(S)\left(K_1 - \frac{K_2 K_3 K_4}{1 + T'_{d0}K_3 S}\right)\frac{\omega_0}{S}\Delta \omega$$

$$(4-19)$$

总的机械功率为：

$$\Delta P_m = \Delta P_{m1} + \Delta P_{m2} \qquad (4-20)$$

在不同的振荡频率下，上述各功率分量中的阻尼转矩系数 K_{RE} 如图 4-30 所示。电磁功率 ΔP_e 中，$K_{RE}>0$，根据发电机方程，这部分分量产生正阻尼。在较低频段，转速反馈产生的机械功率分量 $K_{RE}<0$，也产生正阻尼。但是，功率反馈产生的机械功率分量 $K_{RE}>0$ 而且数值很大，使得总的机械功率含有很大的负阻尼分量，将极大地降低系统的阻尼。由此可见，不加校正的功率反馈对系统的阻尼特性非常不利。

下面以 $H=10$ 的情况进行具体分析，无调速器时振荡频率 $f_{d0}=0.5162\text{Hz}$，采用该振荡频率计算得 $\dfrac{\Delta P_e}{\Delta \omega}=0.2726-64.7813i$，$\dfrac{\Delta P_{m1}}{\Delta \omega}=-0.8255+3.7369i$，$\dfrac{\Delta P_{m2}}{\Delta \omega}=12.0928+2.7248i$，$\dfrac{\Delta P_m}{\Delta \omega}=11.2673+6.4617i$。

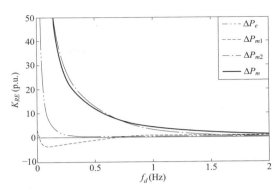

图 4-30 汽轮机功频电液调速器产生的负阻尼分量系数

ΔP_e 中含有正阻尼分量，系数为 0.2726，ΔP_{m1} 中也含有正阻尼分量，系数为 0.8255，但是，ΔP_{m2} 中含有很大的负阻尼分量，系数为 12.0928，远大于 ΔP_e 和 ΔP_{m1} 中的正阻尼分量，给系统的阻尼特性带来很不利的影响。

下面在如图 4-31 所示的相平面上进行分析，记 $G_g(S)G_{st}(S)$ 的相位滞后为 ϕ_{tg}，在本例中 $\phi_{tg} = -77.54°$。ΔP_{m2} 相对于 $-\Delta P_e$ 滞后 ϕ_{tg}，产生了很大的负阻尼转矩分量。而且，从相平面图上可以看到，通过减小 ϕ_{tg}，或者增加 ΔP_e 中的正阻尼分量，都可以使相量 ΔP_{m2} 逆时针方向旋转，可以减小 ΔP_{m2} 中的负阻尼分量。

4.3.3.2 时域仿真

时域仿真分析结果如图 4-32 所示。结果显示，加入功频电液调速器后，系统阻尼特性急剧恶化。

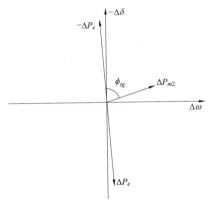

图 4-31 功频电液调速器相平面分析

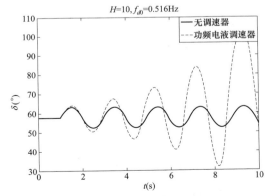

图 4-32 功频电液调速器对阻尼的影响

功频电液调速器产生负阻尼和其反调现象具有相同的物理本质。作为功频调节系统中负反馈元件的功率调节器，本应测取汽轮机的输出机械功率，由于技术上的困难而用发电机的输出电磁功率代替。在一般情况下发电机输出功率与汽轮机的功率相平衡，因此误差不大。然而，在扰动后的动态过程中，发电机电磁功率减小（增加），发电机加速（减速），但功频电液调速器却会增加（减小）汽门开度，进一步加剧发电机的加速（减速）过程，这就是反调现象，即汽门开度调节方向与发电机有功功率变化方向相反。

　　为了进一步说明，将调速器中的反馈功率改为机械功率 P_m，重新进行时域仿真，结果如图 4-33 所示，采用机械功率反馈时，不仅没有产生负阻尼，而且增加了系统的阻尼。

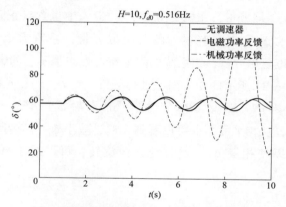

图 4-33　采用机械功率反馈时的振荡曲线

4.3.3.3　校正方法

为了克服汽轮机的反调，通常采用一些校正方法。

1. 转速一阶微分校正

　　在调速器中引入转速一阶微分校正环节，如图 4-34 所示，利用转速微分近似发电机的加速功率，补偿发电机的电磁功率，得到近似的机械功率。根据发电机转子运动方程，可得一阶微分校正环节应满足：

$$\frac{K_d T_d S}{1 + T_d S}\frac{1}{\delta}\Delta\omega = 2HS\Delta\omega \qquad (4-21)$$

T_d 数值很小，推导可得 $K_d = \dfrac{2H\delta}{T_d}$。取 $T_d = 0.02\mathrm{s}$，计算得 $K_d = 50$。采用带转速一阶微分校正环节的功频电液调节器时，时域仿真的结果如图 4-35 所示，带转速一阶微分校正的功频电液调速器增大了系统阻尼。

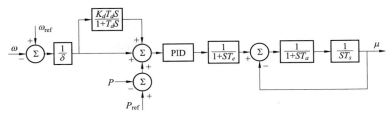

图 4-34 转速一阶微分校正

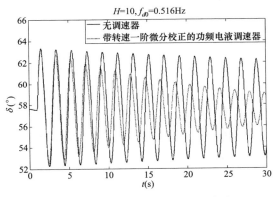

图 4-35 转速一阶微分校正的效果

2. 测功延迟

为了减弱测功信号的反调作用，将其信号延迟一段时间，在测功环节中增加一个惯性环节，如图 4-36 所示。但 T_N 不宜过大，因为 T_N 过大功率反馈作用太慢，使调节过程产生多余的延续。取 $T_N = 0.5\text{s}$，时域仿真的结果如图 4-37所示。测功延迟环节的加入有效减小了功频电液调节器产生的负阻尼，但效果没有转速一阶微分校正显著，调速器仍然产生了负阻尼。

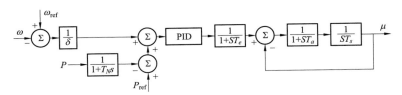

图 4-36 测功延迟

4.3.4 DSATools-TSAT 仿真

利用加拿大 Powertech Labs 公司的电力系统分析软件 DSATools-TSAT 进行仿真验证。仿真的 4 机 2 区系统参数见文献［44］(Example 12.6)，励磁系统也采用

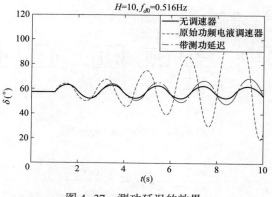

图 4-37　测功延迟的效果

文献［44］中高增益晶闸管励磁系统，模型和参数见文献［44］（Example 12.6, exciter type（ii））。

4.3.4.1　水轮机

无调速器时，主导振荡模式（区间振荡）对应振荡频率为 0.609Hz，阻尼为 -0.67%。在该振荡频率下，水轮机及其调速系统产生负阻尼。下面通过时域仿真验证，母线 8 处发生三相瞬时短路，0.02s 后清除。在四台发电机上均考虑水轮机和调速器，并与不考虑调速器时的仿真结果进行比较。如图 4-38 所示为区域 1、2 之间断面有功潮流的振荡情况，结果显示，水轮机和调速器极大地降低了系统的阻尼。

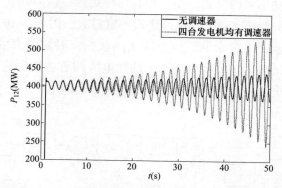

图 4-38　四机系统中水轮机和调速器对振荡的影响

在发电机 G1、G2、G3、G4 上分别考虑水轮机和调速器模型，比较不同机组上的调速器对系统阻尼的影响。结果如图 4-39 所示。任一台发电机上安装水轮机和调速器后，将产生负阻尼，减弱了系统阻尼，但是，不同机组减弱系统阻尼的效果不同。结果显示，减弱阻尼的效果从大到小的顺序是 G3、G4、

G1、G2。根据前面的分析，原动机及其调速系统对系统矩阵特征值实部的影响近似为 $p_\omega \dfrac{K_{RE}}{2H}$。在仿真的算例中，$K_{RB}$ 是相同的，不同的是各机组的 H 以及转速参与该模式的参与因子。

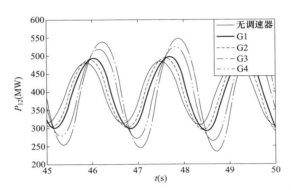

图 4-39　不同发电机上考虑水轮机和调速器模型的影响

利用小扰动分析软件分别计算各台发电机转速的参与因子，结果为：$p_{\omega 1} = 0.61$，$p_{\omega 2} = 0.37$，$p_{\omega 3} = 1.00$，$p_{\omega 4} = 0.80$。（注：计算软件采用的是 Powertech Labs 公司的 SSAT，其对参与因子进行了放大，使得最大的参与因子为 1，但各台机组参与因子的相对大小保持不变。）

比较参与因子可得：$p_{\omega 3} > p_{\omega 4} > p_{\omega 1} > p_{\omega 2}$。

除以转动惯量后，大小顺序保持不变，即 $\dfrac{p_{\omega 3}}{2H_3} > \dfrac{p_{\omega 4}}{2H_4} > \dfrac{p_{\omega 1}}{2H_1} > \dfrac{p_{\omega 2}}{2H_2}$，和时域仿真得到的结果是一致的。

4.3.4.2　汽轮机

在 4 机两区系统中仿真汽轮机及其调速系统的影响，主要考虑功频电液调速器的影响。

1. 功频电液调速器

在 4 台机上分别考虑汽轮机和功频电液调速器模型，仿真结果如图 4-40 所示。

汽轮机和调速器大大减小了系统的阻尼，而且对各台发电机的影响自大到小的顺序为 G3、G4、G2、G1，和参与因子的顺序一致。4 台机上均安装调速器后，功率振荡曲线如图 4-41 所示，系统阻尼特性严重恶化。

为了抑制阻尼振荡，在发电机上安装 PSS，PSS 模型和参数见文献 [44]，仿真结果如图 4-42 所示，即使有调速器的影响，PSS 仍然将系统阻尼由负变为正。但是，调速器减弱阻尼的影响仍然十分显著。

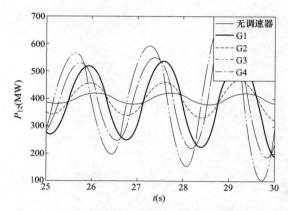

图 4-40   汽轮机和功频电液调速器对振荡阻尼的影响

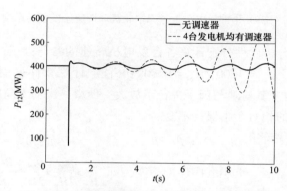

图 4-41   4 台机均考虑了功频电液调速器的影响

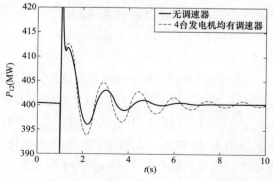

图 4-42   发电机安装 PSS 后有、无调速器对系统阻尼的影响

2. 带转速一阶微分校正的功频电液调速器

在调速器中引入转速一阶微分校正环节，4台机分别引入以及全部机组均引入时的仿真结果如图4-43、图4-44所示。带转速一阶微分校正的功频电液调速器对系统阻尼特性有正面的影响，大大增大了系统阻尼。

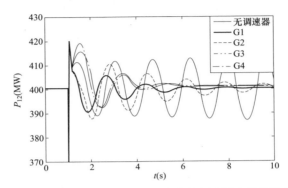

图4-43　带转速一阶微分校正的功频电液调速器的影响

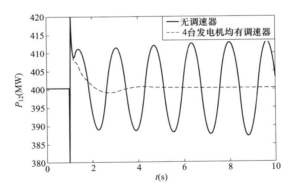

图4-44　4台发电机均有带转速一阶微分校正的功频电液调速器

4.3.5　PSD-BPA仿真

4.3.5.1　四机两区系统

仍然采用文献［44］中的四机两区系统进行仿真。发电机采用经典模型，在发电机G1、G2、G3、G4上分别考虑水轮机和调速器，模型为BPA中的GH模型。考虑调速器后，系统的振荡曲线如图4-45所示，水轮机和调速器减小了系统的阻尼，而且减弱阻尼的效果从大到小的顺序是G3、G4、G1、G2，与前面的分析和仿真结果是一致的。

发电机采用详细模型，励磁系统采用可控整流励磁系统（BPA中模型FG），仿真采用不同的原动机和调速器模型的影响。

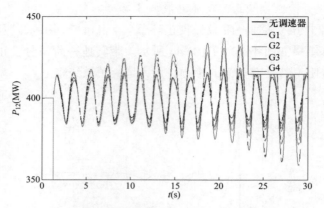

图 4-45　水轮机和调速器的影响，发电机采用经典模型

1. 水轮机和调速器（模型 GH）

仿真结果如图 4-46 所示，由图可见，采用水轮机和调速器 GH 模型减小了系统阻尼。

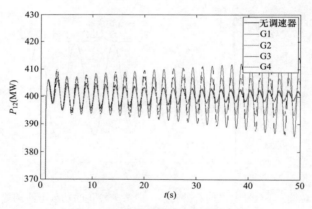

图 4-46　水轮机和调速器的影响

2. 液压调速器模型（模型 GS）加串联组合、单再热器汽轮机模型（模型 TB）

根据前面的分析，对于该系统的主导振荡模式，汽轮机和调速器产生正阻尼。振荡曲线如图 4-47 所示，考虑汽轮机和调速器模型增加了系统的阻尼，而且增强阻尼的效果从大到小的顺序仍然是 G3、G4、G1、G2，和前面的分析一致。

3. 电液型调速器（模型 GJ+GA）加串联组合、单再热器汽轮机模型（模型 TB）

采用模型 GJ+GA 和负荷反馈控制，和图 4-13 所示的调速器模型 SGOV1 基本相同，4 台机组分别安装功频电液调速器的仿真结果如图 4-48 所示。

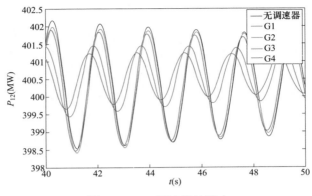

图 4-47　GS 调速器的影响

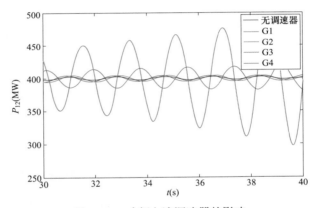

图 4-48　功频电液调速器的影响

4 台发电机上均考虑负荷反馈控制的调速器时，振荡曲线如图 4-49 所示，系统阻尼特性很差。同时给出了采用纯转速调节时的振荡曲线，此时原动机及其调速系统稍微增大了系统的阻尼。

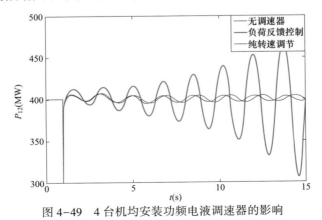

图 4-49　4 台机均安装功频电液调速器的影响

4.3.5.2　New England 10 机 39 节点系统

下面在 New England 10 机 39 节点系统中进行仿真分析，发电机采用详细模型，带励磁调节，模型及参数见文献［69］。首先不考虑调速器，系统主导振荡模式频率为 0.5263Hz，阻尼比为 0.0591。所有发电机都考虑原动机和调速器模型，水轮机为 GH 模型和汽轮机为 GS 模型，参数同上。对应该振荡频率，水轮机产生负阻尼，汽轮机产生正阻尼。假设在母线 15 处发生瞬时三相短路，故障后线路 16-15 上有功功率振荡的曲线如图 4-50 所示，调速器 GH 减弱了系统阻尼，调速器 GS 增强了系统阻尼，和分析的结论是一致的。

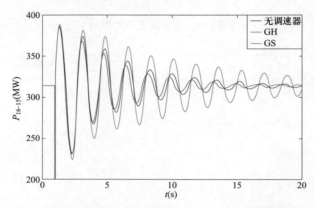

图 4-50　New England 系统中 GH 和 GS 调速器的影响

对于该振荡模式，母线 34、37 上的发电机的参与因子不同，发电机 34 的参与因子较高，而 2 台发电机的转动惯量接近，调速器加在发电机 34 上时，对系统的影响更大。仿真了 GH 调速器分别加在发电机 34、37 上的情况，线路 16-15 上功率振荡曲线如图 4-51 所示，可以清楚地看到，调速器加在发电机 34 上时，对系统阻尼特性的影响更大。

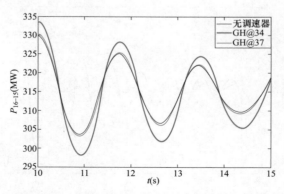

图 4-51　不同发电机上安装 GH 调速器的比较

功频电液调速器模型为 GJ，全部机组安装 GJ 以及部分机组安装 GJ 调速器的仿真结果如图 4-52、图 4-53 所示，功频电液调速器急剧恶化了系统的阻尼特性，系统增幅振荡。

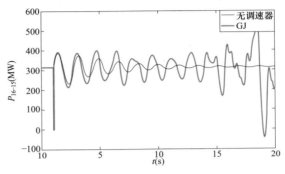

图 4-52　全部机组安装 GJ 调速器的影响

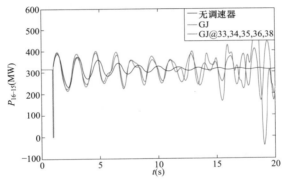

图 4-53　部分机组上安装 GJ 调速器的影响

功频电液调速器对低频振荡的影响不仅程度较大，而且比较复杂。仿真发电机 30 上安装 GJ 调速器的情况结果如图 4-54 所示。0.5263Hz 的振荡模式阻尼没有太严重的恶化，但是，却严重恶化了频率在 1.1Hz 左右的一个振荡模式。

4.3.5.3　2005 年蒙西-华北电网

通过调整电网参数，使系统的主导振荡模式为蒙西机组和华北电网之间的区间振荡模式，不考虑机组调速器时，该模式阻尼比为 0.0238，振荡频率为 0.5657Hz。仿真故障为 1.0s 时在永圣域-丰镇线路永圣域侧发生瞬时三相短路，0.04s 后故障清除。监视丰镇-万全两条线路上的有功潮流波动。

1. 万家寨水轮机和调速器的影响

万家寨开 3 台机：G4～G6。3 台机均考虑 GH 调速器模型。无调速器和有

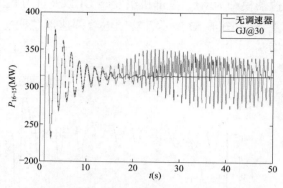

图 4-54 发电机 30 上安装 GJ 调速器的影响

调速器时，丰万线上的有功潮流振荡如图 4-55 所示，从图中可以明显看到，万家寨电厂的水轮机和调速器减弱了系统的阻尼。计算万家寨机组水轮机和调速器产生的负阻尼分量系数 K_{RE}，如图 4-56 所示，在 0.5657Hz 附近 $K_{RE} > 0$，原动机和调速器产生负阻尼，和时域仿真的结果是一致的。

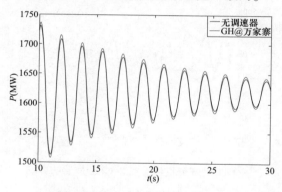

图 4-55 万家寨 GH 调速器的影响

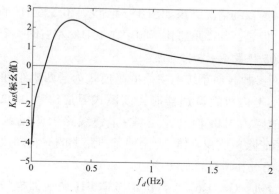

图 4-56 万家寨水轮机和调速器的阻尼分量系数

2. 达旗汽轮机和液压调速器的影响

达旗电厂开 6 台机：G1~G6。安装液压调速器 GS，汽轮机模型为 TB。仿真得到的丰万线上的有功潮流振荡如图 4-57 所示。从图中可以看到，达旗电厂的 GS 调速器也减弱了系统的阻尼。前面分析采用的 GS 调速器都是增加系统的阻尼，但和达旗电厂的仿真结果并不矛盾。计算达旗电厂汽轮机和调速器产生的负阻尼分量系数 K_{RE}，如图 4-58 所示，在 0.5657Hz 附近 $K_{RE}>0$，原动机和调速器产生负阻尼，时域仿真的结果是一致的。原动机和调速器对阻尼的影响是和参数紧密相关的。达旗电厂原动机和调速器产生负阻尼的主要原因是调速器速度较慢，伺服机时间常数为 0.5s，产生的相位滞后较大，由此产生了负阻尼。通过减少伺服机的时间常数能够产生正阻尼，将伺服机时间常数减小为 0.2s，原动机和调速器将产生正阻尼，仿真结果如图 4-57 所示，负阻尼分量系数如图 4-58 所示。

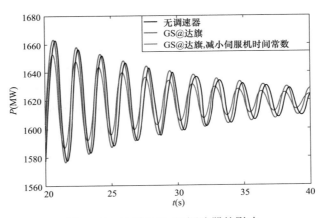

图 4-57 达旗电厂 GS 调速器的影响

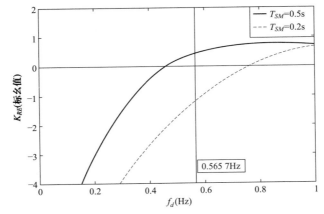

图 4-58 达旗电厂 GS 调速器的负阻尼分量系数

3. 海勃湾电厂汽轮机和功频电液调速器的影响

海勃湾电厂开 6 台机：G1~G6，其中 G3、G4 上安装功频电液调速器，模型为 GI，带负荷反馈控制，不带调节机压力控制。仿真曲线如图 4-59 所示，原动机和调速器恶化了系统的阻尼特性。

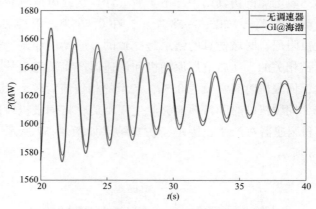

图 4-59　海勃湾电厂 GI 调速器的影响

4. 综合影响

在海勃、鄂电、达旗、准厂、万家 5 座电站考虑原动机和调速器，各机组的调速器如下。

（1）海勃：

G1、G2：TA，GL；

G3、G4：TB，GA，GI；

G5、G6：TB，GA，GK。

（2）鄂电：

G1：TB，GA，GJ。

（3）达旗：

G1~G6：TB，GS。

（4）准厂：

G1~G2：TB，GA，GK。

（5）万家：

G4~G6：GH。

丰万线上的有功潮流振荡如图 4-60 所示，由于这些电厂原动机和调速器的参与，系统的阻尼大大减小了。

上述分析中只考虑了部分参与因子比较大的机组上的调速器，而且所有的

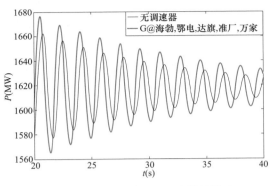

图 4-60 多个原动机和调速器的影响

调速器都没有考虑死区。下面所有的机组上都安装调速器，而且考虑死区的影响。丰万线上的有功潮流振荡如图 4-61 所示。由于死区的影响，大量机组的调速器没有发挥作用，但是，发挥作用的机组的调速器仍然对系统的阻尼特性造成了较大影响，由于原动机和调速器的作用，系统的阻尼降低了。

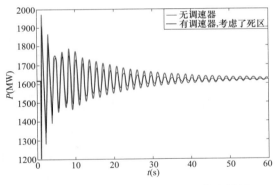

图 4-61 考虑调速器、死区后的仿真结果

4.3.6 原动机系统中的扰动源引发的强迫功率振荡

4.3.6.1 原动机系统中可能存在的周期性扰动

1. 尾水管压力脉动

（1）尾水管压力脉动现象和危害。大量的文献研究表明，水力发电机组，特别是混流式或轴流式水轮机组的振动不稳定问题主要是由于尾水管压力脉动造成的。而尾水管压力脉动，除造成机组振动等危害外，还是机组出力摆动的主要根源。

研究和监测结果表明，尾水管压力脉动产生的原因是尾水管中涡带的形成。在设计尾水管时，都假定转轮出口水流的流向与尾水管的轴线一致，即转轮中的水流为法向出口。但在实际运行中，由于外界负荷的改变，导叶调节流量，转轮出口处水流不再沿法向方向而是带有环量。在最优工况运行时，出口水流没有切向分量，当流量较大时，出口水流具有与转轮旋转方向相反的分量，当流量较小时，出口水流具有与转轮旋转方向相同的方向。当水轮机运行工况偏离最优工况后转轮出口水流将形成环流，工况偏离越大则水流的旋转强度越大，在尾水管中将出现涡带。在部分负荷下（一般约在导叶开度40%～75%范围内），起源于泄水锥的涡带呈涡旋状，旋转方向和转轮转向相同，在水轮机其他部位产生较大脉动，并往往产生较大的轴向推力和出力波动。但在满负荷或超负荷情况下，往往不容易产生尾水管压力脉动，因此研究此类问题的主要工况是在部分负荷情况下。

尾水管压力脉动的频率到目前为止尚无法计算，只能用实验方法测得。文献［60］中给出，经大量实践统计，在部分负荷下，尾水管压力脉动的频率 f 总小于水轮机旋转频率 f_n，此二频率的实测比值在 0.26～0.39 之间。文献［59］中给出的经验公式为：

$$f = \frac{f_n}{k} = \frac{n}{60k} \tag{4-22}$$

其中，$k = 3.6 \sim 4$，考虑到负荷变化也可以采用 $k = \dfrac{3.6}{\sqrt{\dfrac{0.65P_{max}}{P}}}$。

文献［61］中给出了9座水电站尾水管压力脉动频率的实测值，见表4-2。

表4-2　　　　　　　　　9座电站的尾水管压力脉动频率

水电站	水头（m）	转频（Hz）	压力脉动频率（Hz）	频率比
枳溪	60.0	2.27	0.65	0.29
泄湖峡	36.7	4.55	1.85	0.41
丰满	63.0	2.10	0.66	0.31
狮子滩	64.3	4.50	1.29	0.29
流溪河	97.5	8.35	1.75	0.21
云峰	89.0	3.00	0.70	0.23
沙田	137.2	10.00	1.73	0.17
刘家峡	100.0	2.08	0.48	0.23
大古里	98.0	1.43	0.30	0.21

从表4-2可以看到，尾水管压力脉动的频率和电力系统低频振荡的频率非常接近，大部分都在 0.1～2.5Hz 的范围内，因此，可能给电网的动态稳定性带

来很大影响，研究时要详细考虑。

水轮机尾水管发生压力脉动时，水轮机处的水头（水压）会发生振荡，文献［62］中记载的浙江某 100MW 水电机组尾水管压力脉动时，压力脉动的幅值达到工作水头的 15%。水轮机的机械功率正比于压力和流量，即：

$$P_m = K_P H U \tag{4-23}$$

因此，水头发生周期性振荡时，必然导致水轮机机械功率发生同频率的振荡。

文献［74］中记载，浙江安地二级水电站曾出现很大的功率摆动而不能正常运行。安地二级站装机 2 台，水头 $H=4\sim8\text{m}$；出力分别为 160kW（1 号机）、200kW（2 号机），转速 $n=375\text{r/min}$。该机在并网运行时出现功率摆动，当满负荷运行时功率摆动幅度为 13kW 左右，为输出功率的 8%，当导叶开度为 75% 时功率摆动幅度达 140kW，为输出功率的 127%，水轮机单机运行、两机并列单独运行或并网运行均测得 $1.3\sim1.65\text{Hz}$ 的功率摆动振频。尾水管压力脉动的频率和发电机功率摆动的频率很接近。分析认为功率摆动的振源在水轮机中，是由水力激发的尾水管压力脉动通过机组零部件传递而产生电机电气的共振响应，而且由于一般小型机组中不设置阻尼绕组，所以容易出现功率摆动。

由于尾水管压力脉动的频率位于电网低频振荡所关心的频率范围内，因此有可能引发电网发生严重的低频功率振荡。

（2）尾水管压力脉动的分析方法。尾水管压力脉动的研究，主要有 4 种方法：理论分析、模型实验、数值模拟、真机试验。理论分析是基于流体力学的基本方程式和丰富的实验数据以及数学推导，运用逻辑判断分析脉动产生的原因和解决方法；模型实验是通过水轮机模型和多功能实验台及各种仪器，对水轮机整个流动状态进行模型实验并结合成像系统对脉动过程中的流动进行摄像观测；数值模拟是借助计算流体力学软件对尾水管中水的流动进行模拟，通过计算机的模拟结合实际观测来观察计算的奇异区域是不是也对应实际的振动区域，由此可以在设计时改进转轮和流道的设计，减小或消除振动；真机试验是通过真机上的测试，发现真机的振动特性。而减小振动的措施也要在真机上才能看出是否有效。同时还可以通过大量的真机试验数据归纳总结出其振动的共性问题，找到模型和真机振动的换算关系。

到目前为止，尾水管振动的研究还是以模型机的实验为主。虽然，随着计算流体力学的发展，已经有了很多商业软件可以做流体运动的计算机模拟，但由于尾水管内本来就会出现复杂的流体运动，尤其是在过渡过程中，更是伴随着压力脉动、气泡产生和溃灭，这样就使得尾水管内的水流呈三维的气液两相流状态。所以，难以建立较真实的数学模型，计算结果也不精确，容易出现计算结果不收敛或不合常理的现象。为此，数值解法在尾水管压力脉动的研究中还只是起辅助实验的作用，可以用它来预测尾水管的水力损失和能量特性，而关于涡带的特性参数如压力、频率以及尾水管内的复杂流态还无法靠计算机模拟出来。

因此，目前的尾水管压力脉动研究还不成熟，以数值或物理模拟为主，还没有仿真模型能够反映尾水管压力脉动的现象。因此，电网安全稳定的研究中一般将尾水管压力脉动作为外施扰动增加到水力系统和水轮机模型上，判断是否会激起系统大幅度的强迫振荡。

文献［63］中将尾水管压力脉动施加到水轮机前，传递函数为：

$$\Delta P_m = \frac{1 - T_W s}{1 + 0.5 T_W s}\left(\Delta\mu - \frac{1}{2\rho g}\Delta p_W\right) \tag{4-24}$$

其中，$\Delta p_W = B\sin(2\pi f t)$

式中　ΔP_W——水轮机处压力的脉动。

文献［64］中则直接将尾水管压力脉动带来的机械功率波动加到 P_m 上，即 $P_m = P_{m0} + F_0\sin(2\pi f t)$。

在振荡稳态时，水轮机机械功率和水轮机处压力以同频率振荡，只是在相位上有一定差别。同样的周期性扰动，加在水轮机的输入环节还是输出环节，对稳态时的系统振荡特性不会产生实质性影响。因此，本文建议将周期性扰动加在水轮机的机械功率上。

2. 热力系统和汽轮机中可能存在的强迫振荡扰动源

由于锅炉动态的时间常数很大，锅炉系统中可能存在的周期性扰动频率远远低于低频振荡关心的频率，因此，不太可能激发系统发生强迫功率振荡。文献［23］中也指出，锅炉燃烧率扰动对主蒸汽压力和汽轮机功率的影响很小，很难引起电力系统共振机理的低频振荡。因此，扰动源主要可能存在于汽轮机环节中。图 4-12 中所示的汽轮机模型主要有两个输入量，控制阀 CV 和主蒸汽压力 P_T。这两个量如果发生周期性的波动，会导致汽轮机输出机械功率发生同频率波动，有可能导致系统发生大幅度的强迫功率振荡。

首先分析汽轮机的控制阀，不论是机械液压型、电子液压型还是数字电液型调速器，驱动控制阀的都是液压伺服传动机构（油动机）。当油动机中的油压发生脉动时，会导致汽门开度随着发生波动，进而导致汽轮机出力发生同频率波动。如果油压脉动的频率与电力系统固有频率接近时也可能引发电力系统共振机理的低频振荡。

此外，主蒸汽压力的脉动也会导致汽轮机出力发生波动。汽轮机压力脉动，产生的原因很多，如锅炉的燃烧不稳定、汽轮机汽门的开度调节及负荷调节过程的不稳定，等等，例如汽轮机快关过程中，调节阀的关闭会激励蒸汽压力的脉动。压力脉动的幅值如果在允许的范围内，认为只会影响汽轮机的经济性，而不会对汽轮机的运行产生影响。但是如果当蒸汽压力脉动频率与电力系统的自然振荡频率相同或接近时，电力系统可能会因共振产生大幅值的功率振荡，而反过来影响单元机组的正常运行。

和水轮机的尾水管压力脉动相比，汽轮机的调速系统油压脉动和主蒸汽压力脉动并不普遍，对其研究也不够深入，脉动的发生条件、脉动频率还未有一般性的结论。因此，为防止热力系统和汽轮机中的扰动源引发系统大幅度的强迫功率振荡，主要的措施还是从电网的在线监控入手。一旦系统发生振荡，能够快速判断振荡类型是否是强迫功率振荡，并快速识别出振荡源所在的机组，通过切除该机组，即可平息振荡。借助扰动源识别系统，电网并不需要详细掌握机组原动机系统的特性，而是通过 WAMS 信息，在线识别出扰动源所在的机组，通过切除该机组即可消除振动，也可采取其他的有效措施快速平息振荡。

4.3.6.2　多机系统强迫功率振荡分析

首先介绍一下文献［70］中研究得到的多机系统中强迫功率振荡的特性，本节只介绍结论，详细的分析可参见文献［70］。多机系统强迫功率振荡稳态响应的表现特性如下：

（1）多机系统强迫功率振荡稳态响应可以看作是各阶振荡模式稳态响应的叠加。假设第 r 阶振荡模式为弱阻尼的情况下，近似认为当扰动频率 ω 接近该振荡模式固有频率 ω_{nr} 时，系统发生共振，此时系统响应可以用第 r 阶振荡模式稳态响应近似代替。当系统存在多个弱阻尼模式时，那么存在多个可能引发系统大幅度共振的扰动频率。

（2）在系统共振频带范围内，强迫功率振荡稳态响应振幅不仅与扰动幅值、系统阻尼大小有关，而且与扰动源所在机组对该阶振荡模式的可控性也有很大关系，即与左特征向量元素 $|\psi_{rl}|$ 的大小有关，若机组对该模式可控性较小，即使发生共振，振幅也不大。因此分析中往往更加关心系统中阻尼比较小、扰动源机组可控性比较高的模式，这种情况下共振的振荡幅度较大，危害也比较严重。

（3）多机系统负阻尼机理低频振荡与强迫功率振荡稳态响应表现形式略有不同，负阻尼机理低频振荡响应由 $n-1$ 个不同阻尼振荡频率 ω_{dr} 的模式叠加而成，每一模式响应含有不同的 $e^{-\alpha t}$ 衰减项，一般通过 Prony 方法分析实际振荡曲线时，可以获得多个振荡频率及阻尼比等信息。而强迫功率振荡稳态响应由多个同频率等幅振荡的振荡模式稳态响应叠加而成，通过 Prony 方法分析只能获得单一振荡频率，难以获得阻尼比等具体单个模式信息。当系统没有接近无阻尼状态时，这个特性可以用于根据实际振荡曲线区分负阻尼机理低频振荡和强迫功率振荡。

（4）对多机系统负阻尼机理低频振荡模态分析，单个弱阻尼主导振荡模式下系统内不同机组转子角偏差 $\Delta\delta_i$ 或转速偏差 $\Delta\omega_i$ 之间的幅值比和相位差是固定的，可以由右特征向量元素衡量，与系统初始条件和时间 t 无关。而多机系统强迫功率振荡稳态响应在弱阻尼共振情况下，不同机组转子角偏差 $\Delta\delta_i$ 或转速偏差 $\Delta\omega_i$ 之间的相对振幅大小和相位差同样可以近似采用右特征向量元素衡量，与扰动源所在位置及时间 t 无关。从这一点可以看出两者的振荡分布基本是相似的。

（5）多机系统强迫功率振荡弱阻尼共振情况下，各状态量相位呈现出一种较为复杂的关系，没有显现单机无穷大系统共振情况下转子角偏差响应相对于机械功率扰动存在 $\pi/2$ 相位滞后的特点。通过分析左、右特征向量发现，多机系统共振情况下扰动源所在机组转子角偏差响应相对于机械功率扰动存在接近 $\pi/2$ 的相位滞后，而其余机组 $\Delta\delta_i$ 与扰动源所在机组 $\Delta\delta_i$ 的相位差满足右特征向量分布。但由于机械功率扰动相位未知，无法通过这个特性确认扰动源所在机组。

4.3.6.3 水轮机尾水管压力脉动

1. 尾水管压力脉动引发强迫功率振荡

大量的实践统计表明，尾水管压力脉动的频率基本上落在电力系统低频振荡所关心的频率范围内，即 $0.1\sim2.5\text{Hz}$。尾水管压力脉动导致水轮机处的水头发生振荡，根据水轮机机械功率和压力的关系，机械功率也将发生大幅度的振荡，相当于在机械功率上施加了一个周期性的扰动。当尾水管压力脉动的频率和电网某个振荡模式的频率接近时，根据强迫功率振荡的理论，将激发该模式的振荡，共振振幅还与该模式的阻尼比有关，如果该模式的阻尼比很小，则小幅度的周期性扰动也会激发出大幅度的功率振荡。

如前所述，在目前的研究水平下，还无法在水力系统和水轮机模型中对尾水管压力脉动进行研究，主要研究手段是通过数值模拟或物理模拟（模型实验或真机实验），判断是否发生压力脉动，以及压力脉动的频率、振幅等。为了分析尾水管压力脉动对系统动态稳定的影响，将压力脉动导致的水轮机机械功率波动直接以周期性扰动的形式加在机械功率上，然后研究系统在该周期性扰动下的响应。

以四机二区系统为例说明强迫振荡的现象，发电机为详细模型，带励磁调节。系统的区间振荡模式频率为 0.540Hz，阻尼比为 0.83%。为模拟尾水管压力脉动的影响，在发电机 1 的机械功率上施加占初始出力 1%（±7MW，振幅14MW）的正弦扰动，频率为 0.540Hz。系统在该扰动下发生强迫功率振荡。振荡稳态时，4 台发电机 G1、G2、G3、G4 的输出电磁功率的振幅分别为 66、47、256、233MW，如图 4-62 所示。而两区之间联络线（线路 7~8）单回的功率振荡幅值达到 156MW，强迫振荡时联络线功率振荡如图 4-63 所示。两区之间断面的功率振幅达到 312MW，是机械功率扰动振幅（14MW）的 22.3 倍。

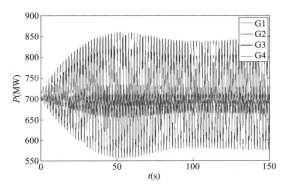

图 4-62 强迫振荡时发电机电磁功率振荡

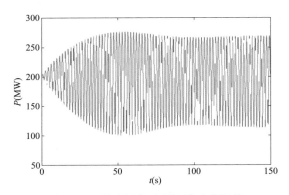

图 4-63 强迫振荡时联络线功率振荡

　　根据对多机电力系统强迫功率振荡的研究，尾水管压力脉动导致系统发生大幅度振荡的基本条件是：压力脉动的频率等于系统某个振荡模式的频率；该振荡模式的阻尼比较低；发生脉动的水电机组对应该模式的左特征向量数值较大，即对该模式具有较大的可控性。由于尾水管压力脉动的频率范围和电力系统低频振荡关心的频率范围非常接近，当某台水电机组尾水管发生压力脉动，而脉动频率和电网某个弱阻尼模式接近时，系统将被激发出大幅度的功率振荡。同时，尾水管压力脉动导致水头波动的振幅可达工作水头的 10% 以上，有可能导致系统功率振荡呈现很大的振幅。

2. 尾水管压力脉动的对策

在目前的研究水平下，还无法在仿真模型中模拟尾水管压力脉动现象，只能采取施加周期性扰动的方式进行研究，因此，首先要了解电网中各台机组尾水管压力脉动的频率。

对系统中各台水电机组进行尾水管压力脉动研究，判断是否会出现尾水管压力脉动、发生压力脉动的负荷范围以及对应不同负荷时压力脉动的频率。压力脉动的频率是与负荷相关的，一般而言，负荷大时压力脉动的频率低。

在掌握了各台水电机组尾水管压力脉动特性的基础上，对电网进行特征分析，得到电网的各个振荡模式的频率和阻尼比，以及机组的参与程度信息。重点对弱阻尼模式进行研究，判断是否有机组压力脉动的频率和该模式频率接近。如果有机组的尾水管压力脉动频率和某弱阻尼模式的振荡频率非常接近，而且该机组参与该模式的参与因子不低，则系统面临很大的强迫振荡的风险，该机组的压力脉动很可能导致系统发生大幅度的功率振荡。

为了避免尾水管压力脉动激发电网强迫功率振荡，可采用如下对策：

（1）在水机组上。采取各种措施消除尾水管压力脉动。尾水管压力脉动是水轮机运行面临的一个突出问题，在水利工程中对其进行了大量研究，并提出了很多有效的措施。

1）改变水流的流动和旋转状况。一般在尾水管中增加导流装置，以改变水流的流动和旋转状况，此法常与补气同时并用。如加长泄水锥、加长尾水管锥段、加大尾水管锥角、加阻水栅与隔板。

2）控制涡带的偏心距。在尾水管上装设同轴套筒，可以控制涡带偏心距，使尾水流更加稳定，防止尾水涡带的旋进运动。

3）向尾水管补气。混流式水轮机部分负荷时尾水管内形成摆动的涡带，其内核的压力很低。如果向尾水管内补充空气，提高尾水管内水流压力，可以减弱涡带强度。另一方面空气本身具有弹性，气泡混在涡带中也可起缓冲作用。

（2）在电网中。

1）提高系统阻尼。电网发生强迫振荡时，振荡的幅值和阻尼比相关。某个振荡模式的阻尼比很大时，即使某台机组的周期性扰动频率和该模式的振荡频率相等，也不会激发出大幅度的功率振荡。因此，提高系统的阻尼同样可以避免尾水管压力脉动引发大幅度的功率振荡。

2）安排运行方式时，使相关水电机组避开其尾水管压力脉动对应的负荷范围。

如前所述，尾水管压力脉动一般发生在部分负荷工况时（一般为满负荷的40%~75%）。了解各台水轮机发生尾水管压力脉动的负荷区间后，电网在安排机组运行方式时可以有意避开某些机组的危险负荷范围，避免这些机组发生脉动而导致系统大幅振荡。

3）进行强迫功率振荡的在线监测和扰动源识别。电网发生强迫振荡时，只要扰动源消除，振荡就会很快平息。电网可基于广域测量系统 WAMS 开发强迫功率振荡的在线监测和扰动源识别系统。一旦发生强迫振荡，系统能够快速识别出振荡源所在的机组，通过切除该机组，即可平息振荡。电网企业要详细地掌握所有水电机组的尾水管压力脉动特性还需要做大量的工作，而构建扰动源识别系统后，电网并不需要详细掌握机组的水力系统的特性，而是通过 WAMS 信息，识别出扰动源所在的机组，即发生尾水管压力脉动而激发系统强迫振荡的机组，通过切除该机组即可消除振动，也可采取其他的有效措施快速平息振荡。强迫功率振荡的在线监测和扰动源识别算法是其中的关键，目前的研究还不成熟。文献［71］中提出了一种基于能量方法的扰动源定位方法，并在大电网中进行了仿真验证，取得了较好的效果，具有在线应用的可能。

4.3.6.4 汽轮机主蒸汽压力脉动或调速系统油压脉动

与水轮机的尾水管压力脉动相比，汽轮机的调速系统油压脉动和主蒸汽压力脉动并不普遍，对其研究也不够深入，脉动的发生条件、脉动频率还未有一般性的结论。因此，为防止热力系统和汽轮机中的扰动源引发系统大幅度的强迫功率振荡，主要的措施还是从电网的在线监控入手。一旦发生振荡，系统能够快速判断振荡类型是否是强迫功率振荡，并快速识别出振荡源所在的机组，通过切除该机组，即可平息振荡。借助于扰动源识别系统，电网并不需要详细掌握机组原动机系统的特性，而是通过 WAMS 信息，在线识别出扰动源所在的机组，通过切除该机组即可消除振动，也可采取其他的有效措施快速平息振荡。

参考文献

［1］中国电力科学研究院. 2006—2007 年四川电网安全稳定分析及控制措施. 2006.

［2］况华，沈龙，李文云，等. 500kV 罗马线低频振荡分析与探讨［J］. 四川电力技术，2003，26（6）：17-19.

［3］李丹，苏为民，张晶，等. "9·1" 内蒙古西部电网振荡的仿真研究［J］. 电网技术，2006，30（6）：41-47.

［4］苗友忠，汤涌，李丹，等. 局部振荡引起区间大功率振荡的机理［J］.

中国电机工程学报，2007，27（10）：73-77.

[5] 王青. 互联电力系统低频振荡机理与特性研究 [D]. 北京：清华大学，2007.

[6] 贺仁睦，韩志勇，周密，等. 互联电力系统未知机理低频振荡分析 [J]. 华北电力大学学报，2009，36（1）：1-4.

[7] 王铁强. 电力系统低频振荡共振机理的研究 [D]. 北京：华北电力大学，2001.

[8] 汤涌. 电力系统强迫功率振荡分析 [J]. 电网技术，1995，19（12）：6-10.

[9] 倪以信，陈寿孙，张宝霖. 动态电力系统的理论和分析 [M]. 北京：清华大学出版社，2002.

[10] 王锡凡，方万良，杜正春. 现代电力系统分析 [M]. 北京：科学出版社，2003.

[11] IEEE/CIGRE Joint Task Force on Stability Terms and Definitions. Definition and classification of power system stability [J]. IEEE Transactions on Power Systems, 2004, 19（2）：1387-1401.

[12] 孙华东，汤涌，马世英. 电力系统稳定的定义与分类述评 [J]. 电网技术，2006，30（17）：31-35.

[13] 电力行业电网运行与控制标准化技术委员会. DL 755—2001 电力系统安全稳定导则. 北京：中国电力出版社，2002.

[14] 国家电网公司. 国家电网公司电力系统稳定计算规定. 北京：国家电网公司，2006.

[15] FP Demello, C Concordia. Concepts of Synchronous Machine Stability as Affected by Excitation Control [J]. IEEE Transactions on Power Apparatus and Systems, 1969, 88（4）：316-329.

[16] AA Shaltout, EA Abu Al-Feilat. Damping and synchronizing torque computation in multimachine power systems [J]. IEEE Transactions on Power Systems, 1992, 7（1）：280-286.

[17] FJ Swift, HF Wang. The connection between modal analysis and electric torque analysisn studying the oscillation stability of multi-machine power systems [J]. Electrical Power and Energy Systems. 1997, 19（5）：321-330.

[18] 余贻鑫，李鹏. 大区电网弱互联对互联系统阻尼和动态稳定性的影响 [J]. 中国电机工程学报，2005，25（11）：6-11.

[19] 李鹏. 从平衡点到振荡——基于域、分岔及阻尼理论的电力系统稳定

分析 ［D］. 天津：天津大学，2004.

［20］CD Vournas，N Krassas，BC Papadias. Analysis of forced oscillations in a multimachine power system. Proceedings of the International Conference on Control：Vol. 1，March 25-28，1991，Edinburgh，UK：443-448.

［21］王铁强，贺仁睦，王卫国，等. 电力系统低频振荡机理的研究 ［J］. 中国电机工程学报，2002，22（2）：21-25.

［22］汤涌. 电力系统强迫功率振荡的基础理论 ［J］. 电网技术，2006，30（10）：29-33.

［23］徐衍会，贺仁睦，韩志勇. 电力系统共振机理低频振荡扰动源分析 ［J］. 中国电机工程学报，2007，27（17）：83-87.

［24］韩志勇，贺仁睦，徐衍会. 由汽轮机压力脉动引发电力系统共振机理的低频振荡研究 ［J］. 中国电机工程学报，2005，25（21）：14-18.

［25］N Rostamkolai，RJ Piwko，AS Matusik. Evaluation of the impact of a large cyclic load onthe LILCO power system using time simulation and frequency domain techniques ［J］. IEEE Transactions on Power Systems，1994，9（3）：1411-1416.

［26］韩志勇，贺仁睦，马进，等. 电力系统强迫功率振荡扰动源的对比分析 ［J］. 电力系统自动化，2009，33（3）：16-19.

［27］MA Magdy，F Coowar. Frequency domain analysis of power system forced oscillations ［J］. IEE Proceedings：Generation，Transmission and Distribution，1990，137（4）：261-268.

［28］I Dobson，J Zhang，S Greene，et al. Is strong modal resonance a precursor to power system oscillations？［J］. IEEE Transactions on Circuits and Systems I：Fundamental Theory and Applications，2001，48（3）：340-349.

［29］EH Abed，P Varaiya. Nonlinear oscillations in power system ［J］. Electrical Power and Energy Systems，1984，6（1）：37-43.

［30］EH Abed，P Varaiya. Oscillations in power systems via Hopf bifurcation. Proceedings of the 20th IEEE Conference on Decision and Control，New York，USA，1981，Vol. 2，pp. 926-929.

［31］JJ Sanchez-Gasca，V Vittal，MJ Gibbard. Analysis of higher order terms for small signalstability analysis. 2005 IEEE Power Engineering Society General Meeting，USA：San Francisco，12-16 June 2005.

［32］JJ Sanchez-Gasca，V Vittal，M. J Gibbard. Inclusion of higher order terms for small-signal （modal） analysis：Committee report - Task force on assessing the need to include higherorder terms for small-signal （modal） analysis ［J］. *IEEE*

Transactions on Power Systems，2005，20（4）：1886-1904.

[33] 邓集祥，华瑶，韩雪飞. 大干扰稳定中低频振荡模式的作用研究[J]. 中国电机工程学报，2003，23（11）：60-64.

[34] 邓集祥，赵丽丽. 主导低频振荡模式二阶非线性相关作用的研究[J]. 中国电机工程学报，2005，25（7）：75-80.

[35] Zhou Erzhuan. *Power oscillation flow study of electric power systems* [J]. *Electrical Power and Energy Systems*，1995，17（2）：144-150.

[36] Yu Yixin, Jia Hongjie, Wang Chengshan. Chaotic phenomena and small signal stability region of electrical power systems [J]. Science in China Series E：Technological Sciences，2001，44（2）：187-199.

[37] S Jr Gomes, N Martins, C Portela. Computing small－signal stability boundaries for large-scale power systems [J]. IEEE Transaction on Power Systems，2003，18（2）：747-752.

[38] 余晓丹，韩瀛，贾宏杰. 电力系统扩展小扰动稳定域及其研究 [J]. 中国电机工程学报，2006，26（21）：22-28.

[39] JF Hauer, CJ Demeure, LL Scharf. Initial results in Prony analysis of power system response signals [J]. IEEE Transactions on Power Systems，1990，5（1）：80-89.

[40] 王铁强，贺仁睦，徐东杰，等. Prony 算法分析低频振荡的有效性研究 [J]. 中国电力，2001，34（11）：38-41.

[41] 肖晋宇，谢小荣，胡志祥，等. 电力系统低频振荡在线辨识的改进Prony 算法 [J]. 清华大学学报（自然科学版），2004，44（7）：883-887.

[42] 穆钢，王宇庭，安军，等. 根据受扰轨迹识别电力系统主要振荡模式的信号能量法 [J]. 中国电机工程学报，2007，27（19）：7-11.

[43] 穆钢，史坤鹏，安军，等. 结合经验模态分解的信号能量法及其在低频振荡研究中的应用 [J]. 中国电机工程学报，2008，28（19）：36-41.

[44] P Kundur. Power System Stability and Control. New York：McGraw－Hill，1994.

[45] FR Schleif, GE Martin, RR Angell. Damping of system oscillations with a hydrogenerating unit [J]. IEEE Transactions on Power Apparatus and Systems，1967，PAS-86（4）：438-442.

[46] 王元虎. 小机组调速系统引起的华中电网低频功率振荡分析 [J]. 电网技术，1990，14（2）：40-44.

[47] 陈舟，刁勤华，陈寿孙，等. 水力系统模型对电力系统低频振荡分析

的影响［J］.清华大学学报（自然科学版），1996，36（7）：67-62.

［48］潘学萍，鞠平，卫志农，等.水力系统对低频振荡的影响［J］.电力系统自动化，2002，26（3）：24-27.

［49］张利娟，陈庆国，陈海焱，等.调速系统恶化阻尼的机理分析及其改进措施［J］.水电能源科学，2005，23（3）：9-11.

［50］秦勇，李卫平，张春丽，等.水轮机及其调速系统在单机无穷大系统低频振荡中的作用［J］.水力发电，2006，32（8）：56-58.

［51］牟小松，成涛，林莉，等.汽轮机系统对电力系统低频振荡的影响［J］.重庆大学学报（自然科学版），2006，29（2）：54-56.

［52］安平花.调速侧电力系统阻尼控制方法研究［D］.北京：华北电力大学，2008.

［53］王官宏.原动机调节系统对电力系统动态稳定影响的研究［D］.北京：中国电力科学研究院，2008.

［54］寿梅华.有调压井的水轮机调节问题［J］.水利水电技术，1991，（7）：28-35.

［55］付亮，杨建东，李进平，等.设调压室的水电站机组频率波动特征［J］.武汉大学学报（工学版），2008，41（5）：50-53.

［56］索丽生，周建旭，刘德有.水电站有压输水系统的水力共振［J］.水利水电科技进展，1998，18（4）：12-14.

［57］Working Group on Prime Mover and Energy Supply Models for System Dynamic Performance Studies. Hydraulic turbine and turbine control models for system dynamic studies［J］. IEEE Transactions on Power Systems，1992，7（1）：167-179.

［58］王珂崙.水力机组振动.北京：水利电力出版社，1986.

［59］刘大恺.水轮机（第三版）.北京：中国水利水电出版社，1997.

［60］郑源，汪宝罗，屈波.混流式水轮机尾水管压力脉动研究综述［J］.水力发电，2007，33（2）：66-69.

［61］于泳强.水轮机尾水管涡带与压力脉动的关系［D］.西安：西安理工大学，2006.

［62］丁国兴.100MW机组尾水管压力异常脉动消除［J］.西北水力发电，2002，18（2）：18-20.

［63］韩志勇，徐衍会，辛建波，等.水轮机组与电网耦合对电网动态稳定的影响［J］.电工技术学报，2009，24（9）：166-170.

［64］刘志坚，束洪春，王海军，等.水轮机尾水管压力脉动对电力系统低频振荡的影响［J］.水利水电技术，2009，40（4）：58-61.

［65］Working Group on Prime Mover and Energy Supply Models for System Dynamic Performance Studies. Dynamic models for fossil fueled steam units in power system studies［J］. IEEE Transactions on Power Systems，1991，6（2）：753−761.

［66］李传彪. 汽轮机调速系统摆动及其对低频振荡影响的研究［D］. 北京：华北电力大学，2006.

［67］韩志勇，徐衍会，李志强，等. 汽轮机调速系统引起电力系统共振机理低频振荡扰动分析［J］. 陕西电力，2009，37（7）：1−5.

［68］韩志勇，贺仁睦，徐衍会. 汽轮机压力脉动引发电力系统低频振荡的共振机理分析［J］. 中国电机工程学报，2008，28（1）：47−51.

［69］MA Pai. Energy Function Analysis for Power System Stability. Kluwer Academic Publishers，1989，18（2）：209−210.

［70］余一平，闵勇，陈磊. 多机电力系统强迫功率振荡稳态响应特性分析［J］. 电力系统自动化，2009，33（22）：5−9.

［71］余一平，闵勇，陈磊，等. 基于能量函数的强迫功率振荡扰动源定位［J］. 电力系统自动化，2010，34（5）：1−6.

［72］余一平，闵勇，陈磊，等. 周期性负荷扰动引发强迫功率振荡分析［J］. 电力系统自动化，2010，34（6）：7−11.

第5章

次同步振荡中的机网协调

次同步振荡（Subsynchronous Oscillation，SSO）是指电力系统低于同步频率且高于低频振荡频率的功率振荡。次同步振荡有广义与狭义之分。广义的次同步振荡包括电力系统的快速控制设备（如快速励磁调节器、高压直流输电系统、静止无功补偿系统等电气设备）之间相互作用产生的次同步频率的功率振荡和电力系统的电气系统（如串联电容补偿线路）的固有电气振荡频率与汽轮发电机组机械系统的自然扭振频率之间形成的次同步谐振（Subsynchronous Resonance，SSR）。狭义的 SSO 仅指前者。根据产生的机理和造成的影响，SSO/SSR 可从三个不同的侧面来描述，即异步发电机效应（Induction Generator Effect，IGE）、机电扭振互作用（Torsional Interaction，TI）和暂态扭矩放大作用（Torque Amplification，TA）。

早在 20 世纪 30 年代，人们就发现发电机在容性负载或经由串联电容补偿的线路接入系统时，会在一定条件下引起自激，但是当时认为这是一种单纯的电气谐振问题，称为"异步发电机效应"，而一直未能获得应有的重视。直到 1970 年 12 月和 1971 年 10 月，美国内华达州 Mohave 火电厂 790MW 机组先后 2 次发生了因固定串联补偿引发的发电机大轴扭振破坏事故，才通过研究揭示了"机电扭振互作用"的存在。由于这种扭振的频率一般低于同步频率，故称其为次同步谐振（Subsynchronous Resonance，SSR）。国际电气电子工程师协会对 SSR 的定义为：次同步谐振是指电力系统与汽轮发电机之间以系统同步频率之下的一个或几个机电混合系统的自然频率进行振荡的能量交换现象。

在我国，随着远距离大容量输电的需求上升，特别是新开发的大型煤电基地由于远离负荷中心，大多采用远距离厂对网输电模式，串联补偿电容/高压直流输电（HVDC）的应用发展很快，使得次同步谐振（SSR）或次同步振荡（SSO）问题成为我国电网安全运行面临的一个迫切需要解决的现实难题。从技术上来看，SSR/SSO 研究主要包括 3 方面的内容：机理性分析、风险评估和抑制措施设计。

本章基于这种思路，在介绍了次同步振荡问题后，重点从机网协调的角度对 SSR/SSO 的上述 3 方面的内容进行深入研究，主要内容包括：建立机网非线性耦合的数学模型，研发适用于多机多模式 SSR 的特征值分析方法和电磁暂态仿真方法，提出厂对网串联补偿输电系统 SSR 风险快速评估方法，研究 SSR 的机网协调抑制方法，分析了 HVDC 与大型汽轮发电机组轴系相互作用引起次同步振荡的机理，并以绥中电厂——高岭背靠背 HVDC 输电系统为例，阐述 SSO 的分析方法、影响因素和机网协调控制技术。

5.1 次同步振荡问题概述

据公开发表的资料统计，国内外在 1969—1988 年间因扭振引起的机组事故就达 30 余起。通过对这些扭振不稳定事件的研究分析，研究者们发现快速的汽轮发电机组调节系统（包括发电机励磁系统和汽轮机调节系统）和高压直流输电系统（HVDC 系统）等也能够引起汽轮机轴系的不稳定扭振。由于不存在串联补偿形成的电气谐振回路，因此将 SSR 概念扩展，称为次同步振荡，SSO 涵盖 SSR 概念。但在含有串联补偿的输电系统中，SSR 仍为研究的主要问题。SSO 问题已经被公认是影响大机组和大电网安全经济运行的重要因素之一，其研究与治理已经成为大电网发展急需解决的关键技术问题之一。

5.1.1 SSO 的形成机理

在通常的电力系统分析（如电力系统低频振荡）中，将发电机大轴视作刚体。而在 SSO 问题中，发电机大轴则被看作是若干弹性连接的集中质量块，如图 5-1 所示（以四集中质量块模型为例）。

图 5-1　机组轴系的多集中质量块模型

与 SSO 相关的机理解释包括：异步发电机效应，机电扭振互作用以及暂态扭矩放大。前两者是静态 SSO 问题，属于小扰动稳定范畴，是系统运行中必须解决的必然性问题；后者是暂态 SSO 问题，属于大扰动稳定范畴，是系统运行中具有一定发生概率的或然性问题。

（1）异步发电机效应。系统受到扰动后将产生广频的电流分量，由于串联补偿电容的存在，f_e 频率的谐振电流分量一般较大，将形成正反两个方向 f_e 频率旋转的气隙磁场。根据叠加原理，相对于以 f_e 频率正向旋转磁场，发电机可以等效为一部超速的异步发电机，可以用异步发电机的等效电路表示。由于发电机转速领先于谐振电流产生的正向旋转磁场，发电机转子等效电阻 R_r/s（R_r

为转子电阻，s 为转差）为负。当这一负电阻与外部电阻之和为负时，此谐振频率下的电流被持续放大，这种现象称为"异步发电机效应"或"异步自激磁"。

（2）机电扭振互作用。与异步发电机效应同时的，电枢电流中 f_e 频率的正序分量将产生以 f_e 旋转的磁场，这个磁场与转子磁场的频率差为 f_0-f_e，发电机将产生这一频率的电磁扭矩，一旦该扭矩的频率与发电机机械系统的某一个自然扭振频率接近时，就会产生机电系统之间的能量振荡，这个现象称为"机电扭振互作用"。

（3）暂态扭矩放大作用。当系统遭遇大扰动时，会出现严重的暂态过渡过程。串联电容器储存的大量电量中的一部分将形成较大幅值的电气谐振冲击电流，若该电气谐振电流频率与机组轴系某个自然扭振频率接近，会形成增长速度很快的扭矩，轴系将在相应的电磁转矩作用下产生较大幅度的振荡，这一现象称为"暂态扭矩放大作用"。

5.1.2　SSO 的危害

SSO 会对机组轴系造成危害，主要表现为以下两个方面：

（1）致命损伤，但极少发生：在机组出力较高，系统发生严重故障的情况，在故障发生后的暂态过程中，机组轴系缸体间扭矩因 SSO 暂态转矩放大效应快速增加，当这一扭矩值很接近或超过轴系的一次扭断扭矩值，机组轴系将在短时内快速断裂。同时，电气系统将面临突然缺失大容量电源的稳定影响。

（2）不容忽视的小损伤，经常发生：正常操作及电气系统日常的扰动可能引起 SSO 的小幅值扭振，若这时系统扭振模式阻尼为负，那么小扰动引起的扭振将不断发散，最终损毁机组轴系，机组则无法在这个运行方式下运行；若阻尼为微小正值，那么持续振荡的小幅值扭振亦会造成轴系慢性损伤，累计缩短轴系疲劳寿命，最终威胁机组安全。

SSO 不同于电力系统其他稳定问题，其危害主要有以下几个特点：

（1）难以避免：固有的汽轮发电机组轴系自然扭振频率一旦与电气谐振频率互补或接近互补，即有可能产生足够负阻尼而导致扭振不稳定。机组轴系自然扭振频率主要由轴系转动惯量与刚性系数决定，只有对轴系进行机械改造才能改变自然扭振频率；电气谐振频率与串联补偿度相关，而串联补偿度一般取决于电力系统的稳定情况及电厂的输送能力需求。在实际电厂送出的设计规划中，仅能够在满足电厂送出要求的基础上，兼顾 SSO 问题，对串联补偿度进行微调，或进行必要的轴系机械改造，很难完全避免 SSO 问题的威胁。

（2）难以预测：SSO 问题与系统谐振频率和机组轴系机械阻尼强度相关。即使串联补偿度已经确定，随着运行方式及网络参数的变化，电气谐振频率仍会在较大范围内变化；机组轴系机械阻尼一般随机组出力的增加而增加，且机械阻尼只能通过现场试验测试得到，实际运行中，多个机组的出力情况不同，将使机械阻尼具有相当的不确定性。相比于人们熟知的功角稳定问题，单机无穷大系统中，机组出力越高，故障越严重，电气距离越长，功角稳定问题越严重，这些影响因素与功角稳定性能是单调关系。但 SSO 问题则较复杂，既可能在机组出力较低、机械阻尼较低的情况下发生，也可能在机组出力较高、故障冲击较大的情况下发生，在一些严重故障情况下，保护装置动作切除线路或机组造成电气谐振频率发生变化，这一变化可能会缓解或者加剧 SSO。因此 SSO 问题的预测需要基于大量准确的现场机组轴系机械阻尼测定，对串联补偿输电系统全部可能的运行方式及故障形式进行全面分析评估。

（3）难以察觉：电厂正常操作及小扰动情况下，在扭振产生至造成实际损毁之前，因 SSO 导致的轴系扭振形成的扭角一般在 1%~10% 度范围内变化，常规的电厂机械电气监测装置均无法测量。美国 Mohave 电厂出现的两次 SSO 事故均是断开该电厂两回 500kV 线路中的一回时开始发生，在控制室内，当运行人员发现地面振动前，所有仪器仪表显示均正常，其后转子电流表很快由正常的 1220A 上升至满刻度 4000A，同时转子接地、负序继电器动作与异常震动告警信号产生，运行人员立即手动停机，发电机解列。但发电机与励磁机间及中压缸两侧的联轴器已经因扭振而损坏。因此，SSO 必须采用专门的检测设备监控。

5.1.3 "西电东送"下多模式 SSR 问题的形成

5.1.3.1 固定串联补偿技术在西电东送中的应用

我国一次能源地理分布不均，水力资源主要集中在西南部，约占全国水力资源的 68%，煤炭资源主要分布在华北、西北地区，约占全国煤炭资源的 76%，而京、沪、穗等重要经济负荷中心多位于东部与南部地区，因此我国电力工业制订了"西电东送"的战略规划。时至 2020 年，西电东送北、中、南三条通道的送电总规模将达到 1.1 亿~1.2 亿 kW。按照现有输送能力计算，至少需要 100 余条 500kV 交流线路或者 40 条以上 500kV 直流线路才能完成如此大容量的电能传输，工程造价、输电走廊、山口数量等都将成为现实困难。因此，我国电网输电技术形成了两大重点发展方向：新型输电技术（特高压交直流、紧凑型输电、柔性输电等）的研究实践；现有输电线路输送能力的大幅度提高（扩容工程）。

固定串联电容补偿（Fixed Series Compensation，FSC）技术缩短电气距离，提高输电系统的静态稳定性及暂态稳定性，从而能够显著提升输电线路的传输能力，逐渐成为扩容工程的重要技术之一。自 1950 年第一套 220kV 串联补偿装置在瑞典投入运行以来，串联补偿装置在全世界得到了广泛的应用。表 5-1

与表5-2分别列出了我国与美国、加拿大等国家典型的串联补偿应用情况，不难发现，我国串联补偿技术的应用开始较早，其后出现了30年左右的空白期，2000年后随着"西电东送"规划的深度实施，尤其是北通道大型煤炭火电基地的开发建设，串联补偿的应用呈现明显上升势头，但整体仍落后于发达国家成熟电网。可以预见，具备高可靠性和经济性且能够显著提高线路输电能力的固定串联补偿技术必然将得到更加广泛的应用。

表5-1　　　　　　　　　国内部分典型串联补偿工程举例

完工时间（年）	安装位置	电压等级（kV）	线路长度（km）	串联补偿度
1966	新杭上线	220	334	24%
1972	刘天关线	330	534	60Mvar
2000	阳城输电东明三堡线	500	262	40%
2001	华北大房线蔚县站	500	290	35%
2003	华北丰万顺线	500	400	35%，45%
2003	南方平果-天生桥双回线	500	313	35%固定，5%可控
2007	东北伊敏-冯屯双回线	500	378	30%固定，15%可控
2008	华北上承线承德站	500	243	45%
2009	华北锦界-忻州-石北	500	246，192	35%，35%
2009	华北托克托-浑源-安定/霸州	500	208，273/286	45%，40%，35%

表5-2　　　　　　　　　国外典型串联补偿工程举例

建造年份	安装位置	电压等级（kV）	线路长度（km）	串联补偿度
1970	美国太平洋联络线	500	1500	≈70%
1988	美国 TESLA—VACA DIXON	500	92	75%
1990	美国大峡谷—凤凰城	345	383	70%
1993	美国 MAP 连线	500	325	45%
1993	美国 MPP 连线	500	418	70%
1991～1995	加拿大魁北克电网	735	—	30%～60%
1990	巴西伊泰普水电输出工程	765	910	40%～50%
1999	巴西南北电网联络线	500	1020	54%固定+2×6%可控

5.1.3.2　多模式SSR问题的形成

我国山西、内蒙古和陕西等地的火电基地是"西电东送"北通道的发端，由于当地电力负荷较低，电网较薄弱，多采用"点对网"交流输电模式，输电能力主要受到功角稳定问题的制约。为提高单位走廊输电能力，大多规划实施串联补偿技术。可以预见，发端大容量汽轮机-发电机机组，远距离强串联补偿输电线路的交流点对网输电将成为我国"西电东送"中典型的输电模式之一。

然而，大量的研究表明，这种输电模式正是典型的次同步谐振易发模式：20 世纪 70 年代发生 SSR 事故的美国 Mohave 电厂正是采用了这种输电模式，其后输电模式相似的美国 Navajo 电厂与 Jim Bridger 电厂均出现了不同程度的 SSR 问题。近年来，我国内蒙古托克托、上都，陕西锦界等电厂在分析计算中均发现了不同程度的 SSR 威胁，并且，与已报道的国外 SSR 案例相比，这些电厂的 SSR 问题通常表现为多个模式不稳定的现象，本文称之为"多模式 SSR"。下面以上都电厂为例对多模式 SSR 问题的现象进行简要介绍。

上都电厂二期工程装机 4 台 667MVA 同步发电机，通过双回 243km 的 500kV 紧凑型输电线路送往承德，再由承德通过双回 130km 的常规 500kV 线路接入姜家营变电站，进入华北主网。为保证稳定送出并兼顾远期工程，上承线规划串联补偿度为 45%。

在上都电厂串联补偿工程规划阶段对 SSR 问题进行了必要的研究，结果表明：在上都电厂正常运行方式下，机组出力低于 75%额定负载，上承线发生单相永久故障及三相永久故障会激发严重的多模式 SSR 振荡；同时上都电厂多个检修方式也存在不同程度的 SSR 威胁。为研究 SSR 问题，考察了在系统发生扰动之后的汽轮发电机各缸体转速偏差量和各缸体之间大轴扭矩的时域和频域特性，以反映发电机轴系的扭振情况。为节省篇幅，仅绘制了多模式 SSR 振荡较明显的发电机高压缸转速差的时域仿真曲线，如图 5-2（a）所示，并对其进行了频谱分析，如图 5-2（b）所示。仿真条件为：正常运行方式，机组出力 75%额定值，上承线首端发生三相永久故障。由图 5-2 可知，上都电厂 SSR 存在 3 个机械自然扭振模式，频率分别约为：16Hz、26Hz 和 30Hz；同时明确地观察到了 26Hz 与 30Hz 模式的双模式 SSR 振荡失稳现象。

我国多模式 SSR 问题表现出失稳模式频率接近，失稳模式严重程度随网络拓扑和运行方式变化而变化等特点，大大增加了一次抑制措施的容量要求和二次抑制措施控制器设计的协调适应性要求，为抑制措施的选择和实施增加了相当的难度，已经成为我国电力工业面临的现实难题之一。

5.1.4 SSR 的分析方法

国际电气电子工程师协会（IEEE）于 1973 年成立了 SSR 专题工作组（SSR Working Group），专题组多次召开专题学术会议，向电力工程界推荐相关定义及技术术语，先后提出两个 SSR 基准分析模型，并于 1992 年汇总发布了 SSR 研究的指南性报告，其后又不断进行补充修订，有力地推动了 SSR 研究的发展。

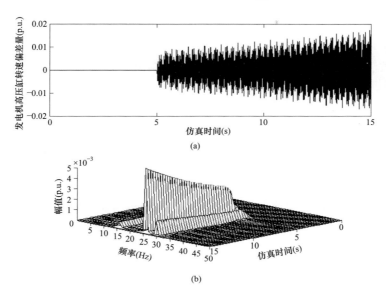

图 5-2 发电机高压缸转速差时域仿真曲线及频谱分析图

（a）高压缸转速差时域曲线；（b）高压缸转速差 FFT 频谱分析

SSO/SSR 风险的筛选分析通常采用频率扫描法，通过筛选分析，可大致估计发生 SSR 的风险，确定是否需要启动进一步的精细分析。SSO/SSR 的精细分析常规上采用 3 种方法中的一种或几种，即：基于近似线性化模型的特征值（模式）分析、基于非线性电磁模型的时域仿真分析和基于非线性或线性模型的复转矩系数分析。

5.1.4.1 频率扫描法

频率扫描法是一种近似的线性方法。具体分析时，将待研究系统用正序网模拟；待研究的发电机用异步发电机等效电路来模拟；其他发电机用次暂态电抗等效电路来模拟；计算不同次同步频率下系统的等效阻抗变化曲线。频率扫描法没有计及机组机械系统，实施简单，原理直观。但是该方法过于粗略，主要应用于快速扫描系统危险频率点或运行方式，或者大型复杂系统 SSR 问题的威胁快速评估，进一步的精细分析必须结合其他方法。

5.1.4.2 复转矩系数法

复转矩系数法主要通过比较发电机电气复转矩系数和机械复转矩系数来判断 SSO/SSR 的稳定性。其具体分析过程为：假设对于发电机转子的相对角度 δ 施加一个频率为 $h(h<f_0)$ 的强制小值振荡 $\Delta\dot{\delta}$，通过计算可以分别得到电气系统复转矩和机械系统复转矩。随扰动频率 h 的变化，可得到电气和机械的复转矩系数频率响应曲线。复转矩系数法计及了机组轴系的机械系统，具有物理意义

明晰的优点，但是常规的复转矩系数法一般需要进行一定的假设（如假设磁链守恒等）以便于计算，相当于对机电系统进行了降阶简化描述。另外，关于复转矩系数法应用于多机、多模式 SSR 的分析方面，在理论上尚存在一些问题（可行性、实现方法）没有解决好。

5.1.4.3 特征值分析法

特征值分析法是分析系统小扰动稳定性的经典方法。其基本过程为建立系统在某稳定工作点的非线性微分方程组，对方程组进行线性化处理，得到如 $\dot{X}=AX+BU$（X 为状态变量，U 为控制向量）的标准状态空间方程，对此状态空间进行分析得到线性化系统的特征值、特征向量及相关因子等信息。特征值分析法可以得到小扰动线性化系统的全部模式信息，是最为精细的分析手段，可以用于 SSO/SSR 问题的精细分析及控制器的精细化设计；但由于 SSO/SSR 问题的分析需要考虑系统的电磁暂态模型和机械系统模型，对多机复杂系统进行特征值分析时易形成维数灾。

5.1.4.4 时域仿真法

时域仿真法按照电力系统各元件间的拓扑关系，建立全系统的微分方程组和代数方程组，以稳态工况或潮流解为初值，求扰动下的数值解，即逐步求得系统状态量和代数量随时间的变化曲线。结果直观，可以分析 SSO/SSR 的暂态扭矩放大现象，但对小干扰稳定范畴下的异步发电机效应及机电扭振互作用分析效率不高，同时由于仿真仅能给出时域波形，难以对规律做出直接分析，对控制策略的形成有一定的难度。

上述分析方法各有利弊，在 SSO/SSR 的分析中，常把几种方法结合起来使用，合理分工，互相验证，以便提高研究效率，取长补短。本章针对我国火电基地串联补偿输电系统易发生次同步谐振的特点，研发了多机多模式 SSR 特征值分析程序，对多模式 SSR 问题的产生和抑制进行了精细研究；另外，基于 PSCAD/EMTDC 软件包，搭建了 SSR 仿真平台，通过时域仿真法考察大扰动下多模式 SSR 的动态机理。将特征值分析与时域仿真相结合来分析 SSR 的机理和特性，是比较全面的。

5.2 串联补偿输电系统的机网非线性耦合模型

5.2.1 典型火电串联补偿输电系统

我国大型火电基地，如托克托、上都、锦界等，多为点对网远距离串联补偿输电模式，典型系统如图 5-3 所示，包括火电基地（汽轮发电机组）、含有串联补偿电容的输电线路及受端系统。建模的主要步骤是先建立机组、电网的部件模型，然后根据机网耦合关系，形成系统整体模型。

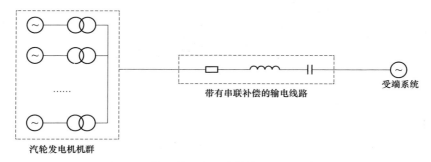

图 5-3　典型火电串联补偿输电系统示意图

5.2.2　汽轮发电机组模型

汽轮发电机机组模型包括：汽轮发电机组轴系机械系统模型、发电机电磁动态方程、励磁控制器模型和调速系统模型。汽轮发电机模型是建立在各自转子 dq 轴坐标系上的。

5.2.2.1　机组轴系机械系统模型

在 SSR 分析中，通常将汽轮发电机组表示为集中参数多质块-弹簧模型轴系模型（当然，如果需要更细致地分析轴系各个部位的受力情况，可以采用更为精细的数学模型，如连续质量模型）。轴系多质块运动方程为：

$$M\ddot{\delta} + D\dot{\delta} + K\delta = T_m - T_e \qquad (5-1)$$

$$T_e = \Psi_d i_q - \Psi_q i_d \qquad (5-2)$$

式中　M——惯性系数矩阵；

　　　D——机械阻尼系数矩阵；

　　　K——刚性系数矩阵；

　　　T_m——机械转矩列向量；

　　　T_e——电磁转矩列向量，仅作用在发电机转子上。

以国产 600MW 机组 4 缸汽轮发电机组为例，发电机轴系包括 4 个集中质块，分别为高压缸 HP，低压缸 LPA，低压缸 B 和发电机 GEN。则式（5-1）可写成：

$$
\begin{bmatrix} M_1 p^2 & 0 & 0 & 0 \\ 0 & M_2 p^2 & 0 & 0 \\ 0 & 0 & M_3 p^2 & 0 \\ 0 & 0 & 0 & M_4 p^2 \end{bmatrix}
\begin{bmatrix} \delta_{m1} \\ \delta_{m2} \\ \delta_{m3} \\ \delta_{m4} \end{bmatrix}
+
\begin{bmatrix} D_{11}+D_{12} & -D_{12} & 0 & 0 \\ -D_{12} & D_{22}+D_{12}+D_{23} & -D_{23} & 0 \\ 0 & -D_{23} & D_{33}+D_{23}+D_{34} & -D_{34} \\ 0 & 0 & -D_{34} & D_{44}+D_{34} \end{bmatrix}
\begin{bmatrix} \delta_{m1} \\ \delta_{m2} \\ \delta_{m3} \\ \delta_{m4} \end{bmatrix}
$$

$$+\begin{bmatrix} K_{12} & -K_{12} & 0 & 0 \\ -K_{12} & K_{12}+K_{23} & -K_{23} & 0 \\ 0 & -K_{23} & K_{23}+K_{34} & -K_{34} \\ 0 & 0 & -K_{34} & K_{34} \end{bmatrix}\begin{bmatrix} \delta_{m1} \\ \delta_{m2} \\ \delta_{m3} \\ \delta_{m4} \end{bmatrix}=\begin{bmatrix} T_{m1} \\ T_{m2} \\ T_{m3} \\ T_{m4} \end{bmatrix}-\begin{bmatrix} 0 \\ 0 \\ 0 \\ \Delta T_e \end{bmatrix} \tag{5-3}$$

式中　D_{ii}——机械自阻尼系数；

$D_{ij}(i \neq j)$——互阻尼系数。

5.2.2.2　发电机电磁动态方程

发电机由建立在各自 dq 坐标下的电压方程描述，一般包括 6 个绕组：dq 轴电枢绕组、励磁绕组、d 轴阻尼绕组与 q 轴双阻尼绕组（亦可等效为单阻尼绕组），如式（5-4）所示。定子电压的 dq 轴分量及电流的 dq 轴分量为发电机电磁动态方程与外部电网方程的接口变量：

$$\begin{bmatrix} u_{dq0} \\ u_{fDQ_1Q_2} \end{bmatrix}=p\begin{bmatrix} \boldsymbol{\Psi}_{dq0} \\ \boldsymbol{\Psi}_{fDQ_1Q_2} \end{bmatrix}+\begin{bmatrix} -\omega_e\boldsymbol{\Psi}_q \\ \omega_e\boldsymbol{\Psi}_d \\ \mathbf{0}_{5\times1} \end{bmatrix}+\begin{bmatrix} r_{dq0} & 0 \\ 0 & r_{fDQ_1Q_2} \end{bmatrix}\begin{bmatrix} -i_{dq0} \\ i_{fDQ_1Q_2} \end{bmatrix} \tag{5-4}$$

式中　$dq0$——电枢绕组的 $dq0$ 轴；

　　　f——励磁绕组；

　　　D——d 轴阻尼绕组；

Q_1，Q_2——q 轴双阻尼绕组。

磁链电流转换方程为：

$$\boldsymbol{\Psi}_{dq0fDQ_1Q_2}=\boldsymbol{L}_G\boldsymbol{i}_{dq0fDQ_1Q_2} \tag{5-5}$$

其中，$\boldsymbol{L}_G=\begin{bmatrix} -X_d & 0 & 0 & X_{ad} & X_{ad} & 0 & 0 \\ 0 & -X_q & 0 & 0 & 0 & X_{aq} & X_{aq} \\ 0 & 0 & -X_0 & 0 & 0 & 0 & 0 \\ -X_{ad} & 0 & 0 & X_f & X_{ad} & 0 & 0 \\ -X_{ad} & 0 & 0 & X_{ad} & X_D & 0 & 0 \\ 0 & -X_{aq} & 0 & 0 & 0 & X_{Q_1} & X_{aq} \\ 0 & -X_{aq} & 0 & 0 & 0 & X_{aq} & X_{Q_2} \end{bmatrix}$

5.2.2.3　励磁系统（含电力系统稳定器）模型

发电机励磁系统一般由电压反馈的自动电压调节器（Automatic Voltage Regulator，AVR）和有功功率及转速反馈的电力系统稳定器（Power System Stabilizer，PSS）组成。它们的数学模型因具体设备和生产厂家不同而各异，但大多数励磁系统均可采用 IEEE 标准模型表示，就不在此一一叙述了。

5.2.3 电网模型

5.2.3.1 串联补偿线路模型

对于 SSR 分析，电网一般采用电磁方程模型。对于包含固定串联电容补偿的输电线路，通常采用 R–L–C 串联集中参数模型，其中并联支路通常忽略不计。

在同步旋转坐标 $xy0$ 下，线路的动态方程如下：

$$[R + (p + j\omega_{e0})L](i_x + ji_y) + (u_{Cx} + ju_{Cy}) = (u_{ix} + ju_{iy}) - (u_{jx} + ju_{jy}) \quad (5-6)$$

式中　　　　　R——线路电阻，Ω；

L——线路电感，H；

i_x，i_y——线路电流，A；

u_{Cx}，u_{Cy}——电容电压，V；

u_{ix}，u_{iy}；u_{jx}，u_{jy}——分别为线路两端母线电压，V；

$p = \dfrac{d}{dt}$——算子；

ω_{e0}——同步旋转坐标电同步速，100π。

实部和虚部方程为：

$$\begin{cases} Ri_x + pLi_x - \omega_{e0}Li_y + u_{Cx} = u_{ix} - u_{jx} \\ Ri_y + pLi_y + \omega_{e0}Li_x + u_{Cy} = u_{iy} - u_{jy} \end{cases} \quad (5-7)$$

而串联电容电压方程为：

$$(p + j\omega_{e0})C(u_{Cx} + ju_{Cy}) = i_x + ji_y \quad (5-8)$$

对应的实部和虚部方程为：

$$\begin{cases} pCu_{Cx} - \omega_{e0}Cu_{Cy} = i_x \\ pCu_{Cy} - \omega_{e0}Cu_{Cx} = i_y \end{cases} \quad (5-9)$$

5.2.3.2 电网非串联补偿部分的模型

我国典型火电串联补偿输电系统一般为点对网输电，大容量汽轮发电机机群通过远距离输电线路将电能传输至强受端电网，与单机–无穷大系统结构类似。火电基地 SSR 的分析重点在于发端机组的扭振动态，而相对复杂的受端系统则可以根据其短路容量或短路阻抗进行等效，这样做能够在保证充足计算精度的同时有效缓解特征值分析的"维数灾"问题，等效后电厂外部网络包括：等效电源、等效阻抗和串联补偿电容。

在串联补偿电容处将电网分割，使每个分割部分仅含一组串联补偿电容，其阻抗特性在次同步频率范围内仅有一个串联谐振点。设每个电网分割部分除去串联补偿电容以外阻抗为：

$$Z_L(\omega) = R_L(\omega) + jX_L(\omega) \tag{5-10}$$

将 $Z_L(\omega)$ 在次同步频率点展开，得到等效电阻和电抗参数：

$$\begin{aligned} Z_{Leq}(\omega) &= (R_L|_{\omega_0} + jX_L|_{\omega_0}) + \left(\frac{dR_L}{d\omega} + \frac{dX_L}{d\omega}\right)(\omega - \omega_0) \\ &= R_{eq} + j\omega(-jL'_{eq} + L_{eq}) \end{aligned} \tag{5-11}$$

这样，每个电网分割部分等效为一组 RLC 支路，从而原电网即可等效为多个电源与若干组 RLC 支路串并联构成的网络，则可建立在同步旋转坐标系下的 RLC 串联电路微分方程，如式（5-5）~式（5-8）所示。

5.2.4 机网接口

各发电机电枢电流与机端电压作为机网接口量。从电源出发，依据网络拓扑与网络元件压降特性，逐步推导，得到发电机机端电压的一般表达式：

$$\begin{aligned} u_{xy} = &\begin{bmatrix} u_{\infty x} \\ u_{\infty y} \end{bmatrix} + (\boldsymbol{A}p + \boldsymbol{B})\sum \boldsymbol{T}_{1,\ i}^{-1}\begin{bmatrix} i_{d,\ i} \\ i_{q,\ i} \end{bmatrix} \\ &+ \sum \boldsymbol{C}_i \begin{bmatrix} u_{Cx,\ i} \\ u_{Cy,\ i} \end{bmatrix} + \sum(\boldsymbol{D}_i p + \boldsymbol{E}_i)\begin{bmatrix} i_{lx,\ i} \\ i_{ly,\ i} \end{bmatrix} \end{aligned} \tag{5-12}$$

式中　$[u_{\infty x},\ u_{\infty y}]^T$，$[u_{Cx},\ u_{Cy}]^T$——等效电源和支路串联补偿电容电压，V；

$[i_{d,i},\ i_{q,i}]^T$，$[i_{lx},\ i_{ly}]^T$——机组、选取分流支路电流，A；

$\boldsymbol{T}_{1,i}^{-1}$——坐标变换矩阵。

将各发电机建立在各自 dq 坐标系下的电流转化到同步旋转坐标。当然，也可以将 $xy0$ 坐标变量转换到 $dq0$ 坐标下。

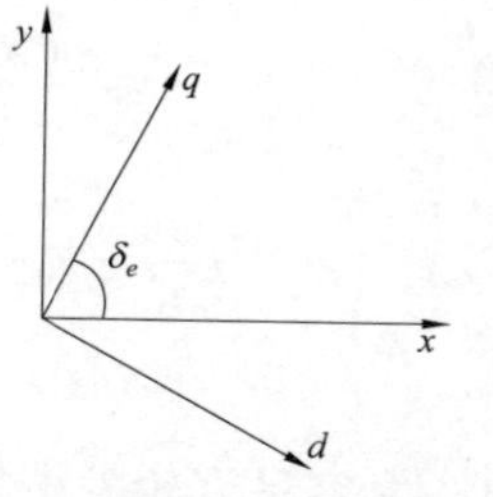

图 5-4　机网坐标变换关系示意

坐标变换关系如图 5-4 所示。

计算变换公式为：

$$\boldsymbol{T}_{1,\ i}^{-1} = \begin{bmatrix} \sin\delta_e & \cos\delta_e \\ -\cos\delta_e & \sin\delta_e \end{bmatrix} \tag{5-13}$$

5.2.5 机网耦合模型中的非线性

上述机网耦合系统模型方程中的非线性主要包括以下几个方面：

（1）轴系多质块运行方程中的非线性：如式（5-1）所示，其中轴系惯性系数矩阵和刚性系数矩阵一般是常数，而机械阻尼在近似（保守）分析中也可取常数，则此时式（5-1）的左边是线性方程；当然，实际上机械阻尼是机组运行工况和扭振幅值（δ）的复杂非线性函数，因此式（5-1）左边严格来讲也是非线性的。

（2）机电耦合作用的非线性：如式（5-1）和式（5-2）所示，决定轴系扭振动态的作用力是原动机产生的机械转矩 T_m 和电气系统产生的电磁转矩 T_e，其中机械转矩决定于原动机调速系统，由于调速系统动作相对较慢，在次同步动态分析中，可以认为近似不变（当然，这是一种近似，不严格）；而电磁转矩由式（5-2）表示，可见它是一个标准的非线性函数。

（3）发电机电磁动态的非线性：如式（5-4）所示，主要表现于式中右边的第二项；而式（5-5）表明，当认为机组电气参数不变的情况下，磁链电流转换方程基本上是线性的；当然，这种假设也是近似的，因为，实际机组中同步电抗等参数往往也是转速、电流的复杂非线性函数。

（4）励磁控制系统的非线性：主要决定于其控制规律。

（5）电网动态的非线性：如式（5-6）~式（5-11）所示，当外部电网可以用 R-L-C 线性元件网络来等效时，它的动态在形式上是线性的；但实际上，考虑到负荷、网络参数随着系统参量（频率、电压、电流）变化的非线性本质，严格来讲，它也是非线性的。

综上所述，机网耦合系统是一个复杂的非线性系统，特别是机-电耦合的电磁作用力环节，是一个典型的非线性函数。

5.3　多模式 SSR 的特征值分析方法

在数学上直接分析复杂非线性的机电耦合系统非常困难，一种广泛采用的方法是将该非线性系统在工作点附近做小范围线性化，通过研究各个工作点附近线性化系统的特性进而达到认识原复杂非线性系统的诸多特性目的，这在理论上已经被证明是充分和必要的。因此，下文将采用基于近似线性化模型的特征值分析方法来研究多机多模式 SSR 的机理；并进一步采用非线性时域仿真来验证特征值分析的有效性。

5.3.1　多机系统多模式 SSR 的特征值分析方法

SSR 的关键因素是各次同步频率模式的阻尼，因而国内外广泛采用小扰动线性化模型进行分析，但由于需要包含机组和电网大量元件的详细电磁暂态模型，使得系统总体模型的复杂度和维数随着机组数的增多、电网复杂度的增加而急剧上升。而在 20 世纪七八十年代，当 SSR 问题是国际上的研究热点时，计算机技术和数值分析技术相对来说还比较落后，大量的研究工作是基于单机或单母线-无穷大系统的，不能很好地反映机组之间的模式耦合关系和串联补偿与不同机组之间的机电扭振互作用。国内在 SSR 方面的研究工作虽然较晚，但由于此前实际需求小、投入精力不多，迄今尚没有适应多机系统多模式 SSR 分析和控制器设计的线性化建模和分析工具，制约了研究工作的开展和实际问题的解决。

本节研发了一套适应多机系统多模式 SSR 分析的线性化建模与特征值分析方法。它是针对实际系统进行 SSR 风险评估、控制规律设计和校验的基础，其中的关键技术包括：适应多机系统多模式 SSR 分析的电磁暂态机网接口关系分析、超大规模线性系统中 SSR 模式的快速和精确提取、模式对机网参数和控制器参数的灵敏度分析。

5.3.1.1 工作点附近的小范围线性化建模

对于如图 5-3 所示的典型厂对网串联补偿输电系统，其详细的非线性模型近似线性化的过程即是在工作点附近将这些模型小范围偏差化，并进而将偏差化方程联立起来，形成系统的整体线性方程模型。

首先根据系统工况求解潮流解和各状态量的稳态值；其次对机组模型（包括汽轮发电机组轴系模型、电磁动态方程和各种控制器模型）在平衡点（工作点）附近进行近似线性化，并整理可以得到汽轮发电机机组的线性化状态空间方程：

$$\dot{X}_1 = A_1 X_1 + B_1 U_1 + E_1 \Delta u_{xy}$$
$$Y_1 = C_1 X_1 + D_1 U_1 \tag{5-14}$$

式中　X_1——全部机组的状态量集合，包括各机组轴系质块的转速和转角、发电机各绕组磁链、励磁系统状态量；

　　　U_1——控制输入量，如附加励磁控制信号等。

然后对等效网络动态方程式（5-7）和式（5-8）进行增量线性化建模。建模时，支路根据网络拓扑分为 2 类：主干支路，即支路电流等于并联机组电流和；分流支路。网络动态方程建立在同步旋转坐标下，主干支路的数学模型为串联补偿电容的电压方程；对连接于同一节点的 n 个分流支路，建模时应增加 $n-1$ 个支路的电感电流作为状态量，数学模型为 n 个串联补偿电容电压方程与 $n-1$ 个电感电流方程。将所有方程线性化后即得到描述网络动态的线性化方程：

$$\dot{X}_2 = A_{21} X_2 + A_{22} X_1 \tag{5-15}$$

式中　X_2——各串联补偿电容电压与部分选取分流支路电感电流的 x、y 轴分量。

再将各发电机定子电流与机网接口母线电压作为机组同电网的接口量。从电源出发，依据网络拓扑与网络元件压降特性，逐步推导，得到发电机机端电压的一般表达式，如式（5-12）所示，并将其线性化后，代入发电机各绕组电流和网络分流支路电感电流导数项，求解得到机端电压由状态量表出的等式：

$$\Delta u_{xy} = R_1 X_1 + R_2 X_2 \tag{5-16}$$

最后，将式（5-13）~式（5-16）联立起来，即得到用于 SSR 分析的全系统小扰动线性化数学模型；在此基础上进行特征值分析。

5.3.1.2　多机多模式 SSR 特征值分析流程

如图 5-5 所示为设计的实用化特征值分析方法的流程。

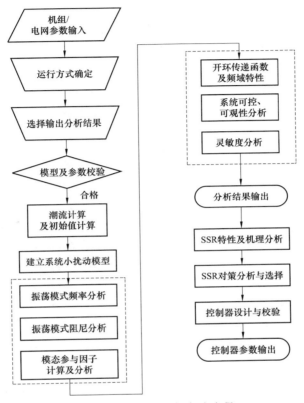

图 5-5　特征值分析方法流程

可见，特征值分析方法可以获得诸多有用信息，并为 SSR 控制策略设计与校验奠定基础。

5.3.1.3　多机 SSR 特征值分析新现象及多机等效

利用特征值分析方法对上都电厂二期接入系统方案进行分析，一则展示多机系统 SSR 新现象，主要突出并联机组间的耦合关系；二则比较基于多机、等效单机模型的分析结果，同时探讨机组等效方法及其有效性。算例系统机组轴系有 3 个自然振荡频率：15.50、25.98、29.93Hz，在上承线串联补偿度分别大于 80%、约等于 38.5%、55% 时电气谐振频率与轴系自然振荡频率互补。

电厂中多台同型机组并联接入电网，正常运行方式下机组工况大致相同。对此，一种实用的机组等效方法是用一台机组代替所有 N 台机组，并适当调整系统潮流和参数；而当发电机工况不同时，简单设定等效发电机负载率为所有机组的平均值。

1. 模式的相关因子分析

将属于动态组件（机组及电网组件）P 的状态量同 SSR 模式 Q 的相关因子排成向量，定义该向量的二范数为动态组件 P 与模式 Q 的相关因子，表征机组及电网组件参与 SSR 模式的情况，进而分析 SSR 模式分布及各机组间的耦合关系，结果如下：

（1）机组工况相同。如表 5-3 所示，每个频率的 SSR 模式中，1 个为公共模式，即机组同电网间的振荡，所有机组以大致相同的相关因子参与，网络强参与；其余为相同的机组间振荡模式，电网基本不参与。

表 5-3　　　　　机组工况相同时各频率 SSR 模式相关因子

模式频率（Hz）	特征值	相关因子			
		机组 1	机组 2	机组 3	串联补偿
15.50	$-0.20 \pm 98.16i$（公共模式）	0.137	0.137	0.137	0.0011
	$-0.30 \pm 98.98i$	0.222	0.107	0.097	$<10^{-12}$
	$-0.30 \pm 98.98i$	0.056	0.170	0.196	$<10^{-12}$
25.98	$-0.20 \pm 164.02i$（公共模式）	0.144	0.144	0.144	0.0166
	$-0.56 \pm 163.96i$	0.284	0.048	0.089	$<10^{-12}$
	$-0.56 \pm 163.96i$	0.004	0.233	0.191	$<10^{-12}$
29.93	$-1.13 \pm 188.01i$（公共模式）	0.150	0.150	0.150	0.0020
	$-1.15 \pm 188.13i$	0.295	0.068	0.080	$<10^{-12}$
	$-1.15 \pm 188.13i$	0.000	0.227	0.215	$<10^{-12}$

（2）机组工况不同，模式分布及机组耦合关系有以下 3 种情况：

1）无论机组工况差异大小，或是电网参数大范围变化，机组总紧密耦合，表现为 1 个公共模式和其余机组间振荡模式，机组耦合关系同情况（1）相近，见表 5-4。

表 5-4　　　　机组工况不同时 15.50Hz SSR 模式的相关因子

发电机出力	特征值	相关因子			
		机组 1	机组 2	机组 3	串联补偿
40%+50%+60%	$-0.20 \pm 98.16i$	0.135	0.137	0.140	0.0011
	$-0.27 \pm 98.99i$	0.266	0.116	0.029	$<10^{-5}$
	$-0.31 \pm 98.98i$	0.010	0.158	0.241	$<10^{-5}$

续表

发电机出力	特征值	相关因子			
		机组 1	机组 2	机组 3	串联补偿
10%+50% +90%	$-0.19\pm98.18i$	0.131	0.146	0.159	0.0011
	$-0.17\pm98.97i$	0.292	0.113	0.034	$<10^{-5}$
	$-0.35\pm98.95i$	0.011	0.186	0.234	$<10^{-5}$

2）无论机组工况差异大小，或是电网参数大范围变化，机组总是解耦，表现为各机组单独同电网振荡，相应的，每个模式仅 1 台机组强参与，电网几乎等价地参与每个模式，见表 5-5。

表 5-5　　　　机组工况不同时 29.93Hz SSR 模式的相关因子

发电机出力	特征值	相关因子			
		机组 1	机组 2	机组 3	串联补偿
40%+50% +60%	$-0.89\pm188.09i$	0.462	0.012	0.005	0.0009
	$-1.15\pm188.09i$	0.015	0.487	0.040	0.0011
	$-1.29\pm188.10i$	0.005	0.040	0.476	0.0008
10%+50% +90%	$-0.10\pm188.10i$	0.445	0.001	0.001	0.0008
	$-1.15\pm188.09i$	0.001	0.448	0.003	0.0009
	$-1.63\pm188.09i$	0.001	0.004	0.448	0.0008

3）一般情况，如算例系统 25.98Hz 的 SSR 模式。对大多数工况，该频率 SSR 表现介于情况 1）、2）之间；对某些极端工况，如串联补偿度较高或机组工况差异较小时，机组趋于耦合，而串联补偿度较低或机组工况差异较大时，各机组趋于解耦。应该说，这种情况具有一定普遍性，情况 1）、2）可视为其极端表现。

2. 模式阻尼分析

如图 5-6~图 5-8 所示分别为原多机系统及等效单机系统 3 个频率 SSR 各模式阻尼随上承线串联补偿度改变而连续变化的曲线。各机组负载率组合为 3×50%、40%+50%+60%、30%+50%+70%、10%+50%+90%。

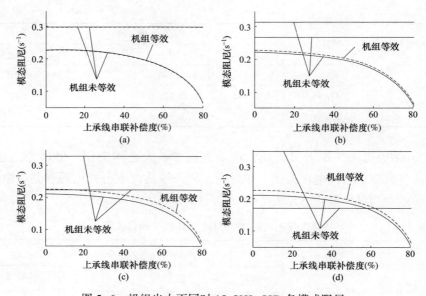

图 5-6 机组出力不同时 15.50Hz SSR 各模式阻尼

（a）3×50%；（b）40%+50%+60%；（c）30%+50%+70%；（d）10%+50%+90%

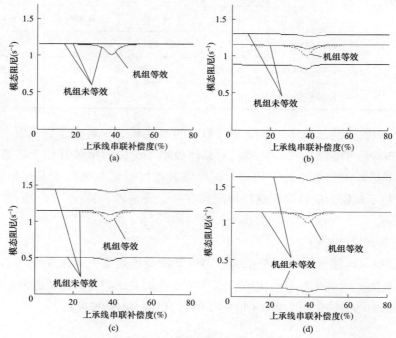

图 5-7 机组出力不同时 29.93Hz SSR 各模式阻尼

（a）3×50%；（b）40%+50%+60%；（c）30%+50%+70%；（d）10%+50%+90%

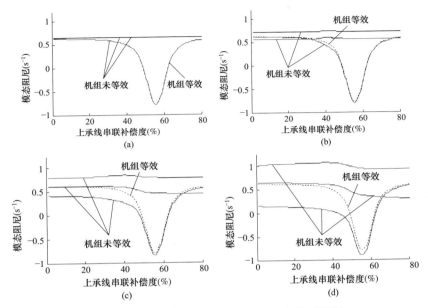

图 5-8 机组出力不同时 25.98Hz SSR 各模式阻尼

（a）3×50%；（b）40%+50%+60%；（c）30%+50%+70%；（d）10%+50%+90%

计算结果表明：

（1）机组完全相同，紧密耦合，如图 5-6（a）～图 5-8（a）所示。公共模式阻尼最弱，受电气谐振影响最明显，即受电网参数影响明显；而机组间振荡模式恰相反。因而稳定性分析时公共模式是考查的重点。

（2）机组工况不同，不同频率的 SSR 模式表现不同，有如下 3 种情况：

1）机组耦合，类似（1），如图 5-6 所示。机组间振荡模式的阻尼-串联补偿度曲线不再重合，机组工况差异越大，曲线相差也越大，这样负载率最低的机组参与最强的机组间振荡模式其阻尼可能低于公共模式。稳定性分析时应该重点考查公共模式，兼顾负载率最低的机组参与最强的模式。

2）机组解耦，如图 5-7 所示。随着串联补偿度改变各模式阻尼做相同趋势的变化，机组工况不同，各模式阻尼也存在差异。负载率最低的机组相应的模式阻尼总是最弱，稳定性分析应着重考查。

3）一般情况，如图 5-8 所示。机组间既具有解耦的特性：随着串联补偿度改变各模式阻尼均有变化；也具有耦合的特性：其中 1 个模式稍显公共模式特性，机组强参与。稳定性分析应该着重考查电网强参与的模式，同时应兼顾负载率最低的机组参与最强的模式。

3. 基于多机、等效单机模型的分析结果比较

并联机组完全相同时，公共模式反映了 SSR 的主体特征，等效单机模型得

到的单一模式恰是此公共模式，能够准确反映 SSR 主体特性，表明等效方法有效。等效单机模型计算结果与原模型得到的公共模式阻尼几乎一致。

机组工况不同时，仍分为 3 种情况讨论：

（1）机组耦合，机组等效模型得到的单一模式阻尼曲线与原系统模型得到的公共模式接近，但仍有差异，等效单机模型只能做近似计算；另外机组间振荡模式的阻尼可能劣于公共模式，而等效单机模型无法反映这个问题。

（2）机组解耦，等效单机模型既不能反映整体情况，又不能反映最关键的模式，这种情况机组等效方法失效。

（3）一般情况，由机组等效前后分析结果的比较可以看出，由于"过渡"情况较复杂，机组等效方法分析度下降，适用性差。

综上，并联机组工况存在差异时，机组等效方法不能普遍适用，而应采用多机模型进行分析。

5.3.1.4 特征值分析需要注意的几个问题

1. 网络阻抗等效

网络等效简化是系统降维的一种重要手段，方法简单易行，在很大程度上简化电网模型的同时又能够保证模型的准确。分析表明，由于电网工频及次同步频率电抗远大于电阻，在工频以下 $X_L(\omega)$ 随频率增加单调变化，而 $R_L(\omega)$ 则是较理想的过中性线性表达式，因此等效电网的阻抗特性容易逼近原电网，电网等效方法能够达到较好的效果。

对算例系统，原网络等效为一条串联支路，上承单回线 45% 串联补偿度网架结构下，等效参数分别为 $R_{eq}=4.0798\Omega$，$L_{eq}=0.2306H$，$L'_{eq}=0.0068H$，等效前后电网阻抗特性比较如图 5-9 所示，两者基本一致。

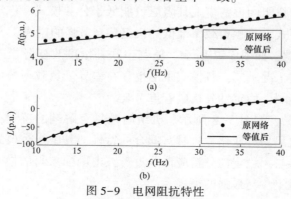

图 5-9 电网阻抗特性

（a）电阻；（b）电抗

2. 模式筛选

随着系统规模变大，加之多模式 SSR 出现，线性系统的维数急剧增加，为实现 SSR 模式的快速和精确提取，应借鉴 SSR 模式分布规律，把握关键特征。简单地，有如下 3 个步骤：

（1）通过模式频率筛选，得到频率在机组轴系自然振荡频率附近的模式。

（2）根据模式阻尼比预筛选。滤除阻尼比较大的模式，这些可能是机组间振荡的模式，也可能是控制器滤波引入的模式、电气谐振模式等，阻尼比阈值可以设定在 5%。

（3）根据相关因子筛选关键模式。对多台完全相同的机组，只需考虑公共模式，根据串联补偿电容同模式的相关因子可以方便筛选；对于工况不同的机组，则筛选出电网参与最强的模式和负载率最低的机组参与最强的模式。

3. 发电机 q 轴单阻尼绕组与双阻尼绕组

现今有关 SSR 的研究很少考虑发电机 q 轴阻尼绕组对次同步振荡的影响，但研究表明，采用 q 轴单绕组与 q 轴双绕组模型，特征值分析结果将会有较大的差异，若不慎重选择模型，则可能导致分析结果较大的偏差，如图 5-10 所示算例系统计算结果。

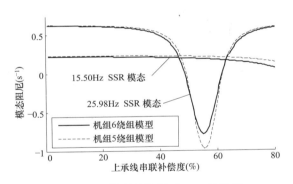

图 5-10　q 轴阻尼绕组对 SSR 的影响

5.3.2　多模式 SSR 的机理分析

5.3.2.1　电网 LC 谐振频率特性

应用上一节中的特征值分析方法，连续改变线路串联补偿度，可以绘制各模式振荡频率随线路串联补偿度变化曲线，称为 $f-k$ 曲线，如图 5-11 所示（对应送端 4×60 万 kW 机组，两回出线，输送距离 350km 的情况）。

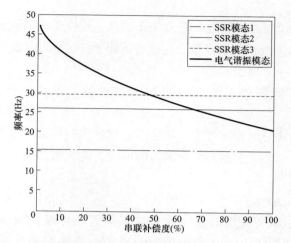

图 5-11　各模式频率随线路串联补偿度变化曲线（f-k 曲线）

由于进行了 ABC-dq 坐标变换，图 5-11 中电气模式频率等于 LC 串联谐振频率的工频补频率，随串联补偿度增加而下降。机组机械自然扭振模式频率主要由机械参数决定，故其曲线表现为近似水平的直线。当电气谐振模式频率与某一机械自然振荡模式频率接近时，较容易激发起这个频率下的振荡。电气谐振模式的频率可以通过电气系统中电感、电容串联谐振关系近似计算得到。

dq 坐标系下的电气谐振模式频率为：

$$f_e = f_0 - \frac{1}{2\pi\sqrt{(L_{\text{sys}} + L_L)C}} = f_0 - f_0\sqrt{\frac{L_L}{L_{\text{sys}} + L_L}k} \qquad (5-17)$$

式中　L_{sys}——除线路等效电感外系统的总等效电感，主要包括发电机-变压器组等效电感及受端系统等效电感；

L_L——线路等效电感；

k——线路串联补偿度。

由式（5-17）可知：电气谐振模式的 f-k 曲线（dq 坐标系下）总是从系统同步频率出发，随着串联补偿度增加逐渐降低；线路电感占输电系统总电感比重越大，f-k 曲线就越"陡"，电气谐振模式 f-k 曲线与机械扭振模式的 f-k 曲线交点的相对位置就越近，越容易形成多模式 SSR。

我国远距离、大容量输电模式的主要电气特征为：发端机组容量大，且常多机并联，发端发电机-变压器组等效电感值较小；输电线路长，电感值较大；受端系统强，等效阻抗小，等效电感较小。因此，输电线路电感占系统总电感比重较大，根据式（5-17），这一电气特征将易导致多模式 SSR 工频补频率的形成。

5.3.2.2　失稳串联补偿度带

应用特征值分析方法，连续改变线路串联补偿度，可绘制各模式特征值实部随串联补偿度变化曲线，如图 5-12 所示（对应送端 4×60 万 kW，两回出线，输电距离 350km 的情况）。

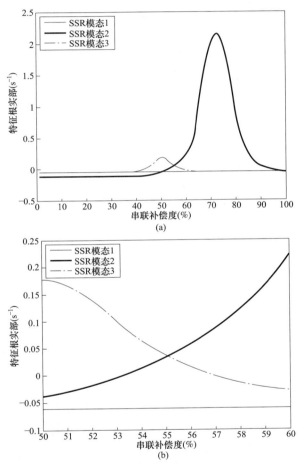

图 5-12　特征值实部-串联补偿度曲线

（a）全貌图；（b）局部放大图

对照图 5-11，不难发现特征根实部"凸起"的峰值发生在电气谐振模式 f-k 曲线与机组轴系自然扭振模式 f-k 曲线的交点上，印证了机电频率互补容易引发 SSR 的结论。同时注意到在机电频率互补的串联补偿度附近一定范围内，该模式的特征根实部均为正值，定义这样的串联补偿度范围为这个 SSR 扭振模式的

"失稳串联补偿度带"。如果系统串联补偿度位于若干个 SSR 扭振模式的失稳串联补偿度带相交的范围内，就会发生多模式 SSR，显然失稳串联补偿度带越宽越可能导致多模式 SSR 的形成。从图 5-12（b）中可以看出当串联补偿度选择在53%~57%区，将发生模式 2 与模式 3 同时失去稳定的多模式 SSR 问题。

由式（5-17）可以推导得到 SSR 模式的失稳串联补偿度带宽度：

$$k_{\text{instable}} = 2\frac{1}{\omega_0 L}\frac{\omega_e}{\omega_0}\sqrt{\frac{C_1\omega_e R_0}{C_2\omega_m\omega_0^2} - R_0^2} \qquad (5-18)$$

式中　　　　　　k_{instable}——失稳串联补偿度带的宽度，%；

$$C_1 = \frac{Q(k,\ n)^2 u_{t0}^2}{4M_{(m)}(n,\ n)}$$——表征机组的机械特性，由振型、自然扭振模式惯性

　　　　　　　　　　　时间常数决定；

$$C_2 = \frac{D_m(\omega_m)}{2M_{(m)}(n,\ n)}$$——对应机组自然扭振模式机械阻尼。

由于系统电阻 R_0 相对较小，忽略其平方项，式（5-18）可进一步简化为：

$$k_{\text{instable}} = \frac{2}{\omega_0^2}\frac{\sqrt{R_0}}{\omega_0 L}\sqrt{\frac{\omega_e^3}{\omega_m}}\sqrt{\frac{C_1}{C_2}} \qquad (5-19)$$

根据式（5-19）可分析各参数对 SSR 模式失稳串联补偿度带的影响。

1. 机组轴系自然扭振模式频率的影响（SSR 模式频率）

式（5-19）中 $\sqrt{\omega_e^3/\omega_m}$ 系数使得 SSR 模式频率的频率越低失稳串联补偿度带越宽，越容易造成多模式 SSR 问题。图 5-12 中，模式 3 的失稳串联补偿度带为 42%~57%，模式 2 的失稳串联补偿度带为 53%~91%，宽于频率较高的模式 3。

2. 机械阻尼对失稳串联补偿度带的影响

由式（5-19）可知，SSR 模式失稳串联补偿度带将随表征机械阻尼的系数 C_2 增大而减小。也就是说机械阻尼越弱，失稳串联补偿度带越宽，多个模式失稳串联补偿度带相互重叠的可能和范围也就越大，越容易产生多模式 SSR 问题。

现场测试表明机组的模式阻尼随机组的出力增加而增加。假设机组空载时模式阻尼（以对数衰减率表示）为 0.05%，满载为 0.5%。机械阻尼-出力对失稳串联补偿度带的影响如图 5-13（以模式 3 为例）所示。由图 5-13 可见：随机组出力-机械阻尼降低，SSR 模式 3 的失稳串联补偿度带明显变宽（出力1.0 标幺值时为 47%~53%，出力 0.5 标幺值时为 42%~57%，出力 0.1 标幺值时为41%~60%），导致多个机械扭振模式的失稳串联补偿度带变宽，意味着系

统在更大的串联补偿度范围内将发生多模式 SSR。

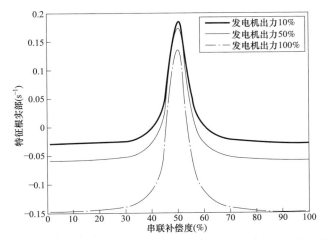

图 5-13 出力-机械模式阻尼不同时的特征值实部-串联补偿度曲线

3. 系统等效阻抗对失稳串联补偿度带的影响

式（5-19）中存在 $\sqrt{R_0}/\omega_0 L$ 一项，即系统等效电阻的平方根与工频等效电抗的比值。当机组、输电线路和受端系统短路容量确定后，各自电阻与工频电抗的比值是恒定的。因此 $\sqrt{R_0}/\omega_0 L$ 应随送端装机容量的增加（并列机组增加，等效阻抗减少），受端系统的增强（短路容量增加，等效阻抗减少）而增大，从而使得 SSR 模式的失稳串联补偿度带变宽，加剧多模式 SSR 的形成。综合 5.3.2.1 节中的分析，可以总结，远距离大容量输电系统中，装机容量的增加，受端系统的增强，增大了 SSR 模式的失稳串联补偿度带，同时增加了输电线路电感占系统总电感的比重，使得多个 SSR 模式 f-k 曲线与电气 LC 谐振模式 f-k 曲线的交点更加接近，加剧了多模式 SSR 问题。

输电线路对多模式 SSR 的影响则相对复杂：随输电线路长度增加 $\sqrt{R_0}/\omega_0 L$ 减小，使得 SSR 模式失稳串联补偿度带变窄，不利于形成多模式 SSR；但输电线路变长增加了线路电感占系统总电感的比重，使多个 SSR 模式 f-k 曲线与电气谐振模式 f-k 曲线的交点更加接近，有利于多模式 SSR 的形成。

可以应用特征值分析方法绘制各模式特征值实部随串联补偿度变化曲线，以研究线路长度增加时多模式 SSR 的情况。如图 5-14 所示与图 5-12 对应，其他条件不变，将输电线路长度由 350km 延长至 500km。

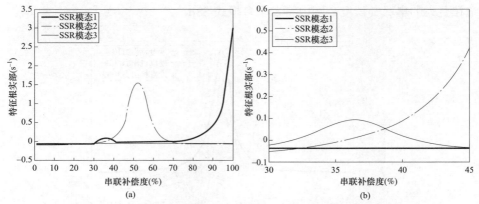

图 5-14 输电距离 500km 下的特征值实部-串联补偿度曲线

（a）全貌图；（b）局部放大图

将图 5-12 与图 5-14 对比可知，SSR 模式 2 的失稳串联补偿度带宽度由 53%~91%降至 36%~69%，减少了 5%，模式 3 的失稳串联补偿度带由 42%~57%降至 32%~41%，减少了 4%，但由于模式 3 与电气谐振模式的 $f-k$ 曲线交点距离由 22%（模式 2 交点 50%，模式 3 交点 72%）减少至 16%（模式 2 交点 36%，模式 3 交点 52%），发生模式 2 与模式 3 同时失去稳定的多模式 SSR 的串联补偿度范围由 53%~57%变为 36%~42%，增加了 2%的串联补偿度范围。

5.3.3 我国多模式 SSR 的分析

5.3.3.1 我国火电基地的典型串联补偿配置

我国火电基地典型串联补偿配置的情况是多模式 SSR 问题概况分析的基础。我国火电基地主要集中在山西、内蒙古中部和陕西北部地区。这些大型的火电厂多采用 60 万 kW 机组，装机容量大多规划在 4×60 万 kW 以上，8×60 万 kW 居多；采用交流点对网输电模式，受端系统较强，输送距离多在 300~800km，400~500km 居多，输电能力主要受到功角稳定问题的约束。

1. 输电能力计算

《电力系统安全稳定导则》要求在输电线路 $N-1$ 的情况下能承受大干扰的冲击而不致失去暂态稳定。电气距离越大稳定极限越低，减少电气距离最经济可靠的措施是固定串联补偿电容装置。故障接地阻抗、切除时间和切除线路长度等因素均影响系统的暂态稳定性。计算按照三相永久金属性短路故障，故障切除时间 100ms，切除线路长度为 200km 考虑。计算程序采用发电机 E_q' 恒定模型，计算流程如图 5-15 所示。图 5-15 中 P_d 为每次计算增加的发电厂出力值，减小 P_d，可以获得更精确的计算结果；但 P_d 过小将影响计算速度，需要合理设置。P_0 为前一次计算的发电厂出力值。等面积法则作为暂态功角稳定性的实用工程判据，适合火电基地输电能力的计算。

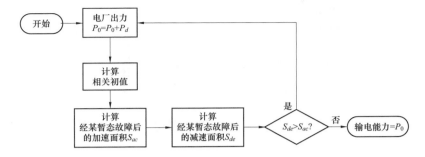

图 5-15　输电能力计算流程图

为减少输电走廊占地面积，提高单位输电走廊输电容量，我国火电基地的送出一般采用 500kV 紧凑型输电线路，下文除特殊说明，输电线路均为 6×300 紧凑型输电线路。将火电基地的装机容量设置为三个档次：4×60，6×60 和 8×60 万kW。随着装机容量增加，表 5-6 给出了不同输送距离需架设的输电线路回数。

表 5-6　　　　　　　　　　不采用串联补偿需要的输电线路回数

输送距离 L（km） 装机容量（万 kW）	300	400	500	600	700	800
4×60	2	2	3	3	3	3
6×60	3	3	3	4	4	4
8×60	3	4	4	4	5	5

2. 典型串联补偿配置

采用固定串联补偿提高输电能力的直接效益是节省输电线路回数，如图 5-16~图 5-18 所示分别为火电基地装机容量在 4×60 万 kW，6×60 万 kW 和 8×60 万 kW 3 个档次，不同的输送距离和输电回路下的典型串联补偿配置。当装机容量超过 4×60 万 kW，输送距离在 400km 以上时，即需要采用串联补偿；装机容量越大，输送距离越远，所需串联补偿度越高；若目标装机容量为 8×60 万 kW，在建设早期串联补偿论证阶段应选择 30%~50% 的串联补偿度；当装机容量达到 8×60 万 kW 时仅需增加出线 1 回。

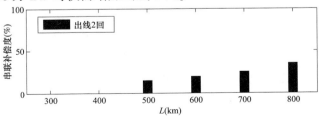

图 5-16　装机容量 4×60 万 kW、出线 2 回的串联补偿配置

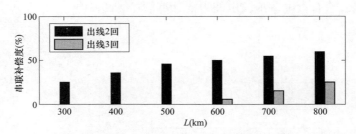

图 5-17　装机容量 6×60 万 kW、出线 2 回或 3 回的串联补偿配置

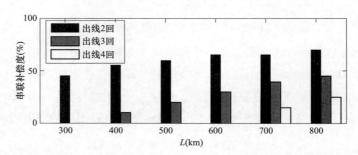

图 5-18　装机容量 8×60 万 kW、出线 2 回、3 回或 4 回的串联补偿配置

5.3.3.2　多模式 SSR 威胁概况评估

目前国内大型火电基地一般采用标准的 60 万 kW 机组,主流机组的轴系次同步扭振模式频率为:上海汽轮机厂机组模式 1～13Hz,模式 2～23Hz,模式 3～28Hz;东方汽轮机厂机组模式 1～16Hz,模式 2～26Hz,模式 3～30Hz。本书以后者作为下面分析的典型机组。

以目标装机容量为 8×60 万 kW 的火电基地为典型研究对象,假设其建设阶段分为:早期 4×60 万 kW,中期 6×60 万 kW,后期 8×60 万 kW,每期投运 2 台机组。根据上一节分析的典型串联补偿配置,早期工程应选择出线 2 回;中期工程可以选择出线 2 回或 3 回;后期工程可以选择出线 3 回或 4 回。三期工程正常方式及出线 N-1 方式可基本涵盖我国火电基地建设过程中的各种情况。本章 SSR 评估的标准是:在考察的串联补偿度范围内,计算 3 个 SSR 模式的最大电气负阻尼(以对数衰减率为单位,为特征值实部与模式频率比值的相反数)及对应的串联补偿度,阻尼越差 SSR 威胁越严重。必须指出,这是一种粗略的判据。考虑到电网参数及运行方式的变化引起的等效串联补偿度改变,将考察的串联补偿度选择范围从 30%～50% 扩大至 20%～60%。

典型的机械模式阻尼为空载 0.05%,满载 0.5%,随机组出力近似线性变化。不同运行方式下 SSR 各个模式电气负阻尼的最大值及其对应的串联补偿见

表5-7，格式为"阻尼%/串联补偿度%"。电气负阻尼与机械阻尼之和为机电系统总阻尼，可由此判断该SSR模式的稳定性。

表5-7　　　SSR各模式电气负阻尼最大值及对应串联补偿度（%/%）

运行方式	模式	距离 L（km）					
		300	400	500	600	700	800
4机2线	模式1	−0.03/60	−0.30/60	−0.69/60	−1.28/60	−2.16/60	−3.51/60
	模式2	−9.86/56	−8.30/48	−7.28/43	−6.55/40	−6.10/37	−5.71/35
	模式3	−0.97/39	−0.76/33	−0.64/30	−0.56/27	−0.52/26	−0.48/25
4机1线	模式1	−1.28/60	−3.51/60	−8.24/60	−13.6/60	−16.3/60	−16.8/60
	模式2	−6.55/40	−5.71/35	−5.31/33	−5.06/31	−4.97/30	−4.93/29
	模式3	−0.56/27	−0.48/25	−0.45/23	−0.43/22	−0.42/21	−0.42/20
6机3线	模式1	−0.02/60	−0.24/60	−0.56/60	−1.02/60	−1.69/60	−2.68/60
	模式2	−9.81/59	−8.32/50	−7.33/44	−6.65/41	−6.17/38	−5.81/36
	模式3	−0.97/41	−0.76/34	−0.65/31	−0.57/28	−0.52/27	−0.49/25
6机2线	模式1	−0.39/60	−1.02/60	−2.13/60	−4.14/60	−7.45/60	−11.4/60
	模式2	−7.77/47	−6.65/41	−5.98/37	−5.57/35	−5.31/33	−5.15/32
	模式3	−0.70/32	−0.57/28	−0.51/26	−0.47/24	−0.45/23	−0.44/22
6机1线	模式1	−4.14/60	−11.4/60	−16.0/60	−16.5/60	−16.2/58	−16.1/57
	模式2	−5.57/35	−5.15/32	−5.02/30	−5.04/29	−5.14/28	−5.24/28
	模式3	−0.47/24	−0.44/22	−0.43/21	−0.43/20	0.44/20	−0.43/20
8机4线	模式1	0.01/60	−0.20/60	−0.46/60	−0.83/60	−1.36/60	−2.11/60
	模式2	−9.72/60	−8.35/51	−7.40/46	−6.73/42	−6.24/39	−5.90/37
	模式3	−1.00/42	−0.78/36	−0.66/32	−0.59/29	−0.54/27	−0.51/26
8机3线	模式1	−0.20/60	−0.57/60	−1.16/60	−2.11/60	−3.66/60	−6.08/60
	模式2	−8.35/51	−7.13/44	−6.40/40	−5.90/37	−5.58/35	−5.35/34
	模式3	−0.78/36	−0.63/31	−0.55/28	−0.51/26	−0.47/24	−0.45/23
8机2线	模式1	−0.83/60	−2.11/60	−4.75/60	−9.25/60	−13.6/60	−15.9/60
	模式2	−6.73/42	−5.90/37	−5.43/34	−5.19/33	−5.12/31	−5.09/30
	模式3	−0.59/29	−0.51/26	−0.47/24	−0.44/23	−0.43/22	−0.44/21

当电气谐振频率与机械自然扭振模式频率之和等于电网同步频率时，产生的电气负阻尼最大。实际上当电气谐振频率与机械自然振荡频率之和在电网同步频率附近一定范围时，产生的电气负阻尼即可能超过机械阻尼，使该扭振模式失去稳定。因此表5-7中各模式电气负阻尼对应的串联补偿度越接近，越容易表现出多模式SSR问题。

显而易见，当机组轴系多个自然扭振模式频率比较接近，则容易在同一个串联补偿度范围内同时引发多个扭振模式失去稳定。我国大容量汽轮发电机机组主要采购东方汽轮机厂（以下简称东汽）、上海汽轮机厂（以下简称上汽）等厂家的产品：东汽机组的自然扭振模式频率为 16、26Hz 和 30Hz 左右，由于模式 2 和模式 3 的频率仅相差约 4Hz，所以十分容易发生模式 2 和模式 3 同时失去稳定的多模式 SSR 问题，发现多模式 SSR 问题的内蒙古上都和托克托电厂即采用东汽的机组；上汽机组的自然扭振模式频率为 13、23Hz 和 28Hz 左右，模式 2 和模式 3 的频率相差约 5Hz，陕西锦界电厂选用上汽机组，目前已经发现该电厂在某些线路 $N-1$ 运行方式下存在模式 2、模式 3 同时失稳的多模式 SSR 问题。

以最大电气负阻尼对应串联补偿度相差 10% 为粗略标准，总结我国火电基地多模式 SSR 威胁概况如下：

（1）主要面临 SSR 模式 2 与模式 3 同时失去稳定的双模式 SSR 问题。

（2）随装机容量增加，输送距离增加，串联补偿度较高时，模式 1 威胁逐渐出现，届时将面临模式 1 与模式 2 同时失去稳定的双模式 SSR 问题。

（3）3 个模式同时失去稳定的多模式 SSR 问题出现概率较低。

综上所述，多模式 SSR 问题根本上是由机电混合系统多种因素共同作用形成的。本节采用多机多模式特征值分析方法对多模式 SSR 的机理进行了分析，结果表明：机械系统侧多个自然扭振模式频率接近，基于大容量远距离输电系统的电气特征，考虑各种不同运行方式的变化等因素共同促使了多模式 SSR 的形成。在我国，由于机组机械特性、输电距离、串联补偿等多方面因素影响，多模式 SSR 问题的出现具有一定的必然性。

5.4 基于机组扭振模式阻尼量化分析的厂对网串联补偿输电系统 SSR 风险评估方法

采用特征值分析法、复转矩系数法和时域仿真等方法分析串联补偿输电系统中次同步谐振的模态阻尼，虽然比较精准，但都需要复杂建模，且只能从大量的计算结果中得到 SSR 发生的规律，不能给出直观的机理解释。考虑到我国火电基地串联补偿输电系统多采用点对网输电模式，其结构与典型的单机对无穷大系统类似，因此将火电基地串联补偿输电系统简化为经 RLC 串联电路连接的单机无穷大系统，这样能够合理地简化输电系统，从而为 SSR 模态阻尼显式表达式的推导提供可能，即在系统等效为单机无穷大系统的情况下，推导出多模式次同步谐振各扭振模式阻尼的显式关系。经验证，该方法近似特征根分析的结果。该表达式在理论上有助于进一步理解次同步谐振的机理和系统参数对次同步谐振的影响，在工程应用上可用于快速方便地分析各种运行条件下次同步谐振的风险及其严重程度。

5.4.1 模态阻尼推导

如图 5-19 所示为典型等效单机无穷大系统模型。

图 5-19 有固定串联补偿线路的单机无穷大系统

5.4.1.1 系统数学模型

1. 发电机电磁回路模型

发电机采用派克方程模型，则电磁方程为（dq 坐标，标幺值）。p 为微分算子。令：

$$\begin{cases} u_d = p\psi_d - \omega_k\psi_q \\ u_q = p\psi_q + \omega_k\psi_d \\ u_{dq} \overset{def}{=} u_d + ju_q \\ \psi_{dq} \overset{def}{=} \psi_d + j\psi_q \\ i_{dq} \overset{def}{=} i_d + ji_q \\ u_{dq1} \overset{def}{=} u_{d1} + ju_{q1} \end{cases}$$

则：

$$u_{dq} = (p + j\omega_k)\psi_{dq} = u_{dq1} + r_a i_{dq} \qquad (5\text{-}20)$$

2. 网络方程

令：$u_{\infty d} \overset{def}{=} U_\infty\sin\delta_k$，$u_{\infty q} \overset{def}{=} U_\infty\cos\delta_k$，$u_{Cdq} \overset{def}{=} u_{Cd} + ju_{Cq}$，$u_{\infty dq} \overset{def}{=} u_{\infty d} + ju_{\infty q}$
则网络方程可以变为：

$$[R + (p + j\omega_k)L]i_{dq} + u_{Cdq} = u_{dq1} - u_{\infty dq}, \qquad (5\text{-}21)$$

$$(p + j\omega_k)Cu_{Cdq} = i_{dq} \qquad (5\text{-}22)$$

令：$R_0 \overset{def}{=} R + r_a$，则式（5-22）可变为：

$$[R_0 + (p + j\omega_k)L]i_{dq} + u_{Cdq} = u_{dq} - u_{\infty dq} \qquad (5\text{-}23)$$

3. 机组轴系模型

为求各扭振模式的模态阻尼，先要对多质块模式进行解耦。假设质块数为 k，令 $\Delta\delta = Q\Delta\delta_{(m)}$，$\Delta\delta_{(m)}$ 为各解耦模式的等效转子角增量，Q 为 $M^{-1}K$ 的右特征矩阵，即满足 $Q^{-1}M^{-1}KQ = \Lambda$，其中 Λ 为特征根矩阵。可以证明，$Q^T MQ =$

$M_{(m)}$，$Q^T K Q = K_{(m)}$ 皆为对角阵。则多质块线性化轴系方程为：

$$Q^T M Q p^2 \Delta\delta_{(m)} + D_{(m)} p \Delta\delta_{(m)} + Q^T K Q \Delta\delta_{(m)} = -Q^T \begin{bmatrix} 0_{(k-1)\times 1} \\ D_e \end{bmatrix} \Delta\omega_k$$

$$= -Q(k,\cdots)^T D_e Q(k,\cdots) \Delta\omega_{(m)}$$

$$(5-24)$$

式中，$Q(k,\cdots)$——Q 的第 k 行。

具体到分析某一个特征模式，如第 n 个特征模式，其他模式的 $\Delta\omega_{(m)}(i)=0$，$i \neq n$，则：

$$M_{(m)}(n,n) p^2 \Delta\delta_{(m)}(n) + K_{(m)}(n,n) \Delta\delta_{(m)}(n)$$

$$= [-Q^2(k,n) D_e(n) - D_m(n)] \Delta\omega_{(m)}(n)$$

$$(5-25)$$

模式频率可由 $\dfrac{\omega_{(m)}(n)}{2\pi} = \dfrac{1}{2\pi}\sqrt{\dfrac{K_{(m)}(n,n)}{M_{(m)}(n,n)}}$ 给出；此特征模式的总的模态阻尼可以近似为：

$$D(n) = \frac{Q^2(k,n) D_e(n) + D_m(n)}{2 M_{(m)}(n,n)}$$

$$(5-26)$$

式（5-26）中机械阻尼 $D_{(m)}(n)/[2M_{(m)}(n,n)]$ 为试验测得，所要推导的为相应频率下的系统的电气阻尼 $Q^2(k,n) D_e(n)/[2M_{(m)}(n,n)]$，进一步即求出 $D_e(n)$ 表达式。这里设 $\Delta\psi_d \approx 0$，$\Delta\psi_q \approx 0$，则电磁功率线性化后得：

$$\Delta T_e = \psi_{d0} \Delta i_q - \psi_{q0} \Delta i_d$$

$$(5-27)$$

又 $\Delta T_e = D_e(n) \Delta\omega_k$，所以，要计算出比例系数 $D_e(n)$，只需求出 $[\Delta i_d, \Delta i_q]^T$ 与 $\Delta\omega_k$ 的关系。

5.4.1.2 模态阻尼推导过程

下面重点推导电气阻尼。假设发电机第 k 个质块有一频率为 ω_m 的摄动，可以理解为 $\Delta\delta_k$ 有一个复频 $p = \pm j\omega_m$ 振荡的激励。则由 $\Delta\delta_k$ 引起的 $\Delta T_e(p) = D_e(p) \Delta\omega_k$。由于最终要求的。$D_e$ 有是实数，所以：

$$\Delta T_e = D_e \Delta\omega_k = Re[D_e(p)|_{p=\pm j\omega_m}] \Delta\omega_k = \frac{1}{2}[D_e(p)|_{p=-j\omega_m} + D_e(p)|_{p=j\omega_m}] \Delta\omega_k$$

$$(5-28)$$

令：$\Delta T_{e1} = D_e(p)|_{p=-j\omega_m} \Delta\omega_k$，$\Delta T_{e2} = D_e(p)|_{p=-j\omega_m} \Delta\omega_k$。先推导 $D_e(p)|_{p=-j\omega_m}$，$p=-j\omega_m$，$\omega_c = \omega_k - \omega_m$，则 $p + j\omega_k = j\omega_c$。

在工作点线性化式（5-19）~式（5-21）得：

$$\begin{cases} \Delta u_{dq} = j\omega_c \Delta\psi_{dq} + j\psi_{dq0} \Delta\omega_k \\ \Delta u_{Cdq} = \Delta u_{dq} - j i_{dq0} L \Delta\omega_k - (R_0 + j\omega_c L) \Delta i_{dq} + j u_{\infty dq0} \Delta\delta_k \\ j\omega_c C \Delta u_{Cdq} + j C u_{Cdq0} \Delta\omega_k = \Delta i_{dq} \end{cases}$$

$$(5-29)$$

由上文假设 $\Delta\psi_d \approx 0$，$\Delta\psi_q \approx 0$，则 $\Delta\psi_{dq} \approx 0$；又 $\Delta\delta_k = \Delta\omega_k / p = \Delta\omega_k / (-j\omega_m) = j\Delta\omega_k / \omega_m$。

将 Δu_{dq}，Δu_{Cdq} 作为中间变量消去得：

$$-\omega_c C \psi_{dq0}(1 - \omega_k/\omega_m)\Delta\omega_k + i_{dq0}(A_0 + jB_0)\Delta\omega_k = (1 - \omega_c^2 LC + j\omega_c CR_0)\Delta i_{dq}$$

$$(5-30)$$

其中，$A_0 + jB_0 = LC\omega_c + 1/\omega_k - \omega_c C/\omega_m \left(\omega_k L - \dfrac{1}{\omega_k C}\right) + j\omega_c C/(\omega_m R_0)$。

实部虚部分别展开解得：

$$\begin{bmatrix} \Delta i_d \\ \Delta i_q \end{bmatrix} = \frac{1}{(\omega_c^2 LC - 1)^2 + (\omega_c CR_0)^2} \begin{bmatrix} 1 - \omega_c^2 LC & \omega_c CR_0 \\ -\omega_c CR_0 & 1 - \omega_c^2 LC \end{bmatrix} \begin{bmatrix} A_1 \\ B_1 \end{bmatrix} \Delta\omega_k$$

$$(5-31)$$

其中，$A_1 = \omega_c C\psi_{d0}\omega_c/\omega_m + A_0 i_{d0} - B_0 i_{q0}$，$B_1 = \omega_c C\psi_{q0}\omega_c/\omega_m + B_0 i_{d0} + A_0 i_{q0}$。

发电机电磁功率 $T_e = \psi_d i_q - \psi_q i_d$，由前面的假设 $\Delta\psi_d = 0$，$\Delta\psi_q = 0$，则线性化后得：

$$\Delta T_{e1} \approx \begin{bmatrix} -\psi_{q0} & \psi_{d0} \end{bmatrix} \begin{bmatrix} \Delta i_d \\ \Delta i_q \end{bmatrix} = -\frac{\omega_c(\psi_{q0}^2 + \psi_{d0}^2)}{\omega_m\left(\dfrac{1}{R_0}\left(\omega_c L - \dfrac{1}{\omega_c C}\right)^2 + R_0\right)}\Delta\omega_k + D_{ep}\Delta\omega_k$$

$$(5-32)$$

其中：

$$D_{ep} = \frac{(\omega_c L - 1/\omega_c C)(B_1\psi_{d0} - A_1\psi_{q0})/(\omega_c CR_0) - (A_0 i_{d0}\psi_{d0} - B_0 i_{q0}\psi_{d0} + B_0 i_{d0}\psi_{q0} + A_0 i_{q0}\psi_{q0})}{\omega_c\left(\dfrac{1}{R_0}(\omega_c L - 1/\omega_c C)^2 + R_0\right)}$$

在式（5-32）中，通常 $D_{ep}\Delta\omega_k$ 相对第一项较小，在发电机出力比较低即 i_{d0}，i_{q0} 较小时该项约为 0，从而近似有：

$$\Delta T_{e1} = D_e(p)\big|_{p=-j\omega_m}\Delta\omega_k \approx \frac{\omega_c(\psi_{q0}^2 + \psi_{d0}^2)}{\omega_m\left(\dfrac{1}{R_0}\left(\omega_c L - \dfrac{1}{\omega_c C}\right) + R_0\right)}\Delta\omega_k \qquad (5-33)$$

同理：

$$\Delta T_{e2} = D_e(p)\big|_{p=j\omega_m}\Delta\omega_k \approx \frac{\omega_{2c}(\psi_{q0}^2 + \psi_{d0}^2)}{\omega_m\left(\dfrac{1}{R_0}(\omega_{2c} L - 1/\omega_{2c} C)^2 + R_0\right)}\Delta\omega_k \qquad (5-34)$$

其中，$\omega_{2c} = \omega_k + \omega_m$。

ΔT_{e2}是超同步模式引起的，系统不发生谐振，非常小，近似$\Delta T_{e2} \approx 0$，则：

$$\Delta T_e = D_e \Delta \omega_k \approx - \frac{\omega_c(\psi_{d0}^2 + \psi_{q0}^2)}{2\omega_m \left(\dfrac{1}{R_0}(\omega_c L - 1/\omega_c C)^2 + R_0 \right)} \Delta \omega_k \qquad (5-35)$$

$$D_e(\omega_m) = - \frac{\omega_c \ (\psi_{d0}^2 + \psi_{q0}^2)}{2\omega_m \left(\dfrac{1}{R_0} \ (\omega_c L - 1/\omega_c C)^2 + R_0 \right)} = - \frac{\omega_c \psi_0^2}{2\omega_m \left(\dfrac{1}{R_0}(\omega_c L - 1/\omega_c C)^2 + R_0 \right)}$$

$$(5-36)$$

其中，$\psi_0^2 = \psi_{q0}^2 + \psi_{d0}^2$。在$\omega_c L - 1/(\omega_c C) = 0$时，即串联补偿线路发生$\omega_c$的谐振时，式（5-36）与文献［42］的结果一致。将式（5-36）带入式（5-25），又因为$\psi_0^2 = \psi_{q0}^2 + \psi_{d0}^2 = (u_{d0}^2 + u_{q0}^2)/\omega_k^2 = u_{t0}^2/\omega_k^2$，$u_{t0}$为机端电压，得第$n$个模式的总模态阻尼为：

$$D(\omega_m) = \frac{Q^2(k, \ n)D_e(\omega_m) + D_m(\omega_m)}{2M_{(m)}(n, \ n)}$$

$$= - \frac{Q^2(k, \ n)\omega_c u_{t0}^2}{4M_{(m)}(n, \ n)\omega_m \omega_k^2 \left[\dfrac{1}{R_0}(\omega_c L - 1/\omega_c C)^2 + R_0 \right]} + \frac{D_m(\omega_m)}{2M_{(m)}(n, \ n)}$$

$$(5-37)$$

$k_c = 1/(\omega_k^2 L C)$，k_c为总的等效串联补偿度；将总阻尼表示成k_c的函数表达式，则得到SSR的模态阻尼的显式表达式如下：

$$D(\omega_m) = - \frac{Q^2(k, \ n)\omega_c u_{t0}^2}{4M_{(m)}(n, \ n)\omega_m \omega_k^2 \left[\dfrac{\omega_c^2 L^2}{R_0}(k_c \omega_k^2 / \omega_c^2 L - 1)^2 + R_0 \right]} + \frac{D_m(\omega_m)}{2M_{(m)}(n, \ n)}$$

$$(5-38)$$

式中　ω_m——扭振模态频率，rad/s；

　　　ω_e——扭振模态频率的互补频率，rad/s；

　　　ω_0——电网同步频率，rad/s，三者的关系为$\omega_e + \omega_m = \omega_0$；

　　　u_{t0}——发电机机端电压，V；

　　　Q——模态解耦矩阵；

　　　k——发电机转子质量块编号；

　　　k_c——系统总补偿度；

　　　R_0——线路电阻与电机电枢电阻之和，Ω；

　　　L——输电系统总等效电感，H。

发电机用超暂态电抗计算，受端系统则用短路阻抗进行等效，C为串联补偿电容值，$M_{(m)}(n,n)$ 为解耦后第 n 个 SSR 模态的模态惯性时间常数，$D_m(\omega_m)$ 为解耦后第 n 个 SSR 模态的机械模态阻尼系数，可由实验测量得到。

由式 5-38 可见，$k_c\omega_k^2 L_L - \omega_c L = 0$ 时 $D(\omega_m)$ 负值最大，扭振模式模态阻尼最差，对应 SSR 的风险最大。

5.4.2 模态阻尼计算公式与特征值分析方法的对比验证

以上都以电厂串联补偿系统为算例，先采用式（5-38）计算在各种运行工况下的各次同步模式的模态阻尼，再用特征值分析方法计算，两种方法计算结果相互比较，来验证模态阻尼公式（5-38）与特征根分析结果误差范围内的一致性。

5.4.2.1 模态阻尼公式计算

计算流程如下：

列出发电机质块惯性时间常数矩阵 M 和弹性系数矩阵 K，求出 $M^{-1}K$ 的右特征矩阵 Q 和特征值矩阵 Λ，满足 $Q^{-1}M^{-1}KQ=\Lambda$，而 $\Lambda^{\frac{1}{2}}$ 的非零对角元素即特征模式的频率。在上都电厂算例中，发电机 4 个质量块，有 3 个扭振模式，按频率由低到高分别为模式 1、模式 2 和模式 3。将原系统等效为单机无穷大系统，计算系统等效电气参数 R、L、C（标幺值）。注意，式（5-38）中 $R_0=R+r_a$，r_a 为发电机等效内阻；L 为等效电感，包括发电机、变压器、线路电感以及其他等效电感，发电机等效电感采用 d 轴超瞬变电抗 X_d'' 来计算；C 由串联补偿度计算等效电容得到。利用式（5-38）求出不同模式的模态阻尼。

5.4.2.2 结果对比

如图 5-20 所示为在上都 4 台机投入运行、上都和承德单回线运行时，发电机出力分别为 0% 和 100% 时，用式（5-38）计算的负模态阻尼（点线）和特征根分析（实线）得到的模式特征根实部随线路串联补偿度变化曲线。从这些图中可以发现，由式（5-38）得到的结果和特征根分析结果在大多数串联补偿度上基本一致，但是在发电机出力高（如 100%）时在谐振串联补偿度附近有一定误差。式（5-38）之所以在发电机出力高时在谐振串联补偿附近得到的模态阻尼有一定的误差，是因为式（5-38）实际上忽略了发电机出力对电气阻尼的影响。式（5-38）是一个近似公式，在推导前提上忽略了 $\Delta\psi_d\Delta\psi_q$ 项，式（5-33）也省略了 $D_{ep}\Delta\omega_k$。在发电机出力高时，电流较大时会有一些误差，但在大多数串联补偿度上仍可以近似特征根分析结果。在发电机出力较低时，电流小，忽略是合理的，能得到较为精确的结果。

如图 5-21 所示为在线路串联补偿度为 40% 时特征根分析得到的电气阻尼随发电机出力变化曲线。可以发现，电气阻尼随发电机出力增加会有一定的变

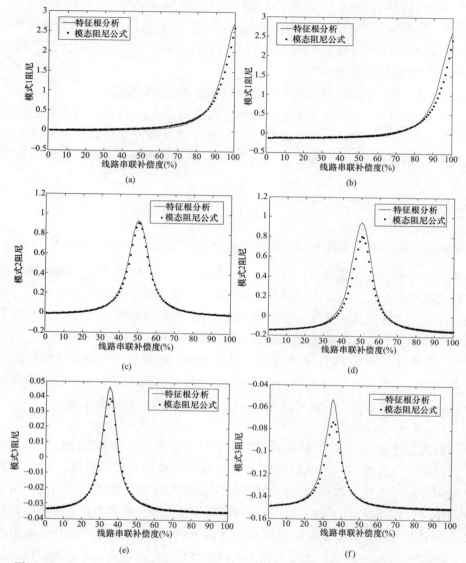

图 5-20　发电机出力 0%、100%时的 3 个模式的特征根实部随串联补偿度变化曲线

（a）模式 1 阻尼（发电机出力 0%）；（b）模式 1 阻尼（发电机出力 100%）；

（c）模式 2 阻尼（发电机出力 0%）；（d）模式 2 阻尼（发电机出力 100%）；

（e）模式 3 阻尼（发电机出力 0%）；（f）模式 3 阻尼（发电机出力 100%）

动，但幅度不大。

5.4.3　系统参数对模态阻尼的影响分析

（1）从式（5-38）中可以发现，$Q^2(k, n)/M_{(m)}(n, n)$ 对模式电气阻尼有

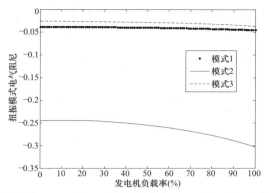

图 5-21　线路串联补偿度 40%时的 3 个模式的电气阻尼随发电机负载率（%）变化曲线

直接影响，但这同机械阻尼一样，是发电机轴的固有属性，原则上不可改变；由 ω_c/ω_m 项可知，自然频率高的扭振模式的电气阻尼偏小。

（2）实际上，影响一个扭振模式电气阻尼的最主要因素是串联补偿谐振的强度。由式（5-38）可知，电气阻尼是等效串联补偿度的二次函数的倒数形式，$k_c\omega_k^2 L_L - \omega_c L = 0$ 时电气负阻尼最强，扭振模式模态阻尼最差。只要能避开串联补偿谐振点，扭振模式电气负阻尼将会大大减弱，所以，避开串联补偿谐振点是减弱 SSR 威胁非常重要的措施之一。

（3）在远距离大容量输电系统中，一是采用串联补偿提高输电容量，给 SSR 的发生提供了必要条件；二是大容量发电机的大转动惯量的多质块轴系，同时远距离线路使得线路电感占总的等效电感比例加大，使得等效串联补偿度更容易接近一个或多个扭振模式的谐振串联补偿度，引发严重的 SSR 问题。特别是在上都输电系统中，上承线单回线运行，使得等效串联补偿度接近模式的谐振串联补偿度，也可以理解为 LC 谐振模式的补频率接近扭振模式频率，从而上承线单回线运行时 SSR 问题更为严重。

5.4.4　扭振模式阻尼公式应用

（1）式（5-38）作为一个扭振模式的模态阻尼计算公式，所有变量都可以简单快速地计算得到。相对于特征根方法和复转矩方法的复杂建模和大量参数的计算，不容易出错，更为简捷方便。

（2）由于扭振模式机械阻尼在发电机出力低时最差，通常发电机低负载时模态阻尼最差，估计系统次同步谐振风险时通常也是在发电机出力低的情况下进行。因此，式（5-38）可以快速简单地进行串联补偿输电系统的次同步谐振风险分析。

（3）式（5-38）清晰地表达了系统主要参数对模态阻尼的影响，对次同步谐振的机理研究有一定的指导意义。例如，可以解释文献［3］中紧凑型线路参数对次同步谐振的影响。

5.5 SSR 的机网协调抑制方法研究

5.5.1 解决 SSR 问题的方法概述

自从固定串联补偿引发次同步谐振问题以来，国内外学者纷纷研究解决方案。除了紧急情况下对发电机采取保护措施之外，解决次同步振荡问题的思路和方法主要有以下几种。

5.5.1.1 适当设计机组轴系参数避免 SSR 风险

SSR，特别是机网复合共振，是由于机组轴系扭振与电网电气参数谐振相互作用引起的。理论上，可以通过适当设计机组轴系参数，进而获得不同的扭转模态频率和振型，避开可能与电网发生强相互作用的模态频率和振型，从而达到避免出现 SSR 风险的目的。但实际操作中，这么做往往不可能或难度太大，原因如下：

（1）电厂建设时，机组的订货时间往往超前串联补偿设计乃至线路设计的时间，也就是说，实际工程中机组订货可能在前，而线路和串联补偿设计在后，机组订货时难以全面或精确了解电网的构架和参数，从机组选型上"避开" SSR 难以操作。

（2）更困难的是，大型机组，如 600MW 超临界汽轮发电机组，往往是定型产品，经过长期分析、设计和运行后，其基本参数已经确定，在订货时只能对一些可预制的参数进行调整，而对机组轴系这些机械参数，往往可调整的裕度非常小，而且在国内的几大主机厂由于最初技术来源可能一样，其参数也大同小异，可选择余地很小。

（3）即使克服各种难题，能改造汽轮机-发电机组的轴系，但考虑到可能引发次同步频率的运行方式多样，电气谐振频率多变，因此完全避免在实际上也几乎不可能。

通过上述分析可见，通过改造机组机械参数的方法来避免 SSR 实际操作的难度太大，但还是有一些机组轴系参数特性对降低 SSR 风险是非常有帮助的，值得在机组参数优化设计时考虑，如：

（1）扭振模态振型上，如果使得敏感频段（15~35Hz）的模态振型在发电机侧比较低和平坦，则能降低机网之间的相互作用，使得该模态扭振不易被电网激发，也有利于降低冲击扭矩，对于避免和抑制 SSR 是很有利的。

（2）扭振模态阻尼上，如果能增大机械阻尼，则对于避免和抑制 SSR 是有利的。

（3）轴系材料和结构的 $S\text{-}N$ 曲线上，如果留有较大的裕度，则对于保护机组免受 SSR 损伤是有利的。

（4）轴系装配工艺上，如果在装配和结构组合上能降低轴系部件的固有应力水平，则也有利于降低轴系受 SSR 影响而出现疲劳损伤的风险。

（5）在电厂同一母线接入的机组，如果采用轴系参数彼此之间有差异，往往有利于缓解 SSR。

总体来说，通过调整机组轴系的机械参数来解决次 SSR 问题，具有成本高、可操作性差、不利于产品定型化等缺点。实际应用中，可遇而不可求。

5.5.1.2 调整电网结构和参数

通过调整电网结构和参数来避免出现 SSR 或降低 SSR 风险，其基本原理是调整电网的电气谐振频率，实际可操作的方法包括：

（1）改变线路参数，包括增加线路，这意味着增加投资，可能降低线路的利用率；调整（主要降低）线路串联补偿度，这也可能降低线路的利用率。

（2）调整线路串联补偿的布置方式，一般来说：在多组串接线路上采用较低串联补偿度和在一组线路上采用高串联补偿度相比，前者往往有利于降低 SSR 风险或抑制 SSR 程度，但建设多个串联补偿站，投资一般会增加。

（3）调整联网方式，一般来说：在网对网联接线路上布置固定串联补偿，不易引起 SSR；而在点对网，如大型坑口电厂与主网连接的线路上布置固定串联补偿，则引起 SSR 的可能性会增加；从这个角度来讲，如果将机组先接入本地电网，则有利于缓解 SSR 问题。

上述设计适当的机组轴系参数、调整电网结构和参数降低 SSR 风险的各种方法大多与规划设计有关，如果在规划设计阶段，能很好地意识到固定串联补偿可能引发的 SSR 问题，而对电网结构和参数进行必要的调整和优化，则对实际工程解决 SSR 问题是非常有帮助的。但是，也应注意到，目前的规划设计中一般不考虑机组的轴系扭转模型，不对 SSR 问题进行校核计算；另外，电网的结构和方式设计，也涉及多种约束条件和稳定性问题，是一个综合复杂的多目标问题。如何在规划设计阶段，就考虑到机组的 SSR 风险，是机网协调规划设计的一个重要课题，是未来的重要发展方向。

5.5.1.3 协调机-网运行

在电厂和电网均建成投运以后，电厂机组运行方式和电网拓扑方式的变化，会组合构成多样的机网运行方式，而在这些方式中，有些方式下 SSR 风险大，而另一些方式下 SSR 风险小，因此，如何协调机-网运行，适当避开 SSR 风险大的方式，也是一个值得关注的技术思路。如以下一些措施对于降低 SSR 风险是有益的，也是具有实际可操作性的。

（1）适当提升正常运行机组的出力，或平均配置机组出力，以获得相对较高的机械阻尼；如：在电厂调度功率较小时，应减少在线机组台数，避免多台机组低功率运行。

（2）采用分段串联补偿技术，在线路传输功率较低时，对应机组出力低和机械阻尼低时，旁路部分固定串联补偿，降低串联补偿度来避免 SSR。

与 5.5.1.2 节思路类似，由于实际系统中机网运行方式受制于电厂和电网多种条件的约束，上述方法的可操作性也是有条件的；而且一般来说，对于"先天"问题很严重的系统，仅仅通过协调机-网运行方式来避免，往往很难完全解决问题，也就是说，协调机-网运行的思路对于一些 SSR 问题很轻微的情况可能奏效。

5.5.1.4　无源滤波器

无源滤波器抑制 SSR 的基本思路是减少电气系统产生的次同步谐波进入发电机的分量，进而降低 SSR 的风险；具体实现有 2 种机制，即阻塞和旁路。

阻塞机制的典型方案是阻塞滤波器（Blocking Filter，BF），而阻塞滤波器也有几种电路实现方式，一种常见的电路方式最早是 GE 公司发明的，即在机组升压变压器高压侧中性点串入多组电阻-电感-电容构成的并联谐振电路，每一组在对应轴系扭转频率的互补频率上呈现高阻抗，从而有效降低进入发电机组内部的该互补频率（次同步频率）的电流分量，达到抑制 SSR 的目的。

另一种阻塞电路方式是设计一个针对工频的串联谐振回路，使得工频电流能顺利通过，而其他分量（包括次同步分量）被阻塞。该电路方案与 GE 公司的阻塞电路方案相比，优点是减少了阻塞电路的回路数，不必精确设计针对轴系扭转频率的并联谐振回路，能较好地避免失谐风险。但缺点也很明显：阻塞频率范围过宽，电路元件的参数和容量将过大，投资成本增加，同时可能对机组在故障过程中的特性产生影响，包括对变压器中性点的过电压影响也较大。因此，目前得到实际应用的，还只是 GE 公司的阻塞滤波器方式。

采用旁路机制的典型方案是串联补偿电容并联旁路阻尼滤波器（Bypassing Damping Filter），它是一组并联在串联补偿电容两侧的电阻-电感-电容支路，电感与电容并联，再与电阻串联；电感-电容并联支路对于工频形成并联谐振，呈现很大的阻抗，从而阻止工频分量通过，而对其他频率，特别是次同步频率，呈现较小阻抗，从而使得电阻发挥次同步阻尼作用。这种旁路阻尼滤波器由于包含了电感、电容和电阻，如果用于超高压电网，则投资很高，故只在配电网中用作短路电流限制器。

5.5.1.5 SSR 保护措施

在一些 SSR 风险较低或可采取措施避免的情况下，可单独设置 SSR 保护，而无须采取 SSR 抑制措施。当出现危险的 SSR 现象时，SSR 保护能及时保护机组安全；而在一些 SSR 风险较大且已经采取抑制措施的情况下，也常常需要设置 SSR 保护设备，以应对一些极端方式或严重的故障下可能出现 SSR 发散或扭振造成较大疲劳损耗的情况。

SSR 保护有多种实现方案，包括：

（1）安装在机组侧的 SSR 继电器，如扭应力继电器（TSR）、电枢电流继电器、扭振功率继电器等。

（2）安装在串联补偿侧的保护设备，如 SSR 旁路装置、电容放电间隙保护等。

上述 SSR 保护装置实现起来一般比较简单，在实际应用中则要求高可靠性。其中 TSR 和电容间隙放电是广泛应用的保护措施，前者保护机组，后者保护电容器同时对降低机组轴系暂态扭矩冲击有显著的效果。

5.5.1.6 附加励磁控制（SEDC）

如图 5-22 所示为上都电厂采用的 SEDC 基本原理。

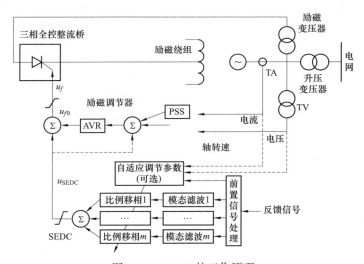

图 5-22　SEDC 的工作原理

机组采用三相全控自并励式晶闸管励磁，包含 AVR/PSS 等常规功能。SEDC 是附加在调节器上的阻尼控制环节，为抑制多模态 SSR，针对不同扭振模态采用相对独立的线性动态反馈控制策略。具体而言：首先采集适当的反馈信号，通过精细的"前置信号处理"和"模态滤波"获取各个扭振模态的振荡分量，再经多组"比例移相"和通道限幅后得到相应模态的控制信号，相加后形成总的控制输出，经总的限幅后叠加到调节器的原控制信号上，控制整流桥在励磁绕组上产生次同步频率电压和电流，进而形成次同步频率的电磁转矩。只要比例移相环节的参数适当，这个转矩就能对轴系的次同步扭振起到阻尼作用。SEDC 产生的附加控制信号可根据实际情况在 AVR 输出处或在 PSS 接入处与原有控制信号进行组合；为提高控制器的适应能力，还可设置一定的自动或手动自适应调节参数环节，对比例移相环节的参数进行优化调整。

SEDC 是国内外均得到成功应用的 SSR 抑制措施，其在上都电厂项目中已得到全方位的深入研究，并最终成功被证明了其有效性。

与其他方法或装置比较，SEDC 的优势突出。

（1）SEDC 能解决多模态 SSR 问题：实践表明，SEDC 通过适当调制励磁控制信号，能同时提高多个次同步扭振模态的阻尼，有效抑制 SSR；针对上都电厂二期工程的分析计算表明，SEDC 能大幅提高汽轮发电机组 3 个 SSR 模态的阻尼，使系统 SSR 稳定且具有一定裕度，从而保证机组的正常运行。

（2）SEDC 具有良好的经济性：SEDC 是附加在已有励磁调节器上的阻尼控制环节，属于二次控制设备，成本低廉，工程实施成本初步估计在百万元/一台机级别甚至更低，远低于 TCSC 和阻塞滤波器，后两者的投资通常是数千万元到数亿元级别。

（3）SEDC 安装、调试和维护方便：SEDC 是二次控制设备，采用数字化、模块化实现，占地面积小，安装在保护和控制间，非常方便调试和维护；相反，TCSC、SVC、制动电阻和阻塞滤波器等均属于一次设备，需接入高压电网，不仅元件的体积大、占地广，而且还涉及绝缘问题，安装、调试和维护工作量大。

（4）SEDC 与机组配套使用，属于电厂内部设备，且不同机组可根据其参数差异采用不同控制参数，灵活配置，有的放矢，有利于与电网运行和调度进行协调。而 TCSC 等电网设备，由于兼具潮流调节、提高功角稳定性和抑制 SSR 等多种功能，在实际运行中难免顾此失彼。

对于上都电厂串联补偿输电系统而言，一、二期工程采用 SEDC 已经能有效解决各种工况下的 SSR 问题。随着三、四期机组的投运，新机组的扭转模态频率，尤其是模态 2 频率更高，加以承德站到华北主网的联络更加紧密，使得整体串联补偿度提高。在一些严重工况和故障情况下，仅采用 SEDC 控制可能需要切除多台机组，其原因从 SEDC 自身来看，主要是 SEDC 与励磁常规控制功能（AVR/PSS、强励等）共用控制容量，在故障等大扰动情况下 AVR/PSS 的输出增加，压缩了 SEDC 的有效调节范围，相当于降低 SEDC 的增益，从而限制了它的实际控制效果，因此有必要采取其他增强措施，目标是应对一些小概率的严重故障，避免切机台数过多。

5.5.1.7 优化设计/调整串联补偿限压器（MOV）和/或放电间隙来降低故障引起的冲击扭矩

如图 5-23 所示为单相固定串联电容（FSC）的原理电路结构，电容器两端并联金属氧化物限压器 MOV 和间隙，其中的 MOV 保护电压水平（转折电压跟电容器额定电压的比值）和间隙动作电流、启动时间和重合时间对暂态冲击扭矩有很大的影响。

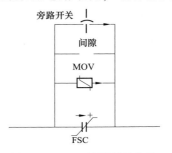

图 5-23 FSC 的原理性电路

当在串联补偿线路上发生短路故障时，电容上产生过电压，当该电压超过 MOV 启动电压时，MOV 投入，而 MOV 电流超过一定值后，间隙将导通，然后旁路断路器合上，电容器短接，经过一段时间后，旁路断路器再打开，电容器投入。

5.5.1.8 电力电子控制器（或称为 FACTS 控制器）

有多种 FACTS 控制器能通过适当控制起到抑制 SSR 的作用，以下简要介绍几种。

1. 可控串联补偿

研究表明可控串联补偿（TCSC）对 SSR 具有一定的"免疫"特性，主要表现在：它在提供工频容性补偿时，在次同步频率范围内根据其控制状态的不同可表现为感性和容性阻抗、并具有不同的等效电阻特性；它在单独使用或与固定串联补偿串联使用时，提高了工频串联补偿度，而同时获得次同步频率下较低串联补偿度的效果，从而有利于避免 SSR 的发生。但这种特性与其运行工况是密切相关的，当其电感支路的晶闸管导通角很小时，上述"免疫"功能将大大减小，仍不能完全避开 SSR 风险。也有学者研究增加 TCSC 辅助控制环节来抑制 SSR，但由于 TCSC 安装位置远离机组，反馈信号的取得比较困难，特别是在正常运行条件下，从电气量中检测扭振模态信号的难度很高，控制效果受影响。

需要注意的是，TCSC 作为一种电力电子控制设备，其输出特性与控制系统的策略和参数密切相关，在不利的情况下，控制系统甚至会与机组轴系扭转相互作用并加强，导致严重的次同步振荡，损伤机组。典型的如伊敏电厂 3 号、4 号机组于 2008 年发生的大轴裂纹事件，给电厂造成了巨大的损失。

另外，TCSC 作为一种电网侧一次设备，投资巨大，而且当其送端具有多台机组且机组扭转模态频率不一致时，在 TCSC 上采用附加阻尼控制的有效性尚待论证。

2. 基于晶闸管控制电抗器的静止无功补偿器

利用晶闸管控制电抗器（TCR）型静止无功补偿器（SVC）抑制 SSR 的基本原理是：对（TCR）等效电纳进行次同步频率调制，向电网注入一定的次同步互补频率的电流分量，进而可在机组内产生次同步阻尼电磁扭矩，达到抑制 SSR 的目的。SVC 抑制 SSR 的优点是：响应速度相对励磁系统要快一些，并可根据需要增大 SVC 的容量来满足特定工程需要，但其作为一次设备，实施成本要远远高于 SEDC，实际应用中还有一定的局限性，如：①通过调节等效阻抗来向机组/电网提供一定的次同步互补频率的电流分量，不直接；②在提供次同步互补频率电流分量的同时，会产生相当幅值的超同步频率电流分量以及其他谐波分量，易造成谐波污染；③SVC 的容量需求一般较大，通常达到机组总容量的 10% 左右；④SVC 运行损耗较大，会造成不小（0.8%~1%）的电量损失。

另外，SVC 的投资也较大；以锦界电厂为例，4 台 600MW 机组，配备了 240MVA 的 SVC（约为电厂装机容量的 10%），总投资达到 1.5 亿，折合每台机组投资约 4 千万元，远远超过 SEDC。另外，SVC 在不进行 SSR 抑制时，其输出为半载工频补偿，电量损耗较大。

3. 其他 FACTS 技术方案

相关技术文献中还提到应用以下 FACTS 设备来抑制 SSR：

（1）NGH 次同步阻尼器。

（2）动态制动电阻（DS）。

（3）基于逆变器的并联阻尼电路（PCDC）。

（4）移相器（Phase shifter）。

（5）STATCOM。

其中 NGH 次同步阻尼器在美国得到应用，它是一种依附于固定串联补偿的晶闸管控制设备；而其他设备大多仅停留在理论、仿真阶段，尚未见实际的应用实践。

5.5.1.9 机械侧阻尼装置

在 1990 年，国外文献曾提到利用高压缸和给水泵之间的液体耦合来提供抑制 SSR 的阻尼，但该应用的细节不详，但有一点值得关注，那就是为抑制 SSR，除了在电气侧进行控制以外，在原动机侧采取措施也是有可能的，这就引申出本研究在后续分析中提出的附加调速阻尼控制的思路。

5.5.2 国际上解决 SSR 问题的应用实例

自 20 世纪 70 年代以来，针对 SSR 问题提出的解决方法和设备已有二十多种，在实际系统尝试过的也不下 10 种。国际上实际投运的 SSR 治理工程见表 5-8。

表 5-8　　　　　　　　　　　国际上解决 SSR 的应用工程

电厂	Units×MVA	电压等级 （kV）	串联补偿度 （%）	SSR 抑制与保护措施
Mohave	2×909	500	70 > 26	降低串联补偿度，扭振继电器
Navajo	3×892	500	70	阻塞滤波器，SEDC，扭振继电器
Jim Bridger	4×590	345	45	负载投切分段串联补偿，SEDC，扭振继电器
Colstrip	2×377 2×819	500	35	扭振继电器
Wyodak	1×402	230	50	扭振继电器
Boardman	1×590	500	29	TCSC，扭振继电器
San Juan	2×410 2×617	345	30-34	SVC（1990s 后拆除），扭振继电器
La Palma	1×192	345	50	基于 SSR 电流检测的串联补偿分段投切

5.5.3　国内已有电厂侧解决方案比较

据可查资料，目前国内解决串联补偿输电引起的次同步谐振问题的技术方案有：TCSC+SEDC+TSR（伊敏电厂）、SEDC+TSR（内蒙古上都电厂一、二期工程）、阻塞滤波器（BF）+TSR（托克托电厂）和静止无功补偿器(SVC)+TSR（陕西锦界电厂）。SEDC、BF 和 SVC 3 种 SSR 抑制方案的技术性与经济性比较见表 5-9。

表 5-9　　　　　　　国内 SEDC、BF 和 SVC 抑制 SSR 方案的技术比较

	SEDC	TCSC	SVC	阻塞滤波器（BF）
一/二次设备	二次控制设备	一次设备（电抗/电容/晶闸管阀）	一次设备（电抗/电容/晶闸管阀）	一次设备（电抗/电容/断路器）
占地	0.8m×0.6m 控制柜/每台机组	—	略小于阻塞滤波器	约 50m×50m/每台机组
投资（国内）	约 200 万元/机组	—	约 4000 万元/机组	约 5000 万元/机组
控制参数	数字参数，软件灵活设置	数字参数和电路参数并存	数字参数和电路参数并存	电抗/电容参数分散性大、受环境影响、有失谐风险；实际调试中已出现 BF 引发机组自励磁造成机组跳闸的情况

续表

	SEDC	TCSC	SVC	阻塞滤波器（BF）
运行损耗/机组	小于 0.1kW	—	约600kW，机组功率的 0.1%[2]	约650kW，机组功率的 0.1%[1]
国内运行情况（2012.08）	SEDC 和串联补偿装置 2009 年 3月正式投运，通过国家技术鉴定，并经受过实际运行和500kV 系统故障的考验	国内有伊敏–冯屯线和天生桥–平果线2 套 TCSC 投运，其中前者是在点对网送出通道上，有利于抑制 SSR	SVC 和串联补偿装置在 2009 年 8月投运	2010 年 12 月对阻塞滤波器进行修正设计并补充阻尼电阻后投入运行，但串联补偿尚未全部投运

注 1：BF 的工频电阻按照 0.4Ω 计算；

注 2：600MW 机组配置 SVC 容量按照 13%、SVC 损耗率按照 0.8% 计算。

5.5.4　采用机网协调抑制 SSR 的分析与建议

5.5.4.1　导致 SSR 的内在因素

对于大型汽轮发电机组而言，由于其多缸体结构，本身存在次同步扭振现象，即使电网侧没有串联补偿电容或 HVDC 等，在受到扰动时也会表现出次同步扭振现象，但该扭振在轴系自身阻尼和电网阻尼共同作用下，一般呈衰减/收敛趋势。汽轮发电机组在设计时已经考虑了该扭振对轴系疲劳损伤的影响，即在其设计寿命范围能承受严重故障（如机端相间故障）引起的次同步扭振。

而如果电网侧采用串联补偿电容时，机组轴系"质块–弹簧"振子系统与电气侧电感–电容之间就会以次同步频率交换能量，在一定的参数匹配条件下，这种能量交换就可能使得机组轴系的扭振幅度越来越大，导致危险的发散形态次同步振荡，即发散式次同步谐振；或者在特定故障下，由于电气系统将过多的能量"注入"到机组轴系，导致轴的剪切应力超过其承受极限，发生裂纹乃至断裂等恶性损坏事故。

因此，机网耦合和相互作用是导致 SSR 的内在因素，针对 3 种类型 SSR 问题，它具体体现为：

（1）感应（异步）发电机效应（IGE）。这是一种纯电气型参数自激性谐振，在特定的次同步频率下，发电机等效感抗和外部电路构成串联谐振，即总电抗等于零，而对应频率下的总等效电阻小于或等于零。一般来说，电气系统的电阻是大于零的，但在次同步频率下，同步旋转的发电机转子侧对电枢侧次同步电量表现为转差小于零的发电机，从转子"反射"过来的电阻则呈"负"值，使得整体回路在次同步频率下表现为负电阻特性，进而导致持续增长的电气谐振。

可见，串联补偿电容的存在是导致次同步频率下串联谐振的关键因素，而且一般来说，串联补偿度越高，发生 IGE-SSR 风险就越大，因而降低串联补偿度则是避免 IGE-SSR 最直接的方法。

（2）机电扭振互作用（TI）。这是机组轴系"质块-弹簧"振子系统与电气侧电感-电容之间相互作用的结果，当两者的特征频率接近互补时，机组轴系动能-势能转换周期与电气侧电感-电容之间的充放电周期接近，它们之间的能量交换会构成类似"共振"的现象，相互加强，导致逐渐发散的轴系扭振和电气振荡；在近似线性化分析下表现为负的阻尼特征；存在 TI-SSR 风险的运行方式，即使在不受严重扰动时均为自然发散，即不能正常运行；目前我国串联补偿输电系统的 SSR 问题大部分是属于 TI-SSR 机理，抑制 TI-SS 最有效的手段是破坏它们之间的这种近似"共振"耦合条件，或提供另外的"能量"排泄通道，使得机组扭振的幅度和能量逐渐衰减，防止其逐渐积累和强化。

（3）暂态扭矩放大（TA）。当机组受到扰动时，包括来自电网侧诸如短路故障、负荷投切的扰动，以及来自原动机侧的扭矩扰动，均会在机组轴系激发出一定的暂态扭矩和次同步扭振。但当电气侧存在串联补偿电容时，次同步扭矩可能会出现较大的暂态冲击值，并在多重扰动作用下出现放大的现象。这主要是因为串联补偿电容会产生 2 种不利的影响：其一是导致短路故障引起更大的冲击性电磁扭矩，由于串联补偿电容缩短了电气距离，在串联补偿电容远离机组侧发生短路故障时，短路点在电气上更靠近机组，最严重情况下，相当于在机组内部发生短路故障，从而造成很大的电磁冲击扭矩；其二是短路故障电流会在电容上充电，存储较大的能量，该能量会通过电气网络作用（放电）到机组上，产生电磁扭矩，一旦时机不佳，可能会增强轴系的次同步扭矩，随着电容的反复充放电，则逐级加强轴系扭矩，造成暂态扭矩放大现象。

5.5.4.2　采用机网协调方法防治 SSR 的必要性和重要性

通过前述分析可见，SSR 是串联补偿输电系统和大型汽轮机组轴系相互耦合作用的结果。其风险大小、特征与机组和电网均有密切关系，不能脱离机组或电网来单独讨论，因此采用机网协调方法来解决 SSR 问题是本质性的，也是最有效的途径，具体来说：

（1）对于电厂和电网来说，最关注的目标是设备安全性和输电通道的送电容量水平，在这一点上电厂和电网是目标一致的，而次同步谐振将直接危及机组安全和系统稳定性，需要必要的应对措施。

（2）在不增加线路回数的情况下，采用串联补偿技术，可以提高系统的静态、暂态和动态稳定性，进而提高电网的输电效率，但串联补偿度过高或处在特定范围内时，会增大机组发生 SSR 的风险，因此应该将电网的稳定性和输电效率与机组轴系的次同步谐振稳定性协调来考虑。

（3）除了串联补偿度，串联补偿的布置方式（如集中还是分段布置）、安装地点和保护参数（如 MOV 和间隙定值）等均对 SSR 特性有影响，因此串联补偿的设计有必要兼顾降低 SSR 风险的目标。

（4）对于特定的串联补偿输电系统而言，机组 SSR 风险的大小和治理难易程度与电网串联补偿参数和运行方式密切相关，而对于高风险或严重的 SSR 问题，如单独依赖在电厂侧采取防治措施，则成本非常高。而如果将机网双侧协调起来解决，则可大大降低 SSR 风险，提升防治方案的经济有效性。

（5）各种 SSR 防治措施，除了能改变机组-电网在次同步频率附近的稳定特性以外，或多或少地会影响机组-电网在工作频率附近的运行特性，因此解决方案的提出和实施必须协调考虑机组和电网的工频特性、其他各种稳定性和电能质量要求。

5.5.4.3 机网协调防治 SSR 的方法分析

5.5.1 节介绍了多种 SSR 防治方法，5.5.4.1 节分析了几种类型的 SSR 现象，防治方法与解决各种类型 SSR 效果对应分析见表 5-10。

表 5-10 　　　　　　　　 各种 SSR 防治方法的特性分析

		TI	TA	IGE	机电稳定性	投资
电网侧措施	电网/串联补偿结构和参数	‡	‡	‡	√	需具体分析
	机网运行方式	‡	‡	‡	√	中
	串联补偿优化设计	‡	‡	‡	√	需具体分析
	MOV/间隙参数		‡		√	中低
	TCSC	‡	‡	‡	√	很高
	NGH 次同步阻尼器	‡	‡			较高
电网/电厂侧措施	SVC	‡	†			中高
	STATCOM	‡	†			中
电厂侧措施	SEDC	‡	†			低
	TSR	保护	保护			低
	BF	‡	‡			很高

注：‡表示作用很强；†表示能加快扭矩收敛性但不能改变冲击扭矩；√表示有影响。

根据表 5-10 及相关材料，总体上可以得到如下结论：

（1）在电厂侧采取的防治措施，除了串联型的阻塞滤波器（BF），其他并联型设备和 SEDC 虽然能提高扭振模式阻尼，能解决 TI-SSR 问题，但对冲击性暂态扭矩一般不起作用；BF 虽然在理论上能较好地应对 TI 和 TA 型 SSR，但由于其可能引发 IGE、调谐困难、占地大和投资高，技术经济性总体不佳。因此，当严重故障引起的冲击扭矩在机组轴系承受范围内时，可采取这些方法来抑制 SSR；而对于一些高串联补偿度、特别是初始冲击扭矩过大的场合，甚至会出现损坏轴系的情况，则仅仅在电厂侧采取防治措施，难度较大，投资也会很高。

（2）网侧的防治措施主要是通过串联补偿的控制来实现的，这些措施往往能同时对 3 种 SSR 形态均有利，但值得注意的是它也可能影响电网的机电动态特性，如功角稳定性，因此，这些措施的设计和具体实施需要同时兼顾电网和机组的特性要求，但它的最大优越性在于，通过协调设计，能以不高的代价很好地解决包括 SSR 在内的各种稳定性问题，特别是电厂侧措施难以很好解决的冲击性扭矩过大问题。

（3）机网协调解决 SSR 问题，可在技术/经济上取得最佳效果，如图 5-24 所示是本研究推荐的机网协调防治 SSR 的总体设计思路。

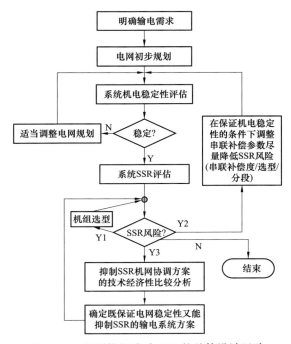

图 5-24　机网协调防治 SSR 的总体设计思路

从图 5-24 可见，机网协调解决 SSR 问题最重要的是在串联补偿输电系统规范阶段，既要考虑输电系统常规稳定性和输电容量的需求，又要考虑 SSR 的风险情况，在保证前者的基础上，兼顾后者。对于无法同时满足的情况，再进一步补充 SSR 抑制技术，从而整体上协调解决机组和电网双方面的安全和稳定性问题。

但是，目前在电网规划和设计阶段，往往只着重系统稳定性和输电容量需求，来设计串联补偿参数，不考虑串联补偿可能引起的 SSR 风险大小，待串联补偿设计完成、电厂建设乃至投产时，再重新来评估 SSR 风险并研究对策，则显得较为被动，或者将 SSR 问题简单地推到电厂侧，解决起来难度较大，投资成本较高。而此时，从电网侧来看，可协调应用的手段不多，运行方式的调整面临的约束较多，执行难度增大。

从运行和控制角度来看，建议结合已有的广域测量系统和电力系统在线动态安全分析，构造基于广域信息的 SSR 机网协调运行与控制系统，如图 5-25 所示。将电厂侧的控制和保护，电网侧串联补偿的控制与保护，以及新型的柔性输电控制设备，通过广域信息网连接起来，并基于稳定域分析的在线评估与决策机制，构成 SSR 的广域监测、控制与保护系统。

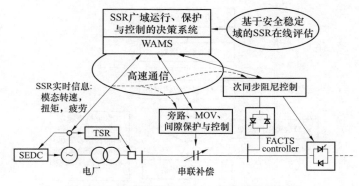
图 5-25 机网协调防治 SSR 的广域监控系统

参考文献

[1] JW Butler, C Concordia. Analysis of series capacitor application problems [J], IEEE Transactions, 1937, 5 (6): 975-988.

[2] MC Hall, DA Hodges. Experience with 500kV subsynchronous resonance and resulting turbine genetator shaft damage at Mohave Generating Station [J]. IEEE Pub. 76CH1066-0-PWR, 1977, 22-29.

[3] IEEE PES Publications, 76CH1066-0-PWR. Analysis and control of

subsynchronous resonance. IEEE Power Engineering Society 1976 Winter Meeting.

［4］鲍文，王西田，于达仁，等. 汽轮发电机组轴系扭振研究综述［J］. 汽轮机技术，1998（4）：193-203.

［5］许楚镇，张恒涛. 汽轮发电机组轴系扭振事故剖析和技术开发展望［J］. 动力工程学报，1990（2）：9-14.

［6］DC Lee. Effect of governor characteristics on turbo-generator shaft torsional［J］. IEEE trans. on PAS, 1985, 104（6）：1255-1259.

［7］W Watson, ME Coultes . Static exciter stabilizing signals on large generators mechanical problems. IEEE trans. on PAS, 1973, 92（1）：204-210.

［8］李基成. 现代同步发电机励磁方式选择的新思考. 1989 年全国大电网学术年会论文集，1989：129-133.

［9］B Bjorklind, KE Johansson, G Liss . Damping of subsynchronous oscillations in systems containing turbine generators and HVDC links. CIGRE 1980 session, report 14-01.

［10］Lambrecht. Evaluate of torsional impact of accumulated failure combines on turbine generators shafts as a basis of design guidelines. CIGRE 1984 session, report 11-06.

［11］陈珩. 关于汽轮发电机组轴系扭振的研究工作［J］. 东南大学学报，1992, 22（4）：97-107.

［12］倪以信，陈寿孙，张宝霖. 动态电力系统的理论和分析［M］. 北京：清华大学出版社，2002.

［13］倪以信，王艳春，张宝霖. 汽轮发电机轴系扭振的机理研究［J］. 清华大学学报（自然科学版），1992（1）：1-8.

［14］李录平，袁启昌，韩守木. 汽轮发电机组轴系扭转振动的原因和对策分析［J］. 汽轮机技术，1989（3）：5-12.

［15］任福春，杨昆. 大型汽轮发电机组轴系扭振耦合问题［J］. 华北电力大学学报，1996（3）：30-35.

［16］P Kunder. Power system stability and control. New York：McGraw-Hill, 1994.

［17］余耀南. 动态电力系统［M］. 北京：水利电力出版社，1985.

［18］DE Walker, C Bowler, R Jackson, et al. Results of SSR tesets at Mohave. IEEE Trans. on PAS, 1975, 94（5）：1878-1889.

［19］周小谦. 我国"西电东送"的发展历史、规划和实施［J］. 电网技术，2003, 27（5）：1-5.

［20］全国联网规划深化研究工作组. 全国联网规划深化研究（2002 年版）. 2003.

［21］Jancke, Gunnar, KF Kerstrm . Developments and experience with series capacitors in Sweden. IEE Trans. on PAS, 1952, 71（12）：1118-1123.

［22］华北电力设计院. 串联电容在国外输电系统中的应用及其在华北电网中的应用前景. 北京：电力工业部华北电力设计院, 1996.

［23］华北电力集团公司. 赴加拿大、巴西串联电容补偿技术考察报告［R］. 2000.

［24］PM Anderson, RG Farmer. Series compensation of power systems. California, USA：PBLSH. Inc, 1996.

［25］JA Maneatis, EJ Hubacher, WN Rothenbuhler, et al. 500kV series capacitor installations in California. IEEE Trans. on PAS, 1970, 89（2）：1138-1149.

［26］RG Farmer, AL Schwalb, E Katz. Navajo project report on subsynchronous resonance analysis and solution. IEEE Trans. on PAS, 1977, 96（4）：1226-1232.

［27］CEJ Bowler, DH Baker, NA Mincer, et al. Operation and test of the Navajo SSR protective equipment. IEEE Trans. on PAS, 1978, 97（4）：1030-1035.

［28］CEJ Bowler. The Navajo SMF type subsynchronous resonance relay. IEEE PES WIN. 1978, 97（5）：1489-1495.

［29］陈陈, 杨煜. 几种次同步振荡分析方法和工具的阐述［J］. 电网技术, 1998, 22（8）：10-13.

［30］徐政, 罗惠群. 电力系统次同步振荡问题的分析方法概述［J］. 电网技术, 1999, 23（6）：36-39.

［31］IEEE PES Publications, 79TH0059 - 6 - PWR. State - of - the - art symposium-turbine generator shaft torsionals. IEEE Power Engineering Society 1979 Winter Meeting.

［32］IEEE PES Publications, 81TH0086-9-PWR. Symposium on countermeasures for subsynchronous resonance. IEEE Power Engineering Society 1981 Summer Meeting.

［33］IEEE SSR Working Group. Proposed terms and definitions for subsynchronous resonance. IEEE Symposium on Countermeasures for Subsynchronous Resonance, IEEE Pub. 81TH0086-9-PWR, 1981, 92-97.

［34］IEEE Committee Report. Terms, definitions and symbols for subsynchronous oscillations［J］. IEEE Trans. on PAS, 1985, 104（6）：1326-1334.

［35］IEEE Subsynchronous Resonance Working Group. First benchmark model for computer simulation of subsynchronous resonance ［J］. IEEE Trans. on PAS, 1977, 96 (5): 1565-1572.

［36］IEEE Subsynchronous Resonance Working Group. Second benchmark model for computer simulation of subsynchronous resonance ［J］. IEEE Trans. on PAS, 1985, 104 (5): 1057-1066.

［37］IEEE Committee Report. Reader's guide to subsynchronous resonance ［J］. IEEE Trans. on PWRS, 1992, 7 (1): 150-157.

［38］IEEE Committee Report. First supplement to a bibliography for the study of subsynchronous resonance between rotating machines and power systems ［J］. IEEE Trans. on PAS, 1979, 98 (6): 1872-1875.

［39］IEEE Committee Report. Second supplement to a bibliography for the study of subsynchronous resonance between rotating machines and power systems ［J］. IEEE Trans. PAS, 1985, 104 (2): 321-327.

［40］IEEE Committee Report. Third supplement to a bibliography for the study of subsynchronous resonance between rotating machines and power systems ［J］. IEEE Trans. on PAS, 1991, 6 (2): 830-834.

［41］IEEE Committee Report. Fourth supplement to a bibliography for the study of subsynchronous resonance between rotating machines and power systems ［J］. IEEE Trans. on PWRS, 1997, 12 (3): 1276-1282.

［42］倪以信, 王艳春, 陈寿孙, 等. 多机系统 HVDC 的轴系扭振的扫频-复数力矩系数分析 ［J］. 电力系统及其自动化学报, 1991, 3 (2): 44-55.

［43］张帆, 徐政. 直流输电次同步阻尼控制器的设计 ［J］. 电网技术, 2008, 32 (11): 13-17.

［44］周长春, 徐政. 由直流输电引起的次同步振荡的阻尼特性分析 ［J］. 中国电机工程学报, 2003, 23 (10), 6-10.

［45］徐政. 交直流电力系统动态特性行为分析 ［M］. 北京: 机械工业出版社, 2005.

［46］陈磊, 王文婕, 王茂海, 等. 利用暂态能量流的次同步强迫振荡扰动源定位及阻尼评估 ［J］. 电力系统自动化, 2016, 40 (19): 1-8.

第6章
发电机励磁系统在线监测

自动励磁调节器（Automatic Voltage Regulator，AVR）起着调节电压、保持发电机机端电压恒定的作用，并可控制并联运行发电机的无功功率分配，对发电机的动态行为以及电力系统稳定极限有很大的影响。励磁系统附加控制（又称电力系统稳定器 PSS），可以增强系统的电气阻尼控制，有效补偿高放大倍数励磁系统造成的负阻尼作用，提高系统的动态稳定性。AVR 和 PSS 具有投资小、效益高、物理概念清晰、现场调试方便、易为现场工作人员接受等优点，受到了广泛的重视，已经成为提高电力系统安全稳定性最重要的手段之一。然而在实际运行中，一方面，负责维护一次设备的电厂运行人员通过分散控制系统监视励磁系统的工作状态，但对励磁系统参数整定及其对电网动态稳定的影响均不了解；另一方面，电网调度中心通过能量管理系统（Energy Management System，EMS）进行电网运行调度和管理，但对发电机励磁系统的运行状态及安全裕度缺乏了解、对励磁系统缺乏必要的监视技术和管理措施依据。在厂网分开的背景下，从电网角度考虑如何更好地监视励磁控制系统在稳态和故障情况下的动作行为，评价其对电网安全稳定性的影响具有重要意义。

湖北电网内的发电厂子站同步相量测量单元除测量发电机组相关状态量外，还测量包括发电机磁场电压、磁场电流、手/自动状态以及 PSS 投/退状态等反映励磁系统调节动态过程的信号，这为构建全网发电机励磁性能在线分析功能提供了基础技术条件。

为了进一步做好厂网协调，优化电网整体动态性能。本章基于 EMS 和WAMS（Wide Area Measurement System）系统，一方面，开发发电机励磁系统在线监测系统，记录励磁系统的稳态和动态行为；另一方面，收集和分析励磁系统在各种运行方式下的稳态行为和故障状态下的动态行为，评估励磁行为对电力系统安全稳定性的影响。

6.1 发电机励磁系统稳态监测

发电机励磁系统稳态监测的主要目的是对发电厂的励磁控制系统进行监控

和统计，并为调度人员提供全网的励磁系统稳态运行状态及安全运行范围。主要的监测内容包括 AVR 状态监视和统计、PSS 状态监视和统计、发电机无功安全裕度在线计算和展示。

6.1.1　AVR 状态监视和统计

如图 6-1 所示为发电机励磁控制系统的示意图。

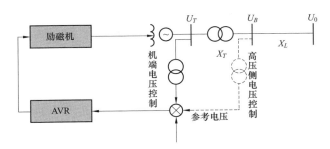

图 6-1　发电机励磁控制系统示意图

当励磁系统在"自动方式"下运行时，实际上是维持发电机机端电压恒定，即 U_T 恒定，则发电机的有功功率输出公式为：

$$P_e = \left[U_T U_0 / (X_T + X_L) \right] \times \sin\delta \tag{6-1}$$

式中　δ——发电机功角，即 U_T 与 U_0 的夹角。

当发电机励磁系统在自动方式下运行时，随着功率的增加、功角的加大引起机端电压下降，经过"自动方式"的调节作用，使励磁电流增大，与之成正比的电动势 E_q 就会不断增大，并保持发电机端电压恒定。由此可见，励磁系统在自动方式下运行，对提高小扰动稳定性有显著效果，同时对于防止电压不稳定也能起良好的作用，它相当于等效减少了线路电抗，加强了系统的联系。为提高全网的稳定性，有必要要求上网机组尽可能投入自动运行方式。

因此，励磁系统 AVR 状态的监测指标为"自动方式"运行的年投入率，其计算公式如下：

$$\text{AVR}(\%) = \frac{\text{励磁调节器自动方式运行小时数}}{\text{励磁调节器理论运行小时数}} \tag{6-2}$$

在实际工程中，为了统计结果的合理，"自动方式"投入理论运行小时数需剔除以下因素：

（1）剔除发电机处于停机状态的时间。

（2）剔除发电机组未并网前的空载运行时间。

（3）剔除 PMU 子站与 WAMS 系统中心通信故障时间。

根据 DL/T 843—2003《大型汽轮发电机交流励磁机励磁系统技术条件》

电力系统机网协调

的要求，自动电压调节器应保证投入率不低于99%。根据国调励磁调度管理规定，机组运行时其 AVR 必须投入，即自动方式运行率为100%。

6.1.2　PSS 状态监视和统计

在正常运行条件下，以发电机机端电压为负反馈量的发电机闭环励磁调节系统是稳定的。当转子角发生振荡时，励磁系统提供的励磁电流的相位滞后于转子角。在某一频率下，当滞后角度达到180°时，原来的负反馈变为正反馈，励磁电流的变化进一步导致转子角的振荡，即产生了所谓的"负阻尼"。PSS 在自动电压调节的基础上，以转速偏差、功率偏差、频率偏差中的一种或者两种信号作为附加控制，其作用是增强对电力系统机电振荡的阻尼，以增强电力系统动态稳定性。在电网发生低频振荡情况下，发电机输出有功功率发生等幅或增幅的振荡；在 PSS 投入后，可有效抑制发电机有功功率的波动。为提高全网的稳定性，有必要要求上网机组尽可能投入 PSS 功能。

因此，PSS 状态的监测指标为 PSS 的年投入率，其计算公式如式（6-3）所示：

$$PSS(\%) = \frac{\text{励磁调节器 } PSS \text{ 投入运行小时数}}{\text{励磁调节器 } PSS \text{ 投入理论运行小时数}} \qquad (6-3)$$

与 AVR 的投入统计率类似，为了统计结果的合理，PSS 投入理论运行小时数需剔除以下因素：

（1）剔除发电机处于停机状态的时间。

（2）剔除发电机组未并网前的空载运行时间。

（3）剔除 PMU 子站与 WAMS 系统中心通信故障时间。

（4）剔除发电机运行中有功功率小于额定值30%的时段。

根据《汽轮发电机交流励磁机励磁系统技术条件》的要求，PSS 投入率不低于90%。根据国调励磁调度管理规定，要求投入 PSS 功能的其投入率必须100%。

6.1.3　发电机无功安全裕度在线监测

发电机的无功安全裕度反映了当前运行点发电机可以发出或吸收无功功率能力，与系统的电压稳定裕度具有重要的联系。无功安全裕度主要由发电机的无功容量曲线决定，与发电机的运行状态相关。无功安全裕度包括无功备用裕度和进相裕度，分别对应发电机迟相和进相运行的状态。为调度人员提供在线的发电机无功安全裕度监测，可为调度员调整电压和无功储备提供有力依据，并为电网的 AVC 闭环控制提供基础数据。

6.1.3.1　发电机无功运行区域分析

连续运行的发电机的无功功率输出容量极限需要考虑3个因素：电枢电流

极限、磁场电流极限和端部电流极限，如图 6-2 所示：

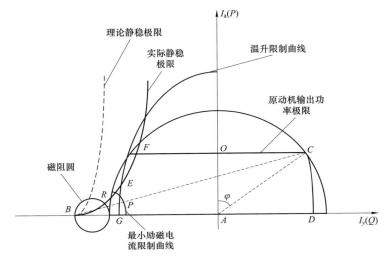

图 6-2　凸极式同步发电机安全运行极限

在图 6-2 的 $P-Q$ 平面中，P 轴右边为发电机迟相运行区域，左边为进相运行区域。FC 曲线代表原动机输出功率极限，AC 为半径的圆弧代表电枢电流发热运行极限，CD 弧线代表磁场发热运行极限，FG 弧线代表端部电流热运行极限，RP 弧线代表最小励磁电流限制，实际静稳极限是在理论静稳极限基础上考虑一定的静稳裕度所获得的曲线，温升限制曲线则通过实验获得。

1. 迟相运行

当发电机迟相运行时，其电枢电流和磁场电流都将增加，因此电枢电流极限和磁场电流极限为发电机迟相运行的安全区域，即为图中的 $ADCO$ 区域。

（1）电枢电流限制曲线的计算方法。

发电机的视在功率为：

$$S = P + jQ = U_t I_t (\cos\varphi + j\sin\varphi) \tag{6-4}$$

式中　φ——功率因数角。

在上面的 $P-Q$ 坐标平面上，最大允许电流可以表示成一个半圆，圆心在坐标原点，半径等于机组的额定视在功率 S 的幅值。

（2）最大磁场电流限制曲线的计算方法。

忽略凸极效应，即认为 $x_d = x_q$ 时，最大励磁电流限制如下式：

$$P^2 + \left(Q + \frac{U_t^2}{x_d}\right)^2 = \left(\frac{U_t x_{ad}}{x_d} I_{fd}\right)^2 \tag{6-5}$$

在 $P-Q$ 坐标平面上，式（6-5）代表一个以（0，$-U_t^2/x_d$）为圆心，以

$x_{ad}U_tI_{fd}/x_d$ 为半径的圆。

2. 进相运行

当发电机进相运行时，内电动势较低，若保持发电机有功出力恒定（原动机转矩不变），则需增大功角，从而发电机静稳定裕度减小。进相运行时的发电机绕组端部漏磁趋于严重，加剧了定子叠片中涡流，导致端部的局部发热。另外，发电机进相运行时，电枢电流产生的磁通与磁场电流产生的磁通叠加所产生的热效应，也将使定子端部温升增大，若超过发电机本身的热极限，将对发电机的安全稳定运行产生不利影响。因此发电机进相运行的安全区域为弧线OFEPGA 所包围的区域。

进相限制曲线是通过发电机现场进相试验获得，工程上一般近似用直线（折线）或圆弧来表示，如图 6-3 所示。

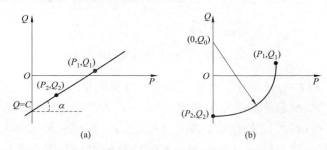

图 6-3 低励限制曲线

(a) 直线型；(b) 圆周型

直线型：

$$Q = KP + C \quad (K = \tan\alpha) \tag{6-6}$$

可以给定 K 和 C，或者给定线上两点，求出 K 及 C：

$$K = (Q_1 - Q_2)/(P_1 - P_2) \tag{6-7}$$

$$C = Q_2 - P_2(Q_1 - Q_2)/(P_1 - P_2) \tag{6-8}$$

圆周型：圆心在 Q 轴上，方程为：

$$P^2 + (Q_0 - Q)^2 = r^2$$

$$Q = Q_0 - \sqrt{r^2 - P^2} \tag{6-9}$$

可以给定 r 和 Q_0，或用线上两点确定 Q_0 和 r：

$$Q_0 = \frac{1}{2}\left[\frac{P_1^2 - P_2^2}{Q_1 - Q_2} + Q_1 + Q_2\right] \tag{6-10}$$

$$r^2 = P_1^2 + (Q_0 - Q_1)^2$$

当电压不同时，允许的进相无功功率是不同的，所以需要根据电压水平进行修正。

直线型：

$$Q = KP + CU_t^2 \qquad (6\text{-}11)$$

圆周型：

$$P^2 + (Q_0 U_t^2 - Q U_t^2)^2 = (r U_t^2)^2 \qquad (6\text{-}12)$$

可根据发电厂提供的资料，用上述的方法，将其近似用圆周来代替，建立相应的数据库。实时运行时，则可根据测得电功率 P 及电压 U_t^2 时，可查表得出此时最大运行的无功功率值。

6.1.3.2　发电机无功备用裕度在线监测

对于实际系统来说，维持发电机有充足的动态无功备用，是提高系统的功率传输极限、增强系统电压稳定性的重要手段。无功备用裕度是指无功源的最大无功输出功率与当前实际输出无功功率的差值，可表示为：

$$Q_R = Q_G^{\max} - Q_G \qquad (6\text{-}13)$$

式中　Q_G——当前发电机发出的无功功率，var；

$\qquad Q_G^{\max}$——发电机可发出的最大无功功率，var。

上述量由迟相运行时发电机无功运行区域决定，两者均为正值。

文献［5］通过对多个算例系统和实际系统的大量仿真研究，揭示了系统的电压稳定裕度与控制区域内发电机的备用容量满足线性关系：

$$M_j = k \sum_{i=1}^{N_Q} w_i Q_{R\text{-}ij} + b, \qquad j = 1, 2, \cdots, N_S \qquad (6\text{-}14)$$

式中　j——特定的场景（不同的运行方式或故障情况）；

$\qquad i$——区域内的发电机编号；

k、w、b——线性关系式中的系数，可由数据拟合求得。

由式（6-14）可知，系统的稳定裕度与无功储备容量呈正相关关系，即系统的备用容量越大则稳定裕度越大。

根据式（6-4）、式（6-5）可知，发电机的无功出力极限 $Q_G^{\max}$ 会伴随有功出力和机端电压的改变而变化。在不同的场景下，分别由励磁电流极限和定子电流极限主导。当以定子电流极限为限制时［式（6-4）］，发电机有功出力的增加会减小无功出力极限，机端电压的提升会增加无功出力极限。当以励磁电流极限为限制时［式（6-5）］，发电机有功出力的增加会减小无功出力极限，而由于励磁参考电压达到极限维持不变，机端电压提升时，无功出力极限维持恒定。因此，在负荷缓慢增长等慢动态过程中，系统中潮流分布的变化不但会影响各台发电机的无功出力，也会相应改变其无功出力极限。

因此，根据系统实时的状态，以及式（6-4）、式（6-5）、式（6-13）在线计算并监视发电机的无功备用裕度，可为调度员提供清晰的电压安全信息，并根据当前系统的发展态势快速锁定危险区域并提供在线决策的准确信息，对预防电压失稳具有重要意义。

6.1.3.3 发电机进相裕度在线监测

根据湖北省 2010 年枯水方式报告，枯水期主网用电负荷较轻，500kV 电网感性无功补偿度偏低，导致主网局部电压偏高，因此，必须依靠 220kV 电网和发电机组进行吸收。枯水期 500kV 变电站和 220kV 变电站电压低谷时段的偏高运行，将对电网安全和各变电设备性能产生不利影响，因此通常需要依靠发电机进相运行来吸收系统充电无功。当湖北境内各水电厂在枯水期小方式下运行，需要有关机组做进相运行控制，进相深度见表 6-1：

表 6-1   湖北电网枯小方式下机组进相深度

电厂	进相深度控制
葛洲坝	20~25Mvar/台
襄樊电厂（600MW 机组）	50Mvar/台
鄂东地区大机组	30Mvar/台
阳逻电厂（300MW 机组）	30Mvar/台
荆门电厂（220MW 机组）	20Mvar/台

各发电机组适时和适度进相将对 500kV 以及湖北主网 220kV 电压产生较大影响，从式（6-6）~式（6-12）可以看出，发电机的进相深度是由发电机机端电压和有功功率决定的，因此，对发电机进相裕度进行在线计算，可为调度员提供实时可靠的数据，方便调度员做出更合理的发电机进相运行调控，以抑制在电网感性无功不足时带来的各级电压运行偏高的情况，并可防止进相过度导致发电机低励限制保护的动作。进相裕度的计算公式如式（6-15）所示：

$$Q_l = Q_G - Q_G^{min} \qquad (6-15)$$

式中 Q_G——当前发出的无功功率，var；

      Q_G^{min}——根据进相曲线决定的最小的可发出无功功率，var。

以上两个数据均为负值。

综上，发电机无功安全裕度的在线监测包括无功备用裕度和进相裕度，这 2 个指标由系统的实时状态决定，其计算如式（6-13）和式（6-15）所示。

6.2 发电机励磁系统动态监测

大电网运行中总是存在各种扰动和事故，各种故障和扰动信息记录对分析电网稳定性以及励磁系统性能优劣、是否满足国标有着不可替代的作用。WAMS 可在统一时标下记录事故过程中各种电气量和模拟量的动态行为，为励磁行为的评估和分析提供极为有利的条件。然而 WAMS 主站存储的实时系统数据杂乱无章且数目巨大，海量的数据若仅靠人工分析几乎不可能完成。因此，可以在故障情况下利用 WAMS 数据来捕捉励磁系统的动态行为，并在线计算励磁系统的调节特性指标，以此评估励磁系统的动态特性。

6.2.1 捕捉扰动启动判据

励磁电压作为励磁系统中一个重要的控制信号，励磁电压的变化，可以准确反映励磁系统输出信号的变化，采用励磁电压突变作为启动条件能够保证扰动记录的灵敏性。然而由于发电机组励磁系统的动态增益通常能够达到 200 倍以上，对于发电机机端电压小的波动，励磁电压也会产生快速的变化以保证机端电压的恒定。但另一方面，励磁电压测量常常容易受到干扰，此时励磁电压会发生瞬间突变。启动判据要综合考虑灵敏性和可靠性，既要准确迅速地记录励磁及相关参数波动，又要避免由于干扰或者其他因素引起的瞬间突变，记录无效数据。

因此扰动捕捉启动程序采用实时采集数据中发电机机端电压和发电机励磁电压两者的变化作为判断指标（机端电压变化作为辅助条件可保证可靠性），启动条件为：

（1）发电机励磁电压 30ms 内的变化量超过 30% 负载额定励磁电压。

（2）发电机机端电压 500ms 内的变化量超过额定值的 0.5%。

6.2.2 评价指标体系

电力系统对励磁系统及其控制器在动态过程中的要求可总结为以下几点：

（1）提供快速、精准而稳定的电压控制。

（2）PSS 附加控制可有效增加阻尼，抑制低频振荡。

（3）有适当的强励倍数，可在故障下充分发挥发电机的短时过载能力。

不同情景下所关注的励磁控制系统励磁行为不同，下面将从大扰动和小扰动两个方面对电机励磁控制系统动态行为进行评价。

在此把励磁的动态性能指标分为小干扰动态性能指标和大干扰动态性能指标。

6.2.2.1 小干扰动态性能指标

小干扰是电力系统正常运行中常常遇到的干扰，分析小干扰稳定性能指标对分析电力系统稳定性有重要意义。励磁控制系统的小干扰性能指标是指干扰信号较小，励磁调节在线性区工作的性能指标，因而不考虑其限幅，所关注的焦点主要是小扰动下励磁系统对电力系统稳定性的影响。

发电机励磁系统小干扰指标包括静态指标和动态指标，励磁相关的国家标准和行业标准对多项指标提出了相关要求，在此只选择对系统扰动影响较明显的指标。静态指标为电压调节精度，动态指标包括振荡频率、阻尼比和调节时间，通过计算扰动下发电机和励磁系统的相关电气量，可判断发电机并网后励磁调节器的动态行为是否满足要求。

1. 调节精度

调节精度指的是系统扰动结束后，被控量与给定值之间的相符程度，考查的是控制系统的控制精度。由于计算的是扰动前后的稳态值的差异，因此属于静态指标。在此考查的是 AVC 的控制精度，一般 AVC 采用机端电压为控制对象，故调节精度公式如式（6-16）所示：

$$\varepsilon\% = \frac{U^{\text{ref}} - U_t}{U^{\text{ref}}} \times 100\% \qquad (6\text{-}16)$$

式中　U_t——扰动平息后的机端电压稳态值，可由 WAMS 测量得到；

　　　U^{ref}——AVC 控制器的设定值，可由电厂提供。

动态指标主要用于评估控制系统的快速性和平稳性。如图 6-4 所示为湖北电网某大型机组的有功振荡曲线。

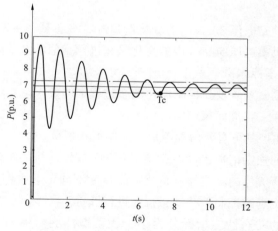

图 6-4　湖北某大型机组有功振荡曲线

动态过程中需要评估的动态指标包括振荡频率、阻尼比、稳定时间。

2. 振荡频率

振荡频率反映了系统受扰后发生电气量（包括发电机功角、联络线功率和母线电压等）的持续振荡的变化过程，是低频振荡分析的重要依据。需要指出的是，此处计算的是机组振荡的平均频率。

系统的低频振荡频率一般在 0.1~2.5Hz，又称机电振荡。若低频振荡频率为 0.7~2.5Hz，则一般认为是局部振荡模式，通过安装 PSS 易于得到控制；若低频振荡频率为 0.1~0.7Hz，则一般认为是区间振荡模式，参与机组多，影响范围广，多发生在联系薄弱的互联电网中，对电网的安全稳定威胁很大，一般难以通过 PSS 进行有效控制。在本章中仅对发电机侧的机电振荡过程进行记录和分析，因此测量的电气量为发电机的电磁功率 P。

3. 阻尼比

阻尼比反映了系统受扰后快速平息振荡的能力，计算机组有功功率受扰曲线阻尼比，可用于分析评估 PSS 投入时的阻尼效果。

一般来说衰减振荡的曲线可用式（6-17）来近似表示：

$$f(t) = A + Be^{-\zeta t}\sin(2\pi f t + \varphi) \tag{6-17}$$

振荡频率即为上式中的 fHz，阻尼比即为上式中的 ζ。

4. 调节时间

调节时间即从阶跃信号发生起，到被控量达到与最终稳态值之差的绝对值不超过5%稳态改变量的时间，对分析评估 PSS 投入时的效果，有积极意义。调节时间的计算公式为：

$$t_s = t_c - t_0 \tag{6-18}$$

式中 t_c——稳定结束时间，即图 6.4 中有功功率与稳态值之差的绝对值第一次在±5%之内的时间，如图中标注所示，单位为 s；

t_0——扰动发生时间，我们将符合启动判据的第一个时间点作为扰动发生时间点。

国标和行标对以上指标的规定如下表所示，在本章中选择行标对所提出的指标进行评估：

表 6-2 各标准对励磁控制系统小干扰性能指标的规定

小干扰性能指标	国标	行标
调节精度	—	汽轮机≤1% 水轮机≤0.5%
阻尼比 ζ	≥0.1	≥0.1
调节时间 T_s（s）	≤10	常规励磁≤10 快速励磁≤5

6.2.2.2 大干扰动态性能指标

大干扰动态性能指标是指扰动信号大到使调节达到限定幅值时的性能指标，这里主要考查的是励磁系统的强励指标。

强励即强行励磁，当系统发生严重故障时发电机机端电压下降较为严重，强励动作，抬升机端电压；当故障被切除后，强励迅速退出，即利用发电机的短时过载能力提高系统在故障期间维持稳定的能力。其过程如图 6-5 所示，I_{fd} 为发电机励磁电流，故障发生后励磁电流迅速上升至 $2I_{fd}$，A 为 I_{fd} 首次达到 $2I_{fd}$ 的点，由于励磁限制器作用，励磁电流维持在 $2I_{fd}$，随后过励限制器动作，励磁电流开始降低至 1.1 倍额定励磁电流 I_{fN} 处，B 为 I_{fd} 由 $2I_{fd}$ 返回的起始点；C 为 I_{fd} 首次返回到 $1.1I_{fd}$ 的点。励磁电流在强励时的变化特性，是判定励磁系统强励能力的重要参考数据。

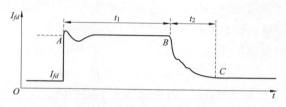

图 6-5　强励过程中励磁电流的变化示意图

发电机励磁调节器过励限制环节是在保证设备安全的前提下，尽可能利用励磁绕组及发电机短时过载能力，防止系统发生电压崩溃。出于保护设备的考虑，该环节的设置通常趋向于保守，留有较大的裕度。

励磁系统的强励能力对励磁系统功率部件设计、励磁装置的成本和运行可靠性，以及电力系统的暂态稳定和电压稳定都有较大的影响。过去，对每种型号的励磁装置，其强励倍数和响应速度均是通过生产厂家试验或现场型式试验及计算确定的。但近几年，往往只鉴定 AVR，放松了对励磁系统整体性能的监督，因而，有必要分析机组的强励能力和相关指标。在此我们评估的强励指标包括强励电压倍数（顶值电压）、电流倍数（顶值电流）、励磁电压上升速度（励磁标称响应）、强励时间和返回时间。

（1）强励电压倍数 K_V：

$$K_V = \frac{U_{fd\max}}{U_{fde}} \tag{6-19}$$

式中　$U_{fd\max}$——强励过程中最大的励磁电压；

$\quad\quad U_{fde}$——额定励磁电压。

（2）强励电流倍数 K_I：

$$K_I = \frac{I_{fd\max}}{I_{fde}} \tag{6-20}$$

式中　$I_{fd\max}$——强励过程中最大的励磁电流；

$\quad\quad I_{fde}$——额定励磁电流，一般发生强励时都有 $K_I = 2$。

（3）励磁电压响应速度 v。励磁电压响应速度（单位为倍/s）反映了强励的速度，如式 6-21 所示：

$$v = K_v/\Delta t \tag{6-21}$$

式中 Δt——励磁电压从稳态值到顶值电压的上升时间，s。

（4）强励时间和返回时间。强励时间是衡量励磁系统过载能力的重要指标，评估的是励磁系统在严重故障下对系统稳定性的贡献能力；返回时间衡量的是强励状态的退出速度，主要是从保护设备的角度出发。这 2 个指标分别表现了对系统和对机组安全性的考虑，同时保障厂网的安全是网源协调的初衷。

强励时间为图 6-5 中的 t_1，返回时间为图 6-5 中的 t_2，计算公式如式（6-22）、式（6-23）所示：

$$t_1 = t(B) - t(A) \tag{6-22}$$

$$t_2 = t(C) - t(B) \tag{6-23}$$

国家标准 GBT 7409.1—2008、GBT 7409.2—2008、GBT 7409.3—2007 和电力行业标准 DL/T 843—2010、DL/T 583—2006 对励磁系统大干扰动态性能指标的规定见表 6-3，在本章中选择行标对所提出的指标进行评估。

表 6-3 国标及行标对励磁系统大干扰动态性能指标的规定

大干扰动态性能指标		国标	行标
强励电压倍数（倍）		≥2.25	≥2
强励电流倍数（倍）		1.8	2
励磁电压响应速度	常规励磁（标称响应）（倍/s）	≥2	≥2
	高起始励磁（变化 100% 的时间）（s）	≤0.1	≤0.1
返回时间（s）		≤2	≤2

6.2.3 评价指标的计算方法

6.2.3.1 扰动区分方法

从 6.2.2 节可以看出，调节是否达到限定幅值是区分小干扰和大干扰的主要依据，而强励过程中最重要的判断指标是励磁电流，因此采用励磁电流作为区分指标。若发生扰动后励磁电流在 500ms 内 $I_{fd} \geqslant 1.8 I_{fn}$，则认为发生的扰动为大扰动；反之则认为发生的扰动为小扰动。

由于测量误差以及负荷随机波动和噪声的存在，为避免误判断，并提高指标计算的精度，会对采集到的数据先进行预处理。预处理采用的是常规的时间时序平滑方法，用周围 5 个采样点的均值代替该点的测量值。

故励磁指标动态监测的流程如图 6-6 所示。

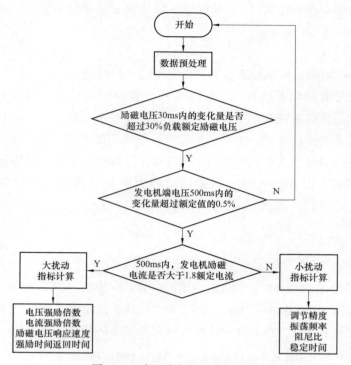

图 6-6　励磁动态指标计算流程

6.2.3.2　小干扰指标计算方法

6.3.3.1 节中提出的 4 个小干扰指标的计算方法如下：

（1）调节精度：从启动判据时间点后 10s 开始计算，若在一段时间内（如 1s）电压的最大和最小值之差小于死区（如 0.01 标幺值），则认为电压振荡过程结束，进入稳态。取稳定区的平均值作为稳态电压值，按照式（6-16）即可计算调节精度。

（2）稳定时间：采用和调节精度类似的方法，可找到有功功率的稳定值 P_{stable}，继而得到其 ±5% 的范围。然后寻找 $P-105\%P_{stable}<\varepsilon$ 或 $P-95\%P_{stable}<\varepsilon$ 的时间点，若该时间点后的 P 均在 ±5% 的范围内，则该点为稳定结束时间 t_c。采用式（6-18）可计算得到稳定时间。

（3）振荡频率和阻尼比：假设机组有功功率的衰减振荡曲线用式（6-17）来表示，根据得到的 WAMS 有功功率波动数据，对式（6-17）进行参数拟合，记拟合误差为：

$$\varepsilon_i = y_i - f(t_i) = y_i - \left[A + Be^{-\zeta t_i}\sin(2\pi f t_i + \varphi) \right] \qquad (6-24)$$

为使得拟合误差最小，即：

$$Q = \sum_{i=1}^{n} \varepsilon_i^2 = \sum_{i=1}^{n} \{y_i - [A + Be^{-\zeta t_i}\sin(2\pi f t_i + \varphi)]\}^2 \qquad (6-25)$$

式（6-25）为无约束非线性优化问题，即非线性最小二乘拟合。目前已有通用的方法解决这类问题，且计算速度可满足在线评估的要求。

需要注意的是，在系统故障过程中有功功率尚未开始振荡，不属于机电振荡的过程。由于目前的继电保护动作一般可保证在 0.1s 内清除故障，因此为保证拟合的精度，把故障期间的数据段截掉，仅根据满足判据开始后的 0.1s 到系统稳定这段时间的数据进行拟合。

考虑到非线性优化问题对初值的选择较为敏感，为此将所拟合的参数进行预估，以得到一个较为接近的初值。各个参数的预估方法如下：

（1）直流分量 A：计算满足启动判据后 10s 的有功功率在 1s 内的平均值，以此作为直流分量的初值。

（2）振荡幅值 B：取振荡过程中的最大值与直流分量的差值作为振荡幅值的初值。

（3）振荡频率 f：在满足振荡条件，振荡过程中最大值和最小值的时间差作为 1/2 个周期，进而计算得到振荡频率的初值。

（4）相位 φ：相位参数的拟合对初值的敏感度不高，且与截掉的时间相关，无法给出较为准确的初值，因此一般初值直接设为 0 即可。

以湖北某电厂的故障仿真为例，通过最小二乘法，来分析其小干扰稳定特性。

如图 6-7 所示，黑色曲线是原始振荡波形，红色曲线是拟合输出波形。可以看出，采用非线性最小二乘拟合出的结果与实际数值是相近的，拟合出的函数可以近似看为实际波形，计算精度可满足在线评估的要求。通过拟合算法分析 $y = A + Be^{-\zeta t_i}\sin(2\pi f t_i + \varphi)$ 的参数结果为：

直流分量 $A = 5.856$；

振荡幅值 $B = 2.669$；

阻尼比 $\zeta = 0.2334$；

振荡频率 $f = 0.8162$；

即 $y = 5.856 + 2.669e^{-0.2334t_i}\sin(2\pi0.8162t_i)$

不难得出，该电厂的振荡属于局部振荡，阻尼比大于 0.1，调节时间小于 10s，相关参数满足行业标准 DL/T 843—2010《大型汽轮发电机励磁系统技术条件》的要求。

6.2.3.3　大干扰指标计算方法

大干扰指标的计算方法较为简单，只需根据指标的定义，找到满足条件的

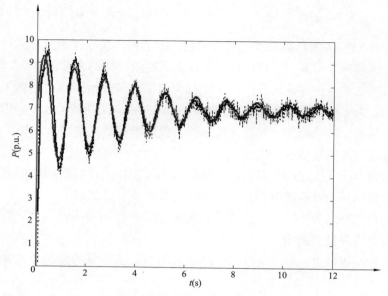

图 6-7　拟合结果与原始数据对比

测量值和对应的时间点，即可求得相应的指标。如电压强励倍数的计算，只需找到振荡过程中励磁电压的最大值即可计算。其他的指标类似，在此不再赘述。

参考文献

［1］倪以信，陈寿孙，张宝霖．动态电力系统的理论和分析［M］．北京：清华大学出版社，2002.

［2］卢强，梅生伟，孙元章．电力系统非线性控制［M］．北京：清华大学出版社，2008.

［3］Prabha Kurdur. 电力系统稳定与控制［M］．北京：中国电力出版社，2002.

［4］LX Bao, ZY Huang, W Xu. On voltage stability monitoring using var reserves［J］. IEEE Transaction on Power Systems，2003，18（4）：1461-1469.

第7章

发电机励磁-调速协调控制

由于我国能源分布与经济发展的地理位置分布极不平衡，国内电网逐步形成"西电东送，南北互供，全国联网"的格局。区域电网互联可以实现跨区送电、减少备用容量、实现水电互济、产生错峰效应，但是电网规模的增大，带来更多长距离、重负荷输电线路，使得各系统的阻尼特性受到很大影响。低频振荡现象在互联电网中时有发生，严重危及电网的安全稳定运行。电网的运行除了安全性的要求外，还要求更好的动态品质，即系统受到扰动后电压、频率和功率更快地恢复到平衡值，使系统的这些状态量受扰动的影响最小。

发电机组的主要控制器包括调速器和励磁调节器以及同期装置，可以实现机组的并网操作以及机组频率、有功、无功和电压的调节操作。对发电机励磁调节器和调速器的进一步研究可以使得发电机及整个系统得到更好的控制。

电力系统是典型的非线性系统，要获得好的控制效果，有必要采用非线性系统控制设计方法。由于电力系统的工况是不断变化的，系统中的某些参数不能精确获得，加上各种干扰和建模误差的存在，要求控制必须具有一定的鲁棒性。而且快速、高放大倍数励磁的应用使得系统低频振荡的情况时有发生，如何利用系统的固有特性去设计简单易行的控制系统，已在工程界和控制界日益受到重视。本章即对发电机励磁-调速协调控制系统进行了研究，设计了鲁棒励磁控制器和GPSS，为提高系统鲁棒性，改善系统的动态品质提供解决方法。

7.1 鲁棒励磁控制器的设计及仿真

7.1.1 H_∞ 设计问题

7.1.1.1 问题描述

考虑如图 7-1 所示的 H_∞ 标准系统。其中 u 为控制输入信号，y 为观测量，w 为干扰输入信号，z 为控制量（或者应设计需要而定义的评价信号）。输入信号 u，w 到输出信号 z，y 的传递函数阵 $G(s)$ 称为增广被控对象，它包括实际被控对象和为了描述设计指标而设计的

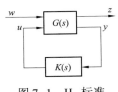

图 7-1 H_∞ 标准
系统框图

加权函数等。$K(s)$ 为控制器。

设传递函数阵 $G(s)$ 的状态空间实现由式（7-1）给出：

$$\dot{x} = Ax + B_1 w + B_2 u$$
$$z = C_1 x + D_{11} w + D_{12} u \qquad\qquad (7-1)$$
$$y = C_2 x + D_{21} w + D_{22} u$$

其中 x 为 n 维状态变量，w 为 r 维信号向量，u 为 p 维、z 为 m 维，y 为 q 维信号向量。则式（7-1）还可以表示为：

$$G(s) = \begin{bmatrix} G_{11}(s) & G_{12}(s) \\ G_{21}(s) & G_{22}(s) \end{bmatrix} = \begin{bmatrix} A & M & B_1 & B_2 \\ LL & LML & LL & LL \\ C_1 & M & D_{11} & D_{12} \\ C_2 & M & D_{21} & D_{22} \end{bmatrix} \qquad (7-2)$$

从 w 到 z 的闭环传递函数等于：

$$T_{zw}(s) = LFT[G(s), K(s)] = G_{11} + G_{12} K(I - G_{22} K)^{-1} G_{21} \qquad (7-3)$$

由此，可以给出以下的定义。

定义 1（H_∞ 最优设计问题）：对于给定的增广被控对象 $G(s)$，求反馈控制器 $K(s)$ 使得闭环系统内部稳定且 w 到 z 的闭环传递函数的 H_∞ 范数 $\|T_{zw}(s)\|_\infty$ 最小，即 $\min_K \|T_{zw}(s)\|_\infty = \gamma_0$。

定义 2（H_∞ 次优设计问题）：对于给定的增广被控对象 $G(s)$ 和 $\gamma (\geq \gamma_0)$，求反馈控制器 $K(s)$ 使得闭环系统内部稳定且 $\|T_{zw}(s)\|_\infty$ 满足 $\|T_{zw}(s)\|_\infty < \gamma$。

显然，如果对于给定的 $G(s)$，H_∞ 次优设计问题有解，那么我们可以通过反复"递减 γ——试探求次优解"的过程，求得最优控制器的逼近解，即 $\gamma \rightarrow \gamma_0$。

7.1.1.2 设计方法

本章涉及的 H_∞ 设计问题属于 $D_{11} = 0$，D_{12} 列满秩状态反馈设计的特殊情况。

先要假定系统的观测量等于系统的状态变量，即 $y = x$。

设增广被控对象的状态空间实现为：

$$\dot{x} = Ax + B_1 w + B_2 u$$
$$z = C_1 x + D_{12} u \qquad\qquad (7-4)$$

且 $rank D_{12} = p$，(A, B_2) 可稳定。即：

$$G(s) = \begin{bmatrix} A & \vdots & B_1 & B_2 \\ \cdots & \vdots & \cdots & \cdots \\ C_1 & \vdots & O & D_{12} \\ I & \vdots & O & O \end{bmatrix} \qquad (7-5)$$

对系统式（7-4），考虑状态反馈控制器：

$$u = Kx, \qquad K \in R^{p \times n} \qquad (7-6)$$

对于上面的问题，可以证明以下的定理成立。

定理：对于给定的 $\gamma > 0$，存在状态反馈阵 K 使得闭环系统式（7-5）和式（7-6）内部稳定且：

$$\| T_{zw}(s) \|_{\infty} < \gamma \qquad (7-7)$$

实际上，干扰抑制比 γ 决定了闭环系统的干扰抑制能力。γ 越大，抑制能力越弱，γ 越小，抑制能力越强。但是由于必须要取得黎卡提方程的正定解，过小的 γ 有可能使得该方程无解。因此，一般来说 γ 有其最小值，也即最佳干扰抑制比。但是通常来说，要求解这一最优问题比较麻烦，同时也没有必要，因此一般是选定一个相对合适的 γ，然后求解得到其次最优解。

成立的充分必要条件是存在正定阵 $X > 0$ 满足 Riccati 不等式：

$$A^T X + XA + \gamma^{-2} XB_1 B_1^T X + C_1^T C_1 - (XB_2 + C_1^T D_{12})(D_{12}^T D_{12})^{-1}(B_2^T X + D_{12}^T C_1) < 0 \qquad (7-8)$$

若上述不等式有正定解 $X > 0$，则使闭环系统稳定且式（7-7）式成立的反馈阵由式（7-9）给出：

$$K = -(D_{12}^T D_{12})^{-1}(B_2^T X + D_{12}^T C_1) \qquad (7-9)$$

本章中，对式（7-8）的解法是，令不等式左边等于一个无穷小量乘以单位阵，即：

$$A^T X + XA + \gamma^{-2} XB_1 B_1^T X + C_1^T C_1 - (XB_2 + C_1^T D_{12})(D_{12}^T D_{12})^{-1}(B_2^T X + D_{12}^T C_1) = \varepsilon I \qquad (7-10)$$

选取最优 γ 的方法是，先选定一个可以让式（7-10）有解的 γ_0，然后逐渐减小 γ，直到式（7-10）无解为止，此时式（7-10）的解 X 代入式（7-9）可得设计的反馈控制律 $u = Kx$。

7.1.2　鲁棒励磁控制器的设计

考虑一个多机电力系统，并做如下假定：同步发电机采用静止晶闸管快速励磁方式，即可取励磁机时间常数 $T_e = 0$。

在模型中考虑发电机转子上的机械功率扰动 w_{1i} 和励磁回路中的电气扰动 w_{2i}，这些扰动信号满足扩展 L_2 空间的假设。

采用三阶发电机模型描述为：

$$\begin{cases} \dot{\delta} = \omega_i - \omega_0 \\[2mm] \dot{\omega}_i = \dfrac{\omega_0}{H_i} P_{mi} - \dfrac{D_i}{H_i}(\omega_i - \omega_0) - \dfrac{\omega_0}{H_i} P_{ei} + w_{1i} \qquad (i = 1, 2, \cdots, n) \\[2mm] \dot{E}'_{qi} = \dfrac{1}{T_{d0i}}(-E_{qi} + U_{fiPss} + w_{2i}) \end{cases} \qquad (7-11)$$

式中
δ——转子运行角，rad；

ω——角速度，rad/s；

P_m——机械功率，标幺值；

P_e——电磁功率，标幺值；

D——阻尼系数，标幺值；

E'_q、E_q——同步机暂态电势和空载电势，标幺值；

U_{fiPss}——控制器输出，标幺值；

x_d，x_q，x'_d——同步电抗和暂态电抗，标幺值；

T'_{d0}——励磁绕组时间常数，s；

H_i——惯性常数，s。

该模型可以写为紧凑的形式为：

$$\dot{X} = f(X) + g_1(X)U + g_2(X)W \qquad (7-12)$$

选择一组合适的坐标变换 $Z = \phi(X)$ 为：

$$\begin{cases} Z_1 = \delta_1 \\ \cdots \\ Z_n = \delta_n \\ Z_{n+1} = \omega_1 \\ \cdots \\ Z_{2n} = \omega_n \\ Z_{2n+1} = \dot{\omega}_1 \\ \cdots \\ Z_{3n} = \dot{\omega}_n \end{cases}$$

并设非线性鲁棒控制律为：$V = \begin{bmatrix} v_1 \\ v_2 \\ \vdots \\ v_n \end{bmatrix} = \begin{bmatrix} -\dfrac{\omega_0}{H_1}\dot{P}_{e1} - \dfrac{D_1}{H_1}\dot{\omega}_1 \\ -\dfrac{\omega_0}{H_2}\dot{P}_{e2} - \dfrac{D_2}{H_2}\dot{\omega}_2 \\ \vdots \\ -\dfrac{\omega_0}{H_n}\dot{P}_{en} - \dfrac{D_n}{H_n}\dot{\omega}_n \end{bmatrix}$

则原系统可以线性化为：

$$\begin{cases} \dot{Z}_1 = Z_{n+1} \\ \cdots \\ \dot{Z}_n = Z_{2n} \\ \dot{Z}_{n+1} = Z_{2n+1} + w_{1,\,1} \\ \cdots \\ \dot{Z}_{2n} = Z_{3n} + w_{1,\,n} \\ \dot{Z}_{2n+1} = v_1 + \dfrac{\partial \phi(X)}{\partial X_{2n+1}} w_{2,\,1} \\ \cdots \\ \dot{Z}_{3n} = v_n + \dfrac{\partial \phi(X)}{\partial X_{3n}} w_{2,\,n} \end{cases} \tag{7-13}$$

再令

$$\overline{W} = \frac{\partial \phi(X)}{\partial X} W \tag{7-14}$$

则原系统转化为：

$$\dot{Z} = AZ + B_1 V + B_2 \overline{W} \tag{7-15}$$

对这一线性系统，应用 7.1.1 节中鲁棒问题的求解方法，可以得到最优控制律：$V = KZ = k_{1i}\Delta\delta + k_{2i}\Delta\omega + k_{3i}v_i$。

对于系统有功功率有：

$$P_{ei} = E'_{qi} i_{qi} + (x_{qi} - x'_{di}) i_{di} i_{qi} \tag{7-16}$$

因此有：

$$\dot{P}_{ei} = \dot{E}'_{qi} i_{qi} + E'_{qi}\dot{i}_{qi} + (x_{qi} - x'_{di})(i_{qi}\dot{i}_{di} + i_{di}\dot{i}_{qi})$$

$$= -\frac{1}{T'_{d0}} i_{qi} E_{qi} + E'_{qi}\dot{i}_{qi} + (x_{qi} - x'_{di})(i_{qi}\dot{i}_{di} + i_{di}\dot{i}_{qi}) + \frac{1}{T'_{d0}} i_{qi} U_{fiPss} \tag{7-17}$$

一般认为发电机阻尼系数 D 为 0，所以：

$$-\frac{\omega_0}{T_{ji}}\dot{P}_{ei} = v_i \tag{7-18}$$

即：

$$-\frac{\omega_0}{T_{ji}}\left[-\frac{1}{T'_{d0}}i_{qi}E_{qi} + E'_{qi}\dot{i}_{qi} + (x_{qi}-x'_{di})(i_{qi}\dot{i}_{di}+i_{di}\dot{i}_{qi}) + \frac{1}{T'_{d0}}i_{qi}U_{fiPss}\right] = v_i \tag{7-19}$$

$$U_{fiPss} = E_{qi} - \frac{T'_{d0}}{i_{qi}}\left[E'_{qi}\dot{i}_{qi} + (x_{qi}-x'_{di})(i_{qi}\dot{i}_{di}+i_{di}\dot{i}_{qi})\right]$$

$$-\frac{T_{ji}T'_{d0i}}{\omega_0 i_{qi}}\left(k_{1i}\Delta\delta + k_{2i}\Delta\omega - k_{3i}\frac{\omega_0}{T_j}\Delta P_e\right) \tag{7-20}$$

在上述的设计过程中，没有考虑对电压的控制。因此前面设计的只是一个非线性的 PSS，它单独投入并不能满足电力系统运行的要求，必须再加入电压闭环的反馈控制才能构成完整的励磁控制器，即需要把式（7-20）作为类似 PSS 的信号，与电压的偏差相加后输入到常规电压调节器中，励磁电压的表达式为：

$$U_{fiPss} = E_{qi} - \frac{T'_{d0}}{i_{qi}}\left[E'_{qi}\dot{i}_{qi} + (x_{qi}-x'_{di})(i_{qi}\dot{i}_{di}+i_{di}\dot{i}_{qi})\right] \tag{7-21}$$

$$-\frac{T_{ji}T'_{d0i}}{\omega_0 i_{qi}}\left(k_{1i}\Delta\delta + k_{2i}\Delta\omega - k_{3i}\frac{\omega_0}{T_j}\Delta P_e\right) + k_v\Delta U_t$$

若忽略凸极瞬变效应，可得 $x_{qi}=x'_{di}$。

再由：

$$0 = U_{sd} - I_q x_{q\Sigma}, \tag{7-22}$$

可得：

$$I_q = \frac{U_s\sin\delta}{x'_{d\Sigma}} \tag{7-23}$$

即：

$$\dot{I}_q E'_q = \frac{U_s E'_q}{x'_{d\Sigma}}\cos\delta \cdot \dot{\delta} \tag{7-24}$$

把 $\dot{\delta}=\omega-\omega_0$ 和 $Q_e = \frac{U_s E'_q}{x'_{d\Sigma}}\cos\delta - \frac{U_s^2}{x'_{d\Sigma}}$ 代入式（7-24）可得：

$$\dot{I}_q E'_q = \left(Q_e + \frac{U_s^2}{x'_{d\Sigma}}\right)\Delta\omega \tag{7-25}$$

由电力网络知识我们知道，发电机内部的电压降 $\Delta U_G = (E_q - U_t)$ 可近似地表示为：

$$\Delta U_G = (E_q - U_t) = \frac{P_e R + Q_e X_d}{U_t} \tag{7-26}$$

式（7-26）中 R 为发电机定子绕组电阻，若将这一项忽略不计，则有：

$$E_q - U_t = \frac{Q_e X_d}{U_t} \tag{7-27}$$

由此可得：

$$E_q = \frac{Q_e x_d}{U_t} + U_t \tag{7-28}$$

同理可得：

$$E'_q = \frac{Q_e x'_d}{U_t} + U_t \tag{7-29}$$

将式（7-25）、式（7-28）和式（7-29）代入式（7-21）就可以得到实用化的励磁电压输出表达式如式（7-30）所示：

$$U_{fiPss} = E_{qi} - \frac{T'_{d0}}{i_{qi}} \left[\left(U_{ti} + \frac{Q_{ei} x'_{di}}{U_{ti}} \right) i_{qi} + (x_{qi} - x'_{di})(i_{qi} i_{di} + i_{di} i_{qi}) \right]$$

$$- \frac{T_{ji} T'_{d0i}}{\omega_0 i_{qi}} \left(k_{1i} \Delta\delta + k_{2i} \Delta\omega - k_{3i} \frac{\omega_0}{T_j} \Delta P_e \right) + k_v \Delta U_t \tag{7-30}$$

利用 PSASP 自定义模型可将其原理框图搭建成如图 7-2 所示。

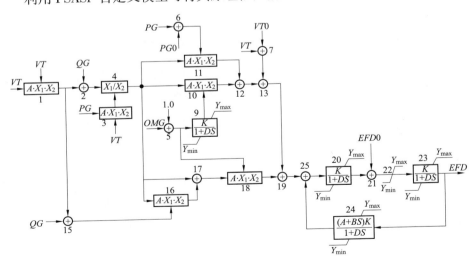

图 7-2　非线性鲁棒励磁控制系统框图

在以下的仿真中，式（7-21）中的系数分别为 $K_i = [k_{1i}, k_{2i}, k_{3i}] = [-1, -5, -8]$，$K_V = -40$。

7.1.3　鲁棒励磁控制器的仿真结果

以下仿真是基于湖北电网 2009 年冬运行方式的数据，仿真工具为中国电力科学研究院开发的电力系统分析综合程序（Power System Analysis Software Package，PSASP）。

（1）鄂三峡左一 500 母线发生出线三相永久短路故障。鄂三峡左一 500 母线出线的连接图如图 7-3 所示。

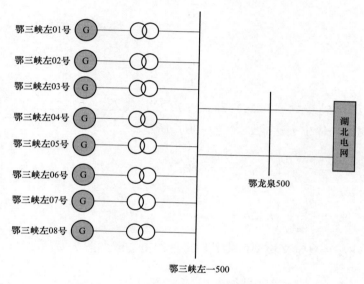

图 7-3　鄂三峡左一 500 母线连线图

鄂三峡左一 500—鄂龙泉 500 的双回交流线中有一条发生三相永久短路故障，故障发生时刻为 1s，经 0.1s 后故障线路被切除。

图 7-4～图 7-10 为 8 台发电机都使用常规励磁和 8 台发电机都使用鲁棒励磁这 2 种情况下发电机变量以及鄂三峡左一 500—鄂龙泉 500 的另一条未发生故障的交流线的功率变化情况对比。

（2）鄂襄樊 05 机组发生出线三相永久短路故障。鄂襄樊 05 和鄂襄樊 06 出线接线如图 7-11 所示。鄂襄樊厂 500-鄂樊城 500 的双回交流线发生三相永久短路故障，故障发生时刻为 1s，经 0.1s 后故障线路被切除。

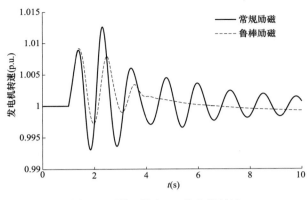

图 7-4 鄂三峡左 01 发电机转速

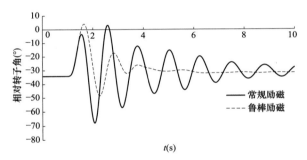

图 7-5 鄂三峡左 01 发电机相对鄂三峡右 15 发电机的转子角

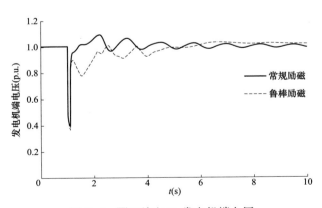

图 7-6 鄂三峡左 01 发电机端电压

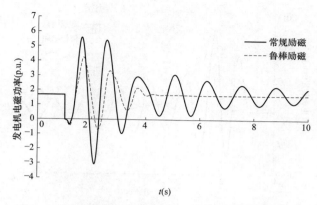

图 7-7 鄂三峡左 01 发电机电磁功率

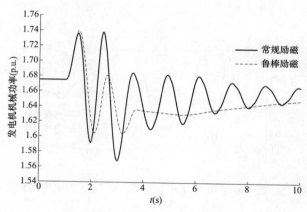

图 7-8 鄂三峡左 01 发电机机械功率

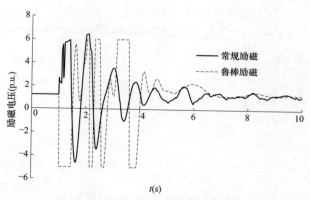

图 7-9 鄂三峡左 01 发励磁电压

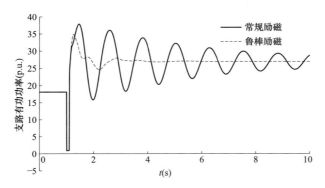

图 7-10 未发生故障的交流线的有功功率

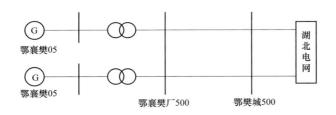

图 7-11 鄂襄樊 05、06 机组接入系统图

鄂襄樊 05 发电机安装常规励磁和安装鲁棒励磁控制器两种情况下，发生故障以后转速、相对平衡机的转子角、机端电压、励磁电压、电磁功率、机械功率以及未发生故障的交流线的有功功率对比如图 7-12 ~ 图 7-18 所示。

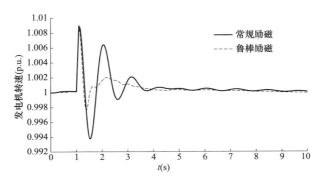

图 7-12 鄂襄樊 05 发电机转速

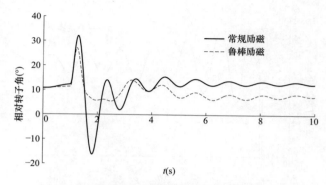

图 7-13　鄂襄樊 05 发电机相对平衡机的转子角

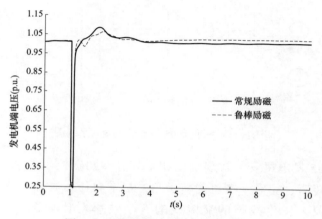

图 7-14　鄂襄樊 05 发电机机端电压

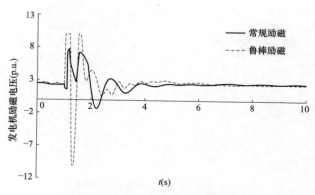

图 7-15　鄂襄樊 05 发电机的励磁电压

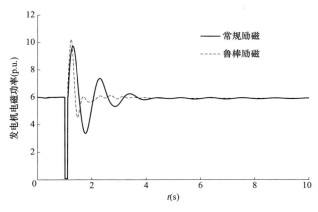

图 7−16 鄂襄樊 05 发电机电磁功率

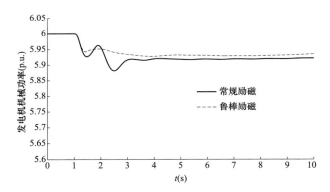

图 7−17 鄂襄樊 05 发电机的机械功率

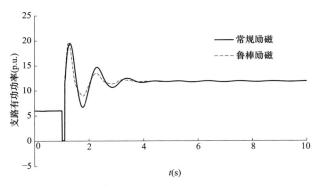

图 7−18 未故障交流线的有功功率

（3）鄂道观河 500 和鄂木兰 500 交流线双回线中单回线发生三相永久短路
故障。鄂道观河 500 和鄂木兰 500 交流线的接线如图 7−19 所示。鄂道观河
500−鄂木兰 500 交流线之间的双回交流线发生三相永久短路故障，故障发生时

刻为 1s，经 0.1s 后故障线路被切除。

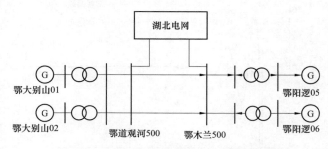

图 7-19　鄂道观河 500-鄂木兰 500 连接图

如图 7-20~图 7-31 所示为鄂大别山 01（鄂大别山 02 机组未开机）、鄂阳逻 05、06 机组分别装常规励磁和鲁棒励磁在故障过程中发电机的各量的对比图。

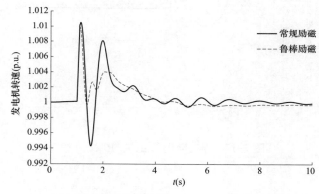

图 7-20　鄂大别山 01 发电机转速

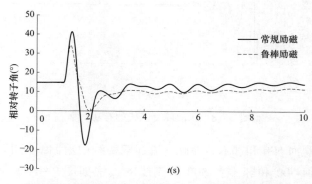

图 7-21　鄂大别山 01 发电机相对平衡机的转子角

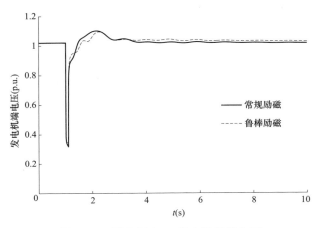

图 7-22 鄂大别山 01 发电机机端电压

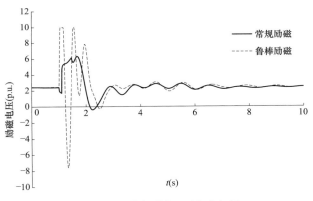

图 7-23 鄂大别山 01 励磁电压

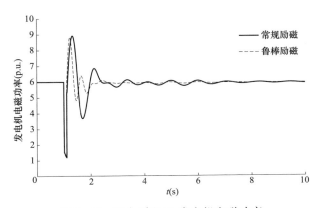

图 7-24 鄂大别山 01 发电机电磁功率

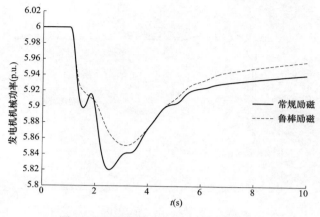

图 7-25　鄂大别山 01 发电机机械功率

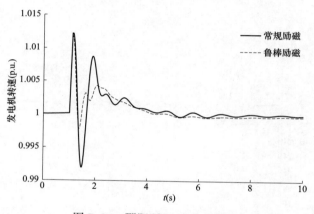

图 7-26　鄂阳逻 05 发电机转速

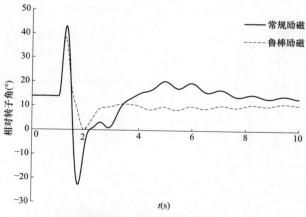

图 7-27　鄂阳逻 05 发电机相对平衡机的转子角

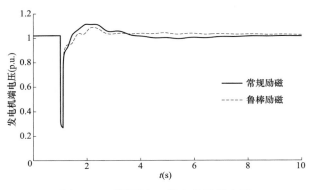

图 7-28　鄂阳逻 05 发电机机端电压

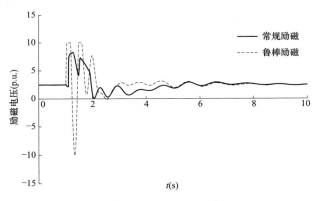

图 7-29　鄂阳逻 05 发电机励磁电压

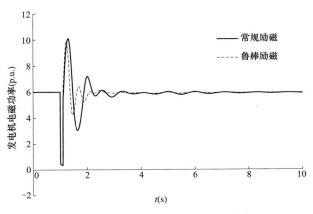

图 7-30　鄂阳逻 05 发电机电磁功率

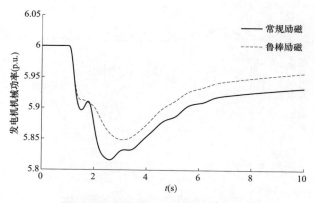

图 7-31　鄂阳逻 05 发电机机械功率

从以上的仿真结果可以看出，机组装上鲁棒励磁以后，相对于装设常规励磁，故障带来的扰动很快地得到平息，使得故障后发电机变量、系统频率和功率的波动减少。这是因为鲁棒励磁采用了多状态变量的控制，并在计算过程中考虑了励磁回路的电气扰动和调速器的扰动（机械功率偏差）对发电机状态量的影响，使得发电机的鲁棒性有所提高。

7.2　GPSS 与 PSS 的配合在调速器部分的应用

GPSS 是 Governor Power System Stabilizer 的简称。在电力系统低频振荡的分析研究中，通常都认为，高增益、快速励磁是引发低频振荡的主要因素，而调速系统作用则被忽略掉，认为它对低频振荡的产生和抑制影响不大。这是因为，长期以来，调速系统都广泛采用机械液压式调速器，存在"死区"与惯性，与励磁调节系统相比，它的动态响应速度较慢，将其忽略是合理的。但是，随着现代电液调速器（DEH）的飞快发展，调速系统对控制的动态响应快速性并不低于励磁系统，在提高电力系统稳定性、抑制低频振荡方面，若采用调速系统控制的话，由于其很强的鲁棒性与多机解耦性，往往会有更好的效果。

7.2.1　GPSS 的原理与设计

如图 7-32 所示为一个典型的汽轮发电机的调速系统传递函数框图。

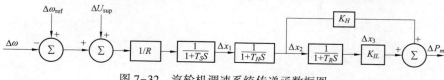

图 7-32　汽轮机调速系统传递函数框图

其中，$1/R$ 是量测环节放大倍数，$\Delta U_{\text{sup}}(s)$ 是 GPSS 的辅助控制量的输入，传统调速没有这个输入环节，T_s 是调速器时间常数，T_H 是高压缸时间常数，K_H 是高压缸功率分配系数，T_R 是再热器时间常数，K_{IL} 为中低压缸功率分配系数，一般为 0.7。小扰动分析中，调速器的死区和限幅环节作用不大，可以忽略。

根据传递函数框图可以得到调速系统传递函数为：

$$-\Delta P_m = \frac{K_H(1 + T_R S) + K_{IL}}{R(1 + T_S S)(1 + T_H S)(1 + T_R S)}\Delta\omega \qquad (7-31)$$

将 $S = \mathrm{j}\omega$，$\omega = \mathrm{j}\delta$ 代入式 7-31，可得：

$$-\Delta P_m = D\Delta\omega + K\Delta\delta \qquad (7-32)$$

其中：

$$D = \frac{K_{IL}\left[1 - T_S T_H \omega^2 - (T_S + T_H)T_R\omega^2\right] + K_H(1 + T_R^2\omega^2 - T_S T_H\omega^2 - T_S T_H T_R^2\omega^4)}{R(1 + T_S^2\omega^2)(1 + T_H^2\omega^2)(1 + T_R^2\omega^2)}$$

$$K = \frac{K_{IL}\left[T_R - T_S T_H T_R\omega^2 + (T_S + T_H)\omega^2\right] + K_H\left[1 + T_R^2(T_S + T_H)\omega^2\right]}{R(1 + T_S^2\omega^2)(1 + T_H^2\omega^2)(1 + T_R^2\omega^2)}$$

其中 K 和 D 分别称为机械同步转矩系数和机械阻尼转矩系数，与系统的振荡频率有关。下面在 $\Delta\omega - \Delta\delta$ 平面上分析 ΔP_m 与 $\Delta\omega$、$\Delta\delta$ 的相位关系。如图 7-33所示，当各参数选择不当时，可能使 D 为负，即 $-\Delta P_m$ 在第四象限，此时调速系统提供的是负阻尼；当 D 为正时，$-\Delta P_m$ 在第一象限，就是正阻尼；当 $D=0$，即 $-\Delta P_m$ 与 $\Delta\delta$ 轴重合时，调速系统提供的阻尼转矩为零。

水轮机的调速器也可以用同样的方法去分析，而且分析得到的结果显示，水轮机中 $-\Delta P_m$ 相对 $\Delta\omega$ 的相位滞后更为明显。

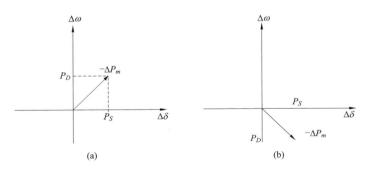

图 7-33 机械功率（转矩）矢量图

（a）$D>0$ 时的机械功率矢量图；（b）$D<0$ 时的机械功率矢量图

根据发电机转子方程：

$$\begin{cases} \dfrac{\mathrm{d}\Delta\delta}{\mathrm{d}t} = \omega_0\Delta\omega \\[3mm] \dfrac{\mathrm{d}\Delta\omega}{\mathrm{d}t} = \dfrac{1}{M}(\Delta P_m - \Delta P_e) \end{cases} \qquad (7-33)$$

只有在机械同步转矩系数 D 为正时，才对发电机的暂态稳定特性是有利的。所以与在励磁上进行辅助控制的 PSS 相似，GPSS 是在调速系统的放大环节之前，加入如式（7-34）所示一个超前转速偏差一定角度（一般小于90°）的辅助控制量，与转速偏差相加，输入到后续的放大等环节中去：

$$\Delta U_{\text{sup}}(S) = K_{gp}\frac{1 + T_1 S}{1 + T_2 S} \cdot \frac{1 + T_3 S}{1 + T_4 S}\Delta\omega \qquad (7-34)$$

辅助控制量 $\Delta U_{\text{sup}}(S)$ 中所涉及的参数的设计步骤如下：

（1）确定系统振荡频率 f_d。根据所分析的系统，确定需要抑制的振荡频率。

（2）计算在频率 f_d 下调速系统的相位滞后，确定辅助控制量 $\Delta U_{\text{sup}}(S)$ 需要补偿的角度 θ（θ 一般不超过90°），然后整定 T_1、T_2、T_3、T_4，使得 $\Delta U_{\text{sup}}(S)$ 超前 $\Delta\omega$ 的角度为 θ。

（3）确定放大系数 K_{gp}。可以根据期望的阻尼比来分析 D 和 K 的比值，从而确定 K_{gp} 的值。或者另一种方法是，先确定一个 K_{gp}，然后根据实验整定一个理想的值。

GPSS 是在调速侧进行的阻尼补偿，即通过在调速侧输入一个超前转速偏差一定角度的辅助控制量 $\Delta U_{\text{sup}}(S)$ 来保证机械阻尼转矩系数为正，从而减少了调速器的相角滞后给系统带来的弱机械阻尼。PSS 则是在励磁侧进行的阻尼补偿，原理和 GPSS 非常相似，GPSS 补偿的是机械功率增量 ΔP_m，PSS 补偿的是电磁功率增量 ΔP_e，在这两者的共同协调作用下，系统的阻尼得到改善，动态稳定性更好。

7.2.2 仿真结果

1. 单机无穷大系统故障

单机无穷大系统连接图如图 7-34 所示。

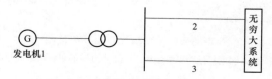

图 7-34 单机无穷大系统连接图

发电机 1 的参数在自身额定容量下的标幺值见表 7-1。

表 7-1 单机无穷大中发电机的参数

参数名称	数值（p. u. ）
x_d	0. 8258
x_q	0. 8258
x'_d	0. 1045
T'_{d0}	6. 550
T_J	12. 922

交流线 $x_L = 0.0266$（标幺值），变压器 $x_T = 0.0292$（标幺值）。

对于单机无穷大系统，故障为交流线 2 发生三相永久故障，短路持续时间为 0.1 秒，图 7-35 ～ 图 7-41 所示为发电机装 GPSS 和不装 GPSS 的结果。其中，GPSS 信号 $\Delta U_{\text{sup}}(S) = K_{gp} \dfrac{1+T_1 S}{1+T_2 S} \cdot \dfrac{1+T_3 S}{1+T_4 S} \Delta\omega$ 中的系数取值为：$T_1 = 0.28$，$T_2 = 0.04$，$T_3 = 0.2$，$T_4 = 0.04$，$K_{gp} = 5$。发电机加的 PSS 取为 2 型 PSS。

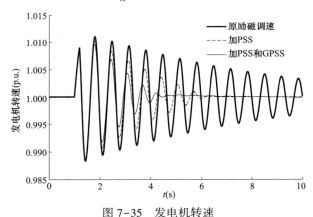

图 7-35　发电机转速

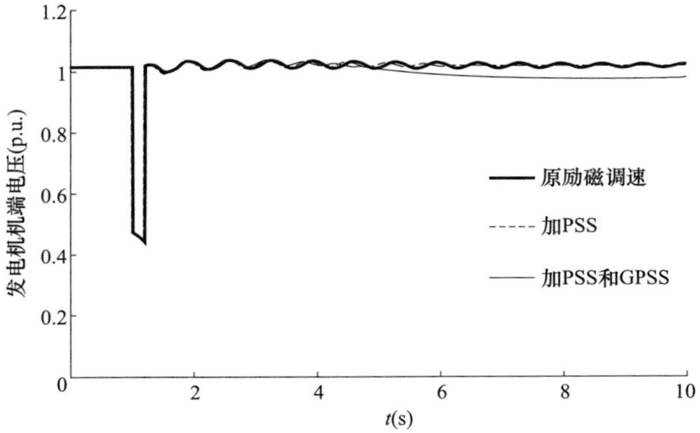

图 7-36　发电机机端电压

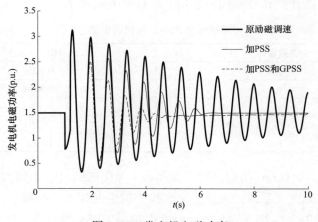

图 7-37　发电机电磁功率

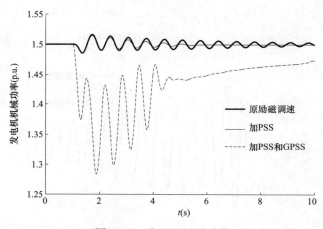

图 7-38　发电机机械功率

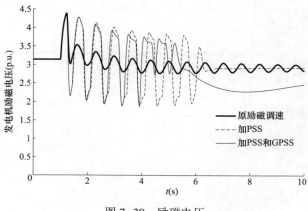

图 7-39　励磁电压

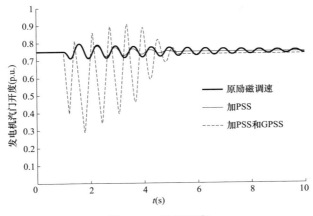

图 7-40 汽门开度

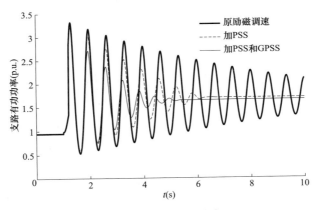

图 7-41 线路有功功率

2. 鄂三峡左一 500 母线故障

鄂三峡左一 500 母线出线的连接图如图 7-42 所示。

鄂三峡左一 500—鄂龙泉 500 的双回交流线中有一条发生三相永久故障,故障发生时间为 1s,经 0.1s 后发生短路的交流线被切除。

如图 7-43～图 7-49 所示为 8 台发电机分别使用不加 GPSS 的调速器和加 GPSS 的调速器这 2 种情况下发电机变量以及鄂三峡左一 500—鄂龙泉 500 的未发生故障的交流线的功率的变化情况对比。

其中 GPSS 信号 $\Delta U_{\sup}(S) = K_{gp}\dfrac{1+T_1 S}{1+T_2 S}\cdot\dfrac{1+T_3 S}{1+T_4 S}\Delta\omega$ 中的系数的取值为:

$$T_1 = 0.401,\ T_2 = 0.0802,\ T_3 = 0.598,\ T_4 = 0.046,\ K_{gp} = 2$$

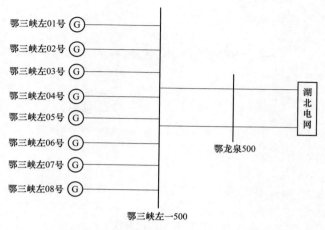

图 7-42 鄂三峡左一 500 母线连线图

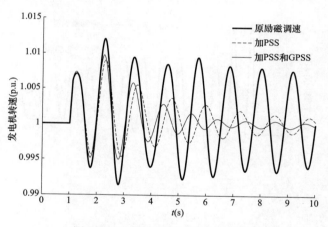

图 7-43 鄂三峡左 01 发电机转速

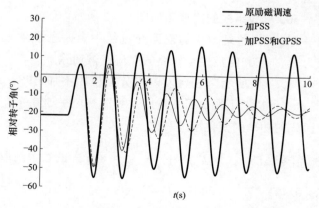

图 7-44 鄂三峡左 01 发电机相对三峡右 15 的转子角

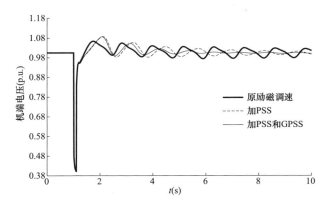

图 7-45 鄂三峡左 01 发电机端电压

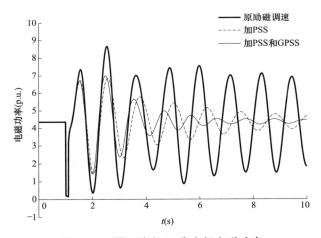

图 7-46 鄂三峡左 01 发电机电磁功率

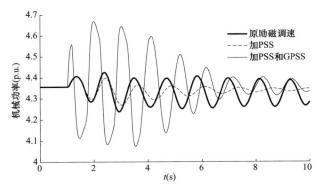

图 7-47 鄂三峡左 01 发电机机械功率

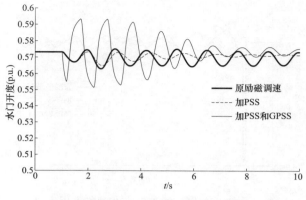

图 7-48　鄂三峡左 01 水门开度

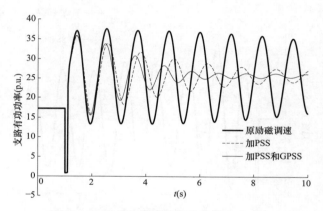

图 7-49　未发生故障的交流线的有功功率

从上面的仿真结果可以看出，加了 GPSS 的调速系统，可以使得发电机转速的震荡明显减小，同时系统相关的电气量波动也随之减小，有效地抑制了低频振荡。

7.3　鲁棒励磁与调速侧电力系统稳定器的结合

7.3.1　GPSS 安装位置的选择

从以上的仿真结果可以看出，发电机装上鲁棒励磁以后，相对原来的常规励磁，在暂态过程中动态品质更好，这是因为鲁棒励磁把调速系统侧机械功率、电压偏差、电压相角偏差的改变作为扰动项，考虑到了调速侧、电网侧的扰动对励磁侧的影响，使得励磁系统受扰动后，观测输出的变化量最小，所以鲁棒励磁使得系统的动态品质更好。

而 GPSS 的应用则是对应励磁侧的电力系统稳定器 PSS 的方法，在调速侧，进行相位补偿，使得系统的阻尼得到改善，而且仿真的效果也表明，在励磁侧有 PSS 的基础上再在调速侧加 GPSS，可以使得系统的阻尼更好。

　　不难知道，若根据机组的实际情况和低频振荡的模式，分别在相应的主导机组上加装鲁棒励磁或 GPSS 辅助控制信号的调速器，使得励磁系统考虑调速系统带来的扰动，而 GPSS 与 PSS 的配合使得调速系统的阻尼得到改善，两者的结合可更有效地改善系统的动态品质。

　　根据 7.2 节中 GPSS 仿真图可以看出，GPSS 的应用会使得机组的汽门摆动的幅度比较大，这就要求机组本身不是运行在满发的情况，即在汽门的调节上有一定的裕度，所以应该选择 AGC 机组，即在经常不处于满发的机组上安装 GPSS。

　　GPSS 的应用会使得机组的机械功率变化比较大，此时再在机组上加鲁棒励磁，那么发电机建模过程中关于机械功率恒定不变的假设不再成立，把机械功率作为一个小的扰动的做法也不再适用，所以将 GPSS 安装在汽轮机 AGC 机组的同时，将鲁棒励磁安装在水轮机组上。

7.3.2　仿真结果

　　故障设定：在湖北网中的鄂双河 500 和鄂玉贤 500 之间的双回线中有一条发生三相永久短路故障。这条双回线是湖北电网西部与中心地带的重要联络线，为了引起区域间振荡，在故障仿真过程中去掉了湖北网所有机组的 PSS。

　　安装 GPSS 的机组见表 7-2。

表 7-2　　　　　　　　　　　GPSS 的安装位置

机组	单台机组的额定容量（MW）
鄂大别山 01~02	600
鄂鄂州 03~04	600
鄂荆门 06~07	600
鄂襄樊电 05~06	600
鄂阳逻 05~06	600
鄂鄂州电 01~02	300
鄂阳逻 01~04	300
鄂襄樊 01~04	300
鄂沙电 10~11	300
鄂蒲圻 01~02	300
鄂东阳光 01~02	300

续表

机组	单台机组的额定容量（MW）
鄂钢电 01~02	200
鄂汉川 01~04	300
鄂西塞山 01~02	330

　　安装鲁棒励磁的机组为鄂三峡左 01~09，鄂三峡右 15~26，共 21 台机组。分别对比故障中以下 2 种情况：

　　（1）各机组安装常规励磁和调速（仿真图中简称常规）。

　　（2）部分机组安装鲁棒励磁，其余机组安装常规励磁，部分机组安装 GPSS（仿真图中简称"鲁棒励磁+GPSS"）。

　　以下为仿真结果。

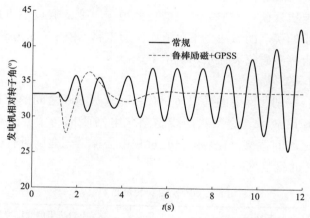

图 7-50　鄂三峡右 15 机组相对平衡机的相对转子角

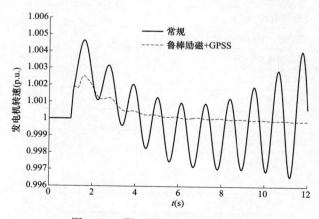

图 7-51　鄂三峡右 15 机组的转速

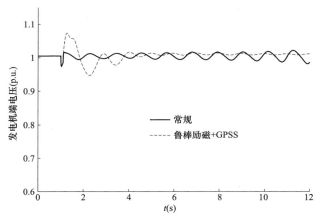

图 7-52 鄂三峡右 15 机组的机端电压

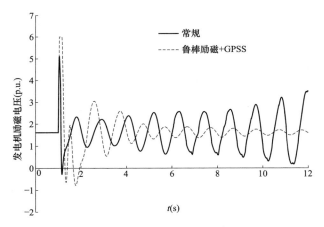

图 7-53 鄂三峡右 15 机组的励磁电压

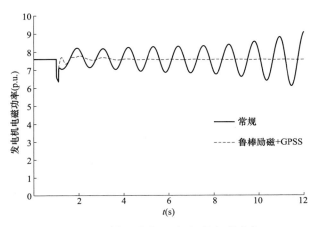

图 7-54 鄂三峡右 15 机组的电磁功率

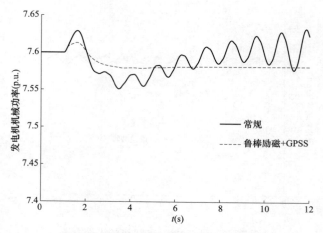

图 7-55　鄂三峡右 15 机组的机械功率

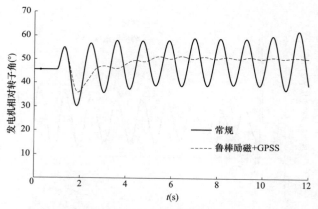

图 7-56　鄂荆门 07 机组相对平衡机的相对转子角

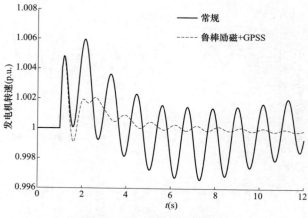

图 7-57　鄂荆门 07 机组的转速

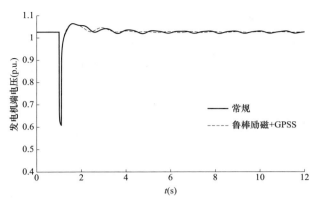

图 7-58 鄂荆门 07 机组的端电压

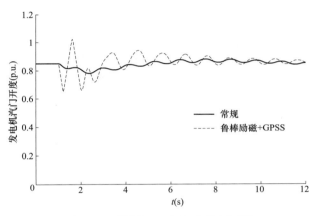

图 7-59 鄂荆门 07 机组的汽门开度

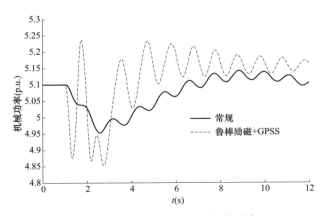

图 7-60 鄂荆门 07 机组的机械功率

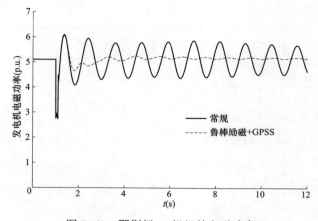

图 7-61 鄂荆门 07 机组的电磁功率

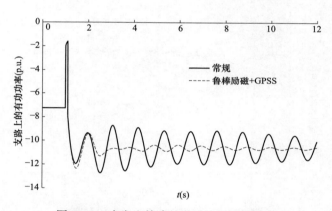

图 7-62 未发生故障的交流线的有功功率

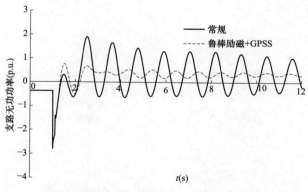

图 7-63 未发生故障的交流线的无功功率

通过这些仿真结果可以看出，应用了鲁棒励磁的机组励磁电压变化比较剧烈，应用了 GPSS 的机组的汽门变化比较大，这表明它们对系统扰动做出了快速响应。正是这些作用使得整个系统的频率波动更小，有功功率和无功功率的变化更小，即鲁棒励磁和 GPSS 的叠加使得系统的动态品质更好。

参考文献

［1］Weiling Zhang，Fei Xu，Wei Hu，et al. Research o f Coordination Control System between Nonlinear Robust Excitation Control and Governor Power System Stabilizer in Multi-Machine Power System. 2012 International Conference on Power Systems Technology（Powercon2012），Auckland，New Zealand，2012：10. 30-11. 02.

［2］郝玉山，王海风，韩祯祥，等. 电力系统稳定器实现于调速系统之研究第一部分：可行性分析［J］. 电力系统自动化，1992，(5)：36-42.

［3］郝玉山，王海风，韩祯祥，等. 电力系统稳定器实现于调速系统之研究第二部分：多机系统中特性分析［J］. 电力系统自动化，1993，(3)：26-32.

［4］安平花. 调速侧电力系统阻尼控制方法研究［D］. 华北电力大学，2008.

［5］林其友，陈星莺，曹智峰. 多机系统调速侧电力系统稳定器 GPSS 的设计［J］. 电网技术，2007，31 (3)：54-58.

第8章

AGC与AVC自动协调控制系统

电力系统中负荷随时间的变化，要求发电机时刻调整输出功率与之平衡，并同时调整系统频率尽量保持不变。同样，负荷无功功率的变化则要求发电机和其他无功补偿设备做相应调整，不仅要满足无功负荷，还要保证电压质量合格。在进行系统有功功率和频率的调整以及无功功率和电压的控制时，不仅需要考虑设备、线路容量限制等影响系统安全运行的条件，还需要考虑系统损耗、运行费用等影响系统经济运行的条件。

目前对于电网运行自动控制的研究，大多是基于有功与无功解耦的假设，并不考虑两者的协调控制。但在实际系统运行中，有功功率和无功功率并非完全解耦，尤其是重载情况下，AGC 与 AVC 的指令之间会相互影响，这迫使AGC 与 AVC 系统的自动协调控制成为趋势。

本章将首先介绍有功频率调整和无功电压控制的研究现状，然后研究 AGC 与 AVC 自动协调优化控制系统的整体方案、模型和控制策略，及其在湖北电网中的仿真应用。

8.1　有功频率与无功电压控制的研究现状

8.1.1　有功调度和频率控制研究及应用

在目前电力系统中，有功控制主要由有功优化调度和自动发电控制组成。

8.1.1.1　有功经济调度

有功优化调度即经济调度，最早由 20 世纪 20 年代的经济负荷分配开始，1934 年以优化数学理论为基础的严格的经济负荷分配方法被提出来，该方法在目前大多数的实际系统中仍在沿用，这就是著名的等耗量微增率准则。当系统规模较小，相对来说输电损耗可忽略或认为是常数时，该准则的应用是十分有效的。然而，电力工业的发展，特别是大容量坑口电站的兴建，电力系统覆盖区域日益扩大，纵横几千千米的输电网络已很普遍，在这样的情形下，再认为输电损耗很小或为常数并不合理。由此便提出了考虑网络损耗的机组经济负荷分配问题，即 20 世纪 40 年代提出的协调方程（Coordination Equation）法，围绕这一方法，人们就该方程的物理解释、网损表达以及水火电系统协调等问题进行了大量卓有成效的研究和实际应用。

直到20世纪70年代末，电力系统有功优化调度一直采用经典方法，由于电力系统的发展，人们逐渐意识到经典法存在诸多欠缺，主要表现在如下2个方面：一是网损及网损微增率表达和计算困难；二是难以反映各输电元件的作用及有功功率在各输电元件上的分布。尤其是由于第二个原因而相继在各国出现了危及电力系统安全运行问题，造成大面积停电事故。由此出现了一系列考虑输电安全的有功优化调度方法，如基于经典法的安全校正，网流法及数学规划法等。此阶段电力系统有功优化调度的一个明显特点是，在研究有功优化调度时设法考虑潮流方程及输电元件的制约限制，依据现代数学优化理论，有功优化调度演化成为最优化潮流（Optimal Power Flow，OPF）问题。

最优潮流可以看作是有功和无功协调优化的一种思路，其解法可分为非线性规划和线性规划两大类。非线性规划方法的代表有简化梯度算法、牛顿法、内点法等。但是由于不等式约束的处理、不可行解的处理、与EMS配合困难等诸多问题，导致OPF在线应用效果并不理想。而且，OPF难以应对现代电力系统控制中的多目标的要求。

8.1.1.2　AGC控制

自动发电控制（AGC）是一个基于电力系统实时状态的闭环控制系统，作为电力系统重要的调频手段，其主要目的是在电网负荷变化时调整发电出力使与负荷功率平衡；实现负荷频率控制，使电网频率偏差符合规定的标准要求，在分区控制的电网中，进行联络线交换功率的控制，使区域间联络线潮流与计划值相等；合理分配各发电厂或机组之间的出力，使区域内发电运行成本最小。

我国从20世纪60年代起在东北、华东和华北三大电网应用AGC控制，到1989年基本完成华北、东北、华东和华中四大区域电网调度自动化引进工程，使各区域电网的AGC功能达到实用化要求。目前随着各地区AGC可控机组容量的增加，电网频率合格率有了较大的提高。

常规的AGC是一个控制滞后的调节过程。当系统频率或联络线交换功率偏离计划值时，产生区域控制偏差（ACE），AGC系统根据ACE的大小对可控机组发出控制命令，待机组响应控制命令后，系统频率或联络线交换功率逐渐恢复到原计划值。常用的AGC控制模式包括恒频率控制（FFC）、恒交换功率控制（FTC）、联络线频率偏差控制（TBC），目前多数的大型互联系统采用的都是TBC的控制模式。

目前 AGC 的大部分研究集中在如何改进 AGC 控制策略，以改善 AGC 机组的调节性能，但对各区域电网内部稳定断面进行控制和 AGC 机组的分区优化控制方面的研究较少。同时对资源在电力系统内部的优化配置，以及由于电力市场的发展，对作为辅助服务范畴的 AGC 功能的成本、定价与交易等经济因素问题也研究较少。

8.1.1.3　EDC/AGC 一体化系统

目前经济调度和 AGC 构成了广泛应用的 EDC/AGC 一体化系统，如图 8-1 所示。即经济调度控制（EDC）的输出作为 AGC 计算调整基点（BasePoint），当区域控制误差（ACE）为零时，AGC 会把机组有功输出调整到基点处。另外，AGC 中的分配因子通过爬坡速率和 EDC 给出的煤耗率结合算出。

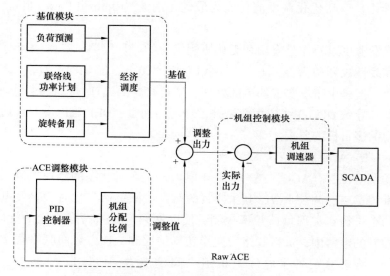

图 8-1　EDC/AGC 一体化系统

8.1.2　无功电压控制的研究及应用

电压控制是电力系统控制的重要组成部分，对于保证系统运行的稳定性、品质和经济性有重要意义。至今电压控制的研究偏重于控制装置本身的硬件和控制策略的研究方面，缺乏系统范围内的协调优化。由于电力系统中已经存在大量电压调控设备，例如，发电机励磁、投切电容电抗器组、带负载调分接头变压器、静止无功补偿器（SVC）、FACTS 设备以及低电压切负荷等。常规的控制系统理论和方法难以解决如此大规模的优化（或准优化）协调和多目标的控制问题；而且电力系统中电压控制问题还涉及大差异时间尺度的交叉（从零点几秒到几十分钟）问题，不同类型控制设备响应时间也各相迥异，这些都为电压控制问题的解决带来挑战。

近20年来，电压控制的研究取得了较大进展，包括已经得到较好应用的二级电压控制，以及仍处于研究阶段的三级电压控制和电压安全控制等。

二级电压控制的主要任务是以某种协调方式来重新设置区域内各自动电压调节器（一级电压控制）的电压参考值（或称设定值），以达到该区域范围内的良好运行性能。它首先把整个系统分解为若干控制区域。一个控制区域内母线的电压以相关的一致方式变化并且几乎不受其他区域的控制的影响；在每个控制区内选择一个中枢节点（Pilot Point），该节点的电压变化能基本反映整个区域内所有负荷节点的电压变化状况。区域内所有参与控制的发电机都会自动参与对关键中枢节点电压的调控。二级电压的控制方式是根据中枢节点的实际电压值对区域控制器分配给该节点的给定值之间的偏差，按照某种预定的控制策略来调整区域内各参与控制的发电机AVR的电压设定值或无功功率的设定值，从而使得中枢节点的电压基本保持不变，进而维持整个区域的电压水平在合理范围的技术措施。如图8-2所示为二级电压控制的示意图。

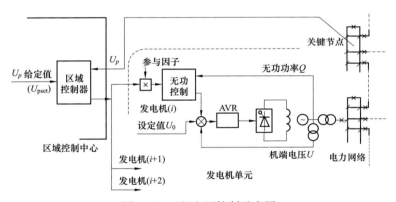

图8-2 二级电压控制示意图

从以上可以看出，二级电压控制的功能是实现在划定的控制区内的各发电机组之间的协调控制，以保持中枢节点的电压。这种控制策略显然具有一定的局限性，即未能体现出整个电力系统的优化协调。沿用该思路，研究人员又提出了电力系统的多级电压控制。

多级电压控制主要是指一种在大区域范围甚至是全网范围内的电压分层分区调节方式，它突破单纯的初级电压控制的局限性，以系统范围内的安全经济运行作为控制目标，所以被认为是预防和阻止电压崩溃，实现系统内无功合理分布的有效手段，因此受到各国电力界的广泛关注。上述的二级电压控制只是多级电压控制系统中一个环节。

电压的分级控制一般分为 3 个层次：位于最高层的是三级电压控制（Tertiary Voltage Control），它以系统的经济运行为优化目标，通过最优潮流计算并考虑稳定性指标后，给出每个电压控制区域中的中枢节点的电压参考值，一般是每 15min 发出一个新的控制信号，这种控制方式在控制理论上被称为时间基（Time Base）；位于中间层的是二级电压控制（Secondary Voltage Control），它接受三级电压控制的控制信号，保证中枢节点的电压幅值在设定点附近。如果中枢节点电压值偏离设定的参考值，二级电压控制器将按照预先设定的控制规律改变一级电压控制器的设定参考值。二级电压控制的时基（Time Base）尺度约为几十秒钟到几分钟；位于下层的是一级（或初级）电压控制（Primary Voltage Control），它根据二级电压控制器的控制信号调节系统无功支持，从而维持系统电压的稳定性。一级电压控制器主要是本区域内参与控制的发电机的 AVR，辅以有载调压变压器等。其时基尺度约为零点几秒钟到几十秒。各级电压控制的作用和特点见表 8-1。

表 8-1 各级电压控制的作用和特点

层次	作用	特点
三级电压控制	在保障全系统安全经济运行条件下确定各控制区域内中枢节点的电压设定值 U_{pset}	全系统内的协调控制 时间常数：十五分钟到几小时
二级电压控制	确定本控制区域内各控制发电机的 AVR 的电压设定值 U_{gref}^i 及调压变压器分接头位置	本控制区域内的协调控制 时间常数：几十秒到几分钟
一级电压控制	控制发电机的励磁调节器控制及自动调压器分接头动作	局部的分散控制时间常数：零点几秒到几十秒

8.1.3 有功频率控制与无功电压控制的比较

电力系统的功率平衡（包括有功功率平衡和无功功率平衡）是电网稳态运行的基础。有功功率的平衡决定了电网频率，无功功率的平衡决定了电网电压。电网频率和电压的偏移可以分别反映有功功率和无功功率的不平衡。

有功频率控制与无功电压控制在控制目标、控制对象以及控制手段上都是有区别的。

（1）控制目标。从电网经济运行与安全稳定运行的角度看，自动发电控制（AGC）的控制目标是：（A1）调整全网的发电出力与全网的负荷需求平衡；（A2）调整电网频率偏差到零，保持电网频率为额定值；（A3）在各控制区域间分配全网的发电出力，使区域间联络线潮流维持在计划值；（A4）在本区域发电厂之间分配发电出力，使区域运行成本最小，实现经济调度。

相应地，自动电压控制（AVC）的控制目标是：（B1）保证系统的电压质量，即使各发电厂、变电所母线及用户受电端的电压在允许范围之内；（B2）提高电压稳定水平；（B3）降低系统的网络损耗，保证经济运行。

（2）控制对象。AGC 的控制对象是互联电网的频率。全网的频率是一致的，且电网中任一点有功功率注入的变化对电网频率的影响也是相同的。因此自动发电控制策略更关注控制区域的总调节功率，而具体的功率分配方式一般由经济分配因子或 AGC 机组的调节速率确定。

AVC 的控制对象是系统的电压，而整个电网每一节点的电压是各不相同的，不同母线上的无功注入功率对电压变化的影响也是不同的，即无功电压显现出较强的区域特性。由于无功功率远距离传输会增加线路的有功损耗、增大线路压降，同时不利于保持电网的稳定运行水平，这就要求控制区域的无功满足分层、分区就地平衡，电压调整应分散进行。

（3）控制手段。电力系统中的有功功率电源主要集中在各类发电厂中的发电机，有功频率的调整手段只有调整原动机功率一种。而无功功率电源除发电机外，还有电容器、调相机、有载调压分接头及 FACTS 设备等，调压手段多样、调节设备分散，使得无功电压控制策略的求解更加复杂。

有功频率控制与分级电压控制的比较见表 8-2。

表 8-2　　　　　　　　有功频率控制与分级电压控制的类比

有功频率控制		分级电压控制	
一次调频	发电机的调速器自动动作； 控制目标：A1； 时间常数：10~30s	一级电压控制（PVC）	保持 AVR、OLTC 及可投切电容器的输出变量尽可能接近设定值； 控制目标：B1 时间常数：零点几秒~几十秒
二次调频	LFC 调节区域控制误差（ACE）不断减小到零； 控制目标：A2、A3； 时间常数：1~2min	二级电压控制（SVC）	确定本控制区域内各控制发电机的 AVR 的电压设定值 U_G^{ref}； 控制目标：B1、B2； 时间常数：几十秒~几分钟
三次调频	经济调度（EDC）设定 AGC 机组的运行点； 控制目标：A4； 时间常数：15min~1h	三级电压控制（TVC）	计算各控制区域内中枢母线的电压设定值 U_P^{ref}； 控制目标：B3 时间常数：十五分钟~几小时

由表 8-2 可以看出，有功频率控制与分级电压控制模式的 AVC 均在时间尺度上分解为不同控制目标的调节方式。各层控制时间常数的一致性为有功频

率与无功电压的协调优化控制提供了直观的研究思路，即在不同的时间尺度，对有功频率和无功电压进行分解协调控制，实现系统的多目标趋优。

8.1.4 有功频率与无功电压的耦合关系

采用潮流方程描述功率的传输特性：

$$\begin{bmatrix} \Delta P \\ \Delta Q \end{bmatrix} = \begin{bmatrix} J_{P\theta} & J_{PU} \\ J_{Q\theta} & J_{QU} \end{bmatrix} \begin{bmatrix} \Delta \theta \\ \Delta U \end{bmatrix} \tag{8-1}$$

式中 $J = \begin{bmatrix} J_{P\theta} & J_{PU} \\ J_{Q\theta} & J_{QU} \end{bmatrix}$ ——极坐标形式的系统雅可比矩阵。其中：$J_{P\theta} = \dfrac{\partial \Delta P}{\partial \theta}$，$J_{PU} = \dfrac{\partial \Delta P}{\partial U}$，$J_{Q\theta} = \dfrac{\partial \Delta Q}{\partial \theta}$ 和 $J_{QU} = \dfrac{\partial \Delta Q}{\partial U}$，各元素的计算公式分别为：

（1）当 $i \neq j$ 时：

$$\frac{\partial \Delta P_i}{\partial U_j} = U_i [\, G_{ij} \cos(\theta_{ij}) + B_{ij} \sin(\theta_{ij}) \,],$$

$$\frac{\partial \Delta P_i}{\partial \theta_j} = - U_i U_j [\, G_{ij} \sin(\theta_{ij}) - B_{ij} \cos(\theta_{ij}) \,],$$

$$\frac{\partial \Delta Q_i}{\partial U_j} = U_i [\, G_{ij} \sin(\theta_{ij}) - B_{ij} \cos(\theta_{ij}) \,],$$

$$\frac{\partial \Delta Q_i}{\partial \theta_j} = U_i U_j [\, G_{ij} \cos(\theta_{ij}) + B_{ij} \sin(\theta_{ij}) \,] \tag{8-2}$$

（2）当 $i = j$ 时：

$$\frac{\partial \Delta P_i}{\partial U_i} = \frac{P_i}{U_i} + U_i G_{ii}, \qquad \frac{\partial \Delta P_i}{\partial \theta_i} = Q_i + U_i^2 B_{ii},$$

$$\frac{\partial \Delta Q_i}{\partial U_i} = \frac{Q_i}{U_i} - U_i B_{ii}, \qquad \frac{\partial \Delta Q_i}{\partial \theta_i} = P_i - U_i^2 G_{ii} \tag{8-3}$$

雅可比矩阵的元素反映了系统节点功率（有功、无功）的注入与节点电压、相角状态的关系，其大小由节点导纳矩阵元素和线路相角差决定。

通常导纳矩阵中 $G_{ij} \ll B_{ij}$。在正常运行点，θ_{ij} 较小，$\sin\theta_{ij} \approx 0$，$\cos\theta_{ij} \approx 1$。因此，雅可比矩阵中 $\dfrac{\partial P}{\partial U}$、$\dfrac{\partial Q}{\partial \theta}$ 的数值相对于 $\dfrac{\partial P}{\partial \theta}$、$\dfrac{\partial Q}{\partial U}$ 的数值很小，即无功与相角以及有功与电压之间的耦合关系较弱。但是，随着功率传输的增加，线路两端的相角差不断增大，雅可比矩阵中 $\dfrac{\partial P}{\partial U}$、$\dfrac{\partial Q}{\partial \theta}$ 的数值与 $\dfrac{\partial P}{\partial \theta}$、$\dfrac{\partial Q}{\partial U}$ 在同一数量级，无

功与相角以及有功与电压之间的弱耦合关系不复存在。

8.1.5　自动控制系统存在的问题

虽然系统的有功与无功在一定程度上具有解耦性，但并非毫无联系，频率或电压的变化都将通过系统的负荷特性和网络传输特性影响有功功率和无功功率的平衡。如发电机有功出力的改变对系统的电压质量、系统的无功分布以及电压稳定性必然会有所影响；与此同时，变压器分接头的调节、电容电抗器的投切、发电机机端电压设定值的改变必然会改变系统潮流，动摇自动发电控制的基础。目前电网的自动控制系统将有功频率问题与无功电压问题解耦，自动发电控制（AGC）和自动电压控制（AVC）作为两个完全独立的闭环控制系统，分别有一套独立的控制模型和目标表述方法。有功调度与无功电压相互割裂，而没有互相协调。

基于解耦观点的有功无功控制存在下述问题：

（1）无功电压控制不能及时跟踪负荷及有功调度的变化。特别是重载的线路和地区，其有功变化引起的线路潮流波动对电压质量和无功分布的影响较大。传统三级电压控制的时间启动机制会导致 AVC 控制的最优轨迹不能及时有效地跟上有功潮流的变化，影响系统的网损优化效果和电压水平。

（2）缺乏有功和无功的协调控制，不利于全网经济性和安全性的协调统一。传统的 AGC 和 AVC 系统始终是将有功与无功分别进行控制的，其中 AGC 为全网统一控制，AVC 为分层分区控制。而实际上有功分配的方式对网损的影响很大，在优化网损时完全不考虑有功优化是不合理的；当无功调节策略不当时，AGC 控制的有功变化可能会引起系统中某个节点或某个区域内电压的大幅下降，引发电压稳定的安全问题。

（3）AGC 与 AVC 系统可能存在相互调节、频繁动作的现象。由于 AGC 和 AVC 系统的控制周期和动作周期都不一致，若两者之间缺乏协调，则可能导致控制系统出现往复调节、执行机组频繁动作的现象，此时只能通过人工干预来进行协调，既增加了机组往复调节的磨损，也增加了调度人员的工作负担。

可见，电网有功功率与无功电压的关系伴随系统运行状态的不同而改变，从正常状态下的近似解耦，到临界失稳时的耦合，呈现出由弱到强的关联性。因此，自动发电控制系统与自动电压控制系统不能作为 2 个完全独立的闭环控制系统作用于一个实际的电力系统，也不能简单的采用先有功、后无功的策略进行控制。由于这两个自动控制系统的控制指令和控制目标之间存在交互影响，使得 AGC 与 AVC 系统的自动协调控制成为必然要求，这也符合智能电网整合各种智能设备和控制系统的发展趋势。下面将在已有的有功优化调度/自动发电控制系统与多级电压控制系统的基础上进行改进，提出 AGC 和 AVC 的分层控制系统，实现系统有功无功的协调优化。

8.2 AGC 和 AVC 分层自动协调优化系统的整体方案

8.2.1 自动协调优化系统的结构体系

自动优化协调控制系统（Automatic Optimal Coordinated Control System, AOCCS），基于事件驱动的机制，采用分层控制、逐级细化的思路，在原有自动控制系统的基础上，计及有功频率与无功电压之间的耦合关系，改进常规的控制算法，充分利用系统的可调资源和控制自由度，最大限度地改善电网运行的安全性、经济性和电能质量。通过在现有的 2 个闭环系统之间架设协调控制环节，综合优化有功和无功领域的经济性指标、安全性指标和运行质量类指标。AOCCS 的协调控制体系分解为最高控制层、中间控制层和底层控制，各控制层根据控制对象、控制手段和时间尺度的不同，其优化目标也有所侧重，从而实现协调优化系统从时间维、空间维和目标维的分解协调。各控制层间相互有数据信息交换，而控制指令则是从上往下传达，同时系统调度员可以直接干预最高层输出的指令。系统的各种运行状态、静动态信息、控制指令等均可以自动存储。

AOCCS 体系结构如图 8-3 所示。最高控制层功能涵盖了有功经济调度和三级电压控制的最高层。最高层为事件驱动控制。定义经济性、安全性、质量性三类事件，通过 SCADA 和 WAMS 系统监测系统的状态，判断是否形成事件，并针对所产生的事件进行调控。调控结果为中间层 AGC 的调整提供基值，为各 AVC 分区提供中枢节点电压的参考设定值。

中间控制层基于实时电力系统的状态，对 AGC 和 AVC 进行协调优化，实现 AGC 频率控制和 AVC 二级电压控制，在满足 ACE 和电压质量等运行类指标的同时，考虑有功无功调节的耦合关系，利用交叉迭代、互相修正，使其在满足各自优化目标的同时，保证系统的电压安全裕度，最大限度地降低相互调节的负面影响，减少往复调节的次数。中间控制层形成 AGC 和 AVC 的综合控制指令，下发给底层的控制设备。

底层的控制设备（发电机调速系统、励磁系统和无功补偿装置等）接受指令后控制闭环自动调节，改变电力系统的运行状态，最终实现有功频率和无功电压的协调优化，从而保证系统的安全经济运行。

8.2.2 自动协调优化系统的评价指标体系

自动协调优化系统的目标是保证系统的安全、经济和优质运行，这就需要确立能够有效衡量系统安全性和经济性水平的评价指标，从而评价系统的控制

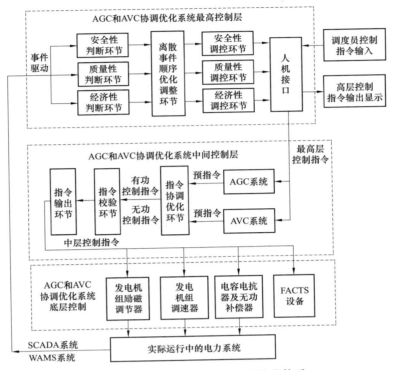

图 8-3 AGC 和 AVC 自动协调优化体系

效果，及时有效地采取相应的控制措施。现有自动发电控制（AGC）的控制目标仅限于联络线功率和系统频率的调节效果，自动电压控制（AVC）仅限于对电压水平的调节，而缺乏对系统的经济性和安全性的考核评价指标，无法满足大电网互联及电力市场条件下对电网运行自动控制的需求。

　　本节对 AGC 和 AVC 两个控制系统的控制目标进行重新整合和协调优化建模，构建了由经济性、安全性和运行质量三类指标构成的评价指标体系，从而全面综合地反映电力系统的运行状况，帮助调度运行人员及时准确地了解电力系统有功频率及无功电压的控制情况。

8.2.2.1 经济性指标

　　协调优化最高层的经济性优化以降低电网有功损耗为目标，提出计及有功调节的网损优化模型，因此需要在目标函数中体现有功参与网损调节的代价，实现电力系统电厂侧和发电侧的综合节能。综合经济性指标如下：

$$f_{\text{cost}} = f_1(P_G) + \eta P_{\text{Loss}}(V, \ \theta) \tag{8-4}$$

式中　$f_1(P_G)$——有功调节代价，可以是发电机的发电成本（二次函数）或者是电力市场下发电机的报价（一次函数）；

P_{Loss}——系统网损；

η——电价，可将网损和有功调节代价统一为成本单位。

8.2.2.2 安全性指标

在此仅进行电压安全性的调控。当系统受到扰动或发生故障时，要求系统的无功源能迅速提供无功功率，以维持电压稳定，因此对于实际系统来说，维持发电机有充足的动态无功储备是提高系统的功率传输极限，也是增强系统电压稳定性的重要手段。在分级电压控制模式下，二级电压控制（SVC）中同一个分区内的控制发电机与该区域负荷节点的电气距离均比较接近，也就是说同一个 AVC 分区内的可控发电机其无功出力对电压稳定的贡献是相同的。从系统的无功备用容量角度来看，各个控制分区内的可控发电机均保有一定的无功备用有利于提高系统的静态电压稳定水平。

因此采用各控制区域的动态无功备用作为该区域的电压稳定裕度指标。系统的稳定裕度与无功储备容量呈正相关关系，即系统的备用容量越大则稳定裕度越大。

定义发电机 i 的无功出力指标如下：

$$k_i = \frac{Q_i - Q_{i\min}}{Q_{i\max} - Q_{i\min}} \tag{8-5}$$

其中 Q_i、$Q_{i\max}$、$Q_{i\min}$ 分别为发电机 i 的无功调整量、无功出力当前值以及无功出力的最大、最小值。

电压控制分区内各发电机的无功均匀度在一定程度上可衡量系统的静态电压稳定水平。定义区域电压安全指标如下：

$$Q_{\text{lev}} = \sum (k_i - \bar{k})^2 \tag{8-6}$$

其中 $\bar{k} = \sum_{i \in R} k_i$，$i$ 为控制区内可控发电机的集合。

8.2.2.3 运行质量类指标

目前省级电网的自动发电控制均采用 TBC 控制模式，则区域控制误差（ACE）的计算公式如式（8-7）所示：

$$ACE = (P_T - P_T^S) - 10B(f - f_0) \tag{8-7}$$

其中，f 和 f_0 分别是系统的实际频率和标准频率（50Hz），B 是控制区域的频率偏差系数，P_T 和 P_T^S 分别为联络线功率实际值和计划值。

因此，将 ACE 作为衡量 AGC 性能的运行质量指标。

采用中枢母线电压与参考值之间的偏差衡量控制区域电压水平，并以此作为自动电压控制（AVC）的控制质量指标：

$$\Delta U_P = U_P - U_P^{\text{ref}} \tag{8-8}$$

综上所述，建立的指标评价体系如图8-4所示。

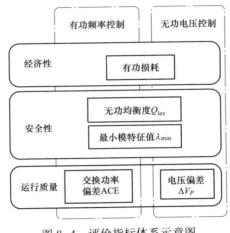

图8-4　评价指标体系示意图

8.3　协调优化控制模型及控制策略

8.3.1　协调控制最高层

最高控制层通过 SCADA 和 WAMS 系统监测系统的状态，判断是否形成事件，并针对所产生的事件进行调控。

8.3.1.1　经济性事件及其调控策略

以系统网损作为经济性指标，首先定义如下的逻辑条件来构成"经济性事件"：

$$E_{eco} = \begin{cases} C_{econ} & \text{if} \quad P_{loss}[k] > P_{loss-eco} \\ C_{enon} & \text{if} \quad P_{loss}[k] \leqslant P_{loss-eco} \end{cases} \tag{8-9}$$

式中　$E_{eco}[k] = \{C_{econ}, C_{enon}\}$——经济性判断环节的输出事件；

　　　　C_{econ} 和 C_{enon}——分别代表当前需要和不需要进行经济控制；

　　　　$P_{loss-eco}$——设定的需要控制的网损率阈值；

　　　　$P_{loss}[k]$——第 k 个控制时段的网损率。

经济控制环节受到经济判断环节发出的离散事件驱动，如果接受到的事件为 C_{enon}，则保持上次控制的输出值不变；如果接受到的事件为 C_{econ}，则在当前系统状态下进行系统经济性分析，形成控制指令发送至中间控制层。该环节设定如下的优化问题：

$$\min J(P_g, U_g) = \min f_1 + \eta P_{loss} = \min f_1(P_g) + \eta \sum_{i=1}^{N} U_i \sum_{j \in 1}^{N} U_j G_{ij} \cos \theta_{ij}$$

$$s.t. \quad P_i = U_i \sum U_j (G_{ij}\cos\theta_{ij} + B_{ij}\sin\theta_{ij})$$
$$Q_i = U_i \sum U_j (G_{ij}\sin\theta_{ij} - B_{ij}\cos\theta_{ij}) \tag{8-10}$$
$$\underline{U_i} \leq U_i \leq \overline{U_i}$$
$$\underline{U_g} \leq U_g \leq \overline{U_g}$$
$$\underline{P_g} \leq P_g \leq \overline{P_g}$$

该优化问题的目标为系统网损和调节成本，控制变量为 AGC 机组的有功出力基值 P_g 和 AVC 机组的机端电压 U_g，等式约束为系统网络方程，不等式约束包括系统节点电压限制和控制变量调节范围限制。其中 $\underline{P_g}$、$\overline{P_g}$ 为 AGC 机组基值功率调节限制，为保证 AGC 机组的正常调节，P_g 应处于 AGC 调节容量范围内，且留有足够的调节裕量，在此预留上下调节空间为调节容量的 30%。$\underline{U_g}$、$\overline{U_g}$ 为发电机机端电压调节范围。

本章采用内点法解上述的大规模最优潮流问题，给出 AGC 机组的调整基值功率及中枢节点的电压参考值，发送到中间控制层。

8.3.1.2 安全性事件及其调控策略

根据上节的安全性指标，定义如下的逻辑条件来构成"安全性事件"：

$$E_{sec} = \begin{cases} C_{scon} & if \quad \lambda_{min}[k] < \lambda_{sco} \\ C_{snon} & if \quad \lambda_{min}[k] \geq \lambda_{sco} \end{cases} \tag{8-11}$$

式中　$E_{sec}[k] = \{C_{scon}, C_{snon}\}$——安全性判断环节的输出事件；

C_{scon} 和 C_{snon}——分别代表当前需要和不需要进行电压安全控制；

λ_{min}——系统潮流 Jacobi 矩阵的最小模特征值，是常用的衡量静态电压稳定性指标；

λ_{sco}——各区域设定的需要进行安全控制的特征值安全阈值。

安全控制环节受到安全判断环节发出的离散事件驱动，如果接受到的事件为 C_{snon}，则保持上次控制的输出值不变；如果接受到的事件为 C_{scon}，则在当前系统状态下进行系统安全性分析，形成控制指令发送至中间控制层。对系统安全性事件的调控通过调整中间层 AVC 控制的安全权重系数实现，生成安全权重系数 w 下发至中间层。w 的设置根据调度员经验或事先设定的安全系数设置策略表得到。策略表根据发电机不同的无功备用水平确定电压稳定的危险程度，通过一系列的离线计算得到。

8.3.1.3　质量性事件及其调控策略

AGC 和 AVC 的基本任务是维持系统的频率和电压水平，保证系统的运行质量。因此将采用 ACE 和中枢节点电压作为系统质量性指标，分别定义如下的逻辑条件来构成"质量性事件"：

$$E_{\mathrm{qua}} = \begin{cases} C_{\mathrm{qcon}} & \mathrm{if} \quad |\Delta U_P[k]| > \Delta U_{\mathrm{qco}} \, \mathrm{or} \, ACE[k] > ACE_{\mathrm{qco}} \\ C_{\mathrm{qnon}} & \mathrm{if} \quad |\Delta U_P[k]| \leqslant \Delta U_{\mathrm{qco}} \, \mathrm{or} \, ACE[k] \leqslant ACE_{\mathrm{qco}} \end{cases} \quad (8-12)$$

式中　$E_{\mathrm{qua}}[k] = \{C_{\mathrm{qcon}}, C_{\mathrm{qnon}}\}$——质量性判断环节的输出事件；

C_{qcon} 和 C_{qnon}——分别代表当前需要和不需要进行质量控制；

$\Delta U_P[k]$——第 k 个控制时段中枢节点的电压偏差（$\Delta U_P[k] = U_P^{\mathrm{ref}}[k] - U_P[k]$，$U_P^{\mathrm{ref}}[k]$ 由经济调控环节给出），代表该中枢节点所在控制区域的电压水平；

$ACE[k]$——第 k 个控制时段的区域控制偏差，代表系统频率和联络线功率的控制效果；

ΔU_{qco} 和 ACE_{qco}——设定的需要控制的阈值。

质量性控制环节受到质量判断环节发出的离散事件驱动，如果接受到的事件为 C_{qnon}，则保持上次控制的输出值不变；如果接受到的事件为 C_{qcon}，则将形成调控参考值：调节功率总量 $\Delta P = ACE[k]$ 和区域中枢节点电压调节量 $\Delta U_P[k] = U_P^{\mathrm{ref}}[k] - U_P[k]$，形成控制指令发送至中间控制层。

"事件"驱动思想的应用克服了传统多级电压控制以设定时间启动的机制带来的电压调节不及时问题。控制系统由离散事件驱动，控制指令直接响应于事件并达到消除这一事件的目的，这使得最高层控制不仅可以根据系统的状态及时有效地调整经济运行的轨迹，还可减少控制系统的调节次数、改善调节效果。

8.3.2　协调控制中间层

当前的自动发电控制与自动电压控制系统已有较完善的控制理论及相应的模型和算法。充分利用已有的理论成果和控制思想，考虑 AGC 与 AVC 指令之间的相互影响，分别对 AGC 系统和 AVC 系统进行改进，使其在满足各自的控制目标的同时，尽量减小相互间的负面影响。同时采用交叉迭代、相互修正，对自身控制指令的不断修正避免控制系统的超调和频繁动作，最终得到协调控制指令并输出。

下面分别介绍各部分的模型及控制策略。

8.3.2.1　AGC 控制系统

AGC 指令由 2 部分组成：功率调整基值和调节功率值。各 AGC 机组的出力基值由最高层的经济优化模块给出，系统调节功率总量由最高层的质量优化模块给出。AGC 控制策略则在当前系统状态下进行 ACE 功率分配，得到各 AGC 机组的调节功率，与最高层给出的功率基值组成 AGC 预指令。

AGC 以控制联络线计划偏差为控制目标，根据实测 ACE 计算得到系统运行过程中的不平衡功率，并进行滞后控制。为改善 AGC 的调节性能，满足 CPS 标准，很多研究提出了对 AGC 控制策略的改进办法，但多数集中在对区域总调整功率的计算上，对机组调节功率一般按照简单的平均分配或者按照机组实时报价进行分配，没有考虑到有功传输对网损经济性造成的影响，不利于电网的经济运行。另外，对于一些极端情况，如重负荷区的 AGC 机组由于报价低而达到有功出力上限，而其若同时作为 AVC 机组，无法提供足够的无功支撑地区电压。

为此，实时控制层的 AGC 模块中提出改进策略，利用网损对机组有功变化的灵敏度，对机组的经济分配因子进行修正，按照各机组的综合经济性对系统的功率缺额进行分配。具体做法如下：

网络中功率损耗等于所有节点注入功率之和，即：

$$\dot{S}_L = \sum_{i,j} \overset{*}{Y}_{ij} \dot{U}_i \overset{*}{U}_j \tag{8-13}$$

有功网损为功率损耗的实部：

$$P_L(\delta, U) = \mathrm{real}(\dot{S}_L) \tag{8-14}$$

根据式（8-14）和潮流方程可以推导出网损灵敏度为：

$$\frac{dP_L}{dP} = \frac{\partial P_L}{\partial \delta} \times \frac{\partial \delta}{\partial P} + \frac{\partial P_L}{\partial U} \times \frac{\partial U}{\partial P} \tag{8-15}$$

$$\frac{dP_L}{dQ} = \frac{\partial P_L}{\partial \delta} \times \frac{\partial \delta}{\partial Q} + \frac{\partial P_L}{\partial U} \times \frac{\partial U}{\partial Q} \tag{8-16}$$

改为矩阵形式为：

$$\begin{bmatrix} \dfrac{dP_L}{dP} \\[2mm] \dfrac{dP_L}{dQ} \end{bmatrix} = - \begin{bmatrix} \dfrac{\partial \delta}{\partial P} & \dfrac{\partial U}{\partial P} \cdot \dfrac{1}{U} \\[2mm] \dfrac{\partial \delta}{\partial Q} & \dfrac{\partial U}{\partial Q} \cdot \dfrac{1}{U} \end{bmatrix} \begin{bmatrix} \dfrac{\partial P_L}{\partial \delta} \\[2mm] \dfrac{\partial P_L}{\partial U} \end{bmatrix} = - \begin{bmatrix} J^T \end{bmatrix}^{-1} \begin{bmatrix} \dfrac{\partial P_L}{\partial \delta} \\[2mm] \dfrac{\partial P_L}{\partial U} \end{bmatrix} \tag{8-17}$$

其中：

$$\frac{\partial P_L}{\partial \delta_j} = 2 \sum_{i=1}^{N} U_i G_{ij} U_j \sin\delta_{ij}$$

$$\frac{\partial P_L}{\partial U_j} U_j = 2 \sum_{i=1}^{N} U_i G_{ij} U_j \cos\delta_{ij} \tag{8-18}$$

根据以上各式，即可求出各 AGC 机组有功出力对网损的灵敏度。

根据上面提出的指标体系，将式（8-4）的综合经济性指标作为电网 AGC 购电总成本，为使系统的综合经济成本最低，建立 AGC 的功率分配模型如式（8-19）所示：

$$
\begin{aligned}
&\min \ \sum_i \left(a_i + \frac{dP_L}{dP_i} \right) \times \Delta P_i \\
&s.t. \ \sum_i \Delta P_i = \Delta P \\
&\quad \Delta P_{i\min} \leq \Delta P_i \leq \Delta P_{i\max}
\end{aligned}
\tag{8-19}
$$

式中　a_i——机组 i 的报价；

　　　ΔP_i——机组 i 的调节功率；

　　　ΔP——根据 ACE 计算得到的电网功率缺额。

因此形成的 AGC 预指令为：

$$
P_i = P_{gi} + \Delta P_i
\tag{8-20}
$$

上述 AGC 功率分配模型实际上体现了 AGC "分区优化" 的思想。电压控制的原则为 "分层分区" 优化，这是由无功功率的远距离传送会造成网损增大和电压跌落等问题决定的。而在有功频率控制系统中，由于全系统的频率可认为是统一的，因此有功调度和频率控制可在整个系统内实现，分布在任意区域的有功电源都可以参与，因而在过去的有功频率控制中一般将所有的 AGC 机组同等对待。但随着 AGC 机组数量的增多，其分布地区也更为广泛，有必要考虑有功的远距离传输将对系统的网损产生的影响。本章提出的网损灵敏度体现的是负荷发生变化的区域，对于本地机组其网损灵敏度较小，增加其出力实质上是进行负荷就地平衡。对机组的报价用网损加以修正，可更为精细地进行有功调度；同时合理的有功分配模式，既可协助 AVC 调节降低系统网损，提高电网运行的经济性，也有利于地区的无功电压调整。

8.3.2.2　AVC 控制系统

1. 电压分区和电压控制中枢节点的选取

电压控制部分是按照分层分区控制的原则进行调控的，因此建立控制系统的前提是将控制区域分为互相近似解耦的电压控制分区，并在各个分区中选取关键的节点作为控制的中枢节点。

电压分区中采用电气距离来衡量各节点之间的联系。电气距离的定义如下。

潮流 Jacobi 方程为：

$$
\begin{bmatrix} \Delta \boldsymbol{P} \\ \Delta \boldsymbol{Q} \end{bmatrix} =
\begin{bmatrix} \boldsymbol{J}_{P\theta} & \boldsymbol{J}_{PU} \\ \boldsymbol{J}_{Q\theta} & \boldsymbol{J}_{QU} \end{bmatrix}
\begin{bmatrix} \Delta \boldsymbol{\theta} \\ \Delta U \end{bmatrix}
\tag{8-21}
$$

为体现节点电压和无功之间的关系，假设 $\Delta P = 0$，得：

$$\Delta U = [\partial U / \partial Q] \Delta Q = (\boldsymbol{J}_{QU} - \boldsymbol{J}_{Q\theta} \boldsymbol{J}_{P\theta}^{-1} \boldsymbol{J}_{PU})^{-1} \Delta Q \qquad (8-22)$$

电气距离 a_{ij} 表示为：

$$a_{ij} = \left[\frac{\partial U_i}{\partial Q_j}\right] \Big/ \left[\frac{\partial U_j}{\partial Q_j}\right] \qquad (8-23)$$

a_{ij} 表示节点 j 的电压变化对节点 i 的影响，这样的定义可保证电气距离矩阵的正定性和对称性。

上面的定义方法可将 PV 节点提供无功支撑的特性通过 Jacobi 矩阵体现在电气距离中，因此比直接利用导纳矩阵虚部衡量电气距离更准确。但它仅对 PQ 节点进行了划分，我们对 PV 节点的处理方法是将其归为高压端母线所在的区域。

电压分区的算法流程如下：

步骤 1：N 个节点划分为 N 个集合，令 $n = N$。

步骤 2：在 n 个集合中，选出电气距离最近的两个集合，将之合并为一个集合，令 $n \leftarrow n-1$；并重新计算各集合间的电气距离。

步骤 3：重复步骤 2，直至 $n = 1$。

在此采用最大距离来衡量两个节点集合之间的电气距离。

中枢节点选取通常依据的原则是：在某种负荷扰动下，调节电力系统内的无功源，使系统中某些节点的电压偏移为零，则该区域各节点的电压偏差最小，这些节点则可代表区域电网的电压水平。在此选择与分区内电气距离最近的节点作为中枢节点，代表控制分区的电压水平。

2. AVC 控制策略

AVC 以维持中枢节点的电压为最高层给出的设定值为目标，根据各 AVC 机组无功或机端电压对中枢节点电压的灵敏度，以调整量最小为目标进行调节，如式（8-24）所示：

$$\min \Delta U_G^T R \Delta U_G \qquad (8-24)$$

$$s.t. \quad \Delta U_p - C_V \Delta U_G < \varepsilon$$

$$Q_{imin} \leqslant Q_{i0} + C_i \Delta U_{iG} \leqslant Q_{imax}$$

式中　U_G——机端电压，为控制变量；

　　　R——权重系数；

　　　C_V——各发电机机端电压对中枢节点电压的灵敏度矩阵；

　　ΔU_p——发生电压波动后中枢节点电压的变化值；

　　　ε——控制死区；

　　　C_i——发电机 i 机端电压对其无功出力的灵敏度。

从式（8-24）可以看出，传统的 AVC 控制策略本质上是按照发电机电压对中枢节点电压的灵敏度进行调整的，其反映了各发电机与中枢节点间的电气距离，调整的结果将使得系统的网损较小，从而达到二级电压控制遵循三级电压控制的经济最优轨迹的目的。

但是，这种传统的做法在重负荷时可能会导致电压安全问题。由于中枢节点电压设定值一般由最优潮流给出，而最优潮流是典型的非线性规划问题，其最优解很有可能在可行域的边界达到，这意味着此时有可能包含了将某些发电机的无功出力调节到限值或接近限值的控制策略。尽管对于本身来说，这没有违背其安全约束，但发电机之间的无功出力差异较大，不够均衡。而发电机的无功备用反映了当前运行点发电机可以发出的无功功率能力，与系统的电压稳定裕度具有重要的联系。发电机无功出力的不均匀，造成了电网内无功裕度的降低。当有功调整或负荷波动对电压造成负面影响时，传统二级电压控制的调节将导致系统无功分布更趋于不均匀，使得系统存在电压稳定的安全隐患。当潮流较重、无功缺乏时甚至会导致区域电压的大幅度跌落或电压崩溃。由此有学者开始研究协调二级电压控制（CSVC）。

在 AVC 控制中，由于可控发电机数大于中枢母线数，因此除了保证中枢母线电压偏差最小之外，还可以有一定的控制自由度。利用这个自由度可实现其他的协调目标，这就是 CSVC 的出发点。

结合上述的分析，综合考虑电压调整的经济性和安全性，可以通过与 AGC 系统进行信息交互，预先判断有功功率的调整对电网电压和无功的影响，若超过调节死区的范围，则以调整量和发电机无功均匀度指标作为优化目标，进行中间层的 AVC 协调双目标优化。具体如下：

（1）调节变量。在此仅考虑发电机参与电压调节，一般采用发电机机端电压调整量或无功调整量。在此采用无功调整量，理由如下：

1）选用发电机无功出力作为优化变量，可以更方便地在目标函数中表示无功均匀度指标；

2）在实际中经常出现多台发电机接在同一母线上的情况，它们对中枢节点电压的灵敏度可认为是一样的，这导致了灵敏度矩阵接近奇异，在求解优化问题时遇到困难。选择发电机的无功出力作为控制变量，可以利用叠加原理将多台并列发电机的控制作用等效为其中某一台的控制作用，从而保证可得到可逆的灵敏度矩阵，物理概念比较清晰；

3）从无功电压控制过程来看，起到本质作用的是发电机的无功出力，直接选用它作为控制变量更能准确描述实际问题。

（2）目标函数。根据所提出的电压安全性的指标，得到综合考虑电压调节经济性和安全性的双目标函数：

$$\min \Delta Q_G^T R \Delta Q_G + w Q_{\text{lev}}(\Delta Q_G) \qquad (8-25)$$

$$s.t. \quad \Delta U_p - C_Q \Delta Q_G < \varepsilon$$

$$Q_{i\min} \leqslant Q_{i0} + \Delta Q_i \leqslant Q_{i\max}$$

$$U_{i\min} \leqslant U_{i0} + C_i \Delta Q_i \leqslant U_{i\max}$$

式中　w——最高层给出的安全权重系数；

　　　C_Q——发电机无功出力对中枢节点电压的灵敏度矩阵；

　　　C_i——发电机 i 的无功出力对机端电压的灵敏度。

式（8-25）为简单的二次规划问题，可通过成熟的数学方法求解。

上述模型中的灵敏度矩阵由线性化的网络方程计算给出。将 PV 节点的修正方程增广到快速分解法的 Q-V 迭代方程中，下标 D 表示除中枢节点以外的其他 PQ 节点，下标 P 表示中枢节点；下标 G 表示受 SVR 控制的 PV 节点。假定系统负荷节点无功功率不变，即 $\Delta \boldsymbol{Q}_D = \boldsymbol{0}$，则有：

$$-\begin{bmatrix} \boldsymbol{B}_{DD} & \boldsymbol{B}_{DP} & \boldsymbol{B}_{DG} \\ \boldsymbol{B}_{PD} & \boldsymbol{B}_{PP} & \boldsymbol{B}_{PG} \\ \boldsymbol{B}_{GD} & \boldsymbol{B}_{GP} & \boldsymbol{B}_{GG} \end{bmatrix} \begin{bmatrix} \Delta U_D \\ \Delta U_P \\ \Delta U_G \end{bmatrix} = \begin{bmatrix} \boldsymbol{0} \\ \boldsymbol{0} \\ \Delta \boldsymbol{Q}_G \end{bmatrix} \qquad (8-26)$$

消去节点集 D 有关部分得：

$$-\begin{bmatrix} \widetilde{\boldsymbol{B}}_{PP} & \widetilde{\boldsymbol{B}}_{PG} \\ \widetilde{\boldsymbol{B}}_{GP} & \widetilde{\boldsymbol{B}}_{GG} \end{bmatrix} \begin{bmatrix} \Delta U_P \\ \Delta U_G \end{bmatrix} = \begin{bmatrix} \boldsymbol{0} \\ \Delta \boldsymbol{Q}_G \end{bmatrix} \qquad (8-27)$$

其中，上标"~"表示通过高斯消去网络化简后的矩阵。令：

$$\begin{bmatrix} \boldsymbol{R}_{PP} & \boldsymbol{R}_{PG} \\ \boldsymbol{R}_{GP} & \boldsymbol{R}_{GG} \end{bmatrix} = -\begin{bmatrix} \widetilde{\boldsymbol{B}}_{PP} & \widetilde{\boldsymbol{B}}_{PG} \\ \widetilde{\boldsymbol{B}}_{GP} & \widetilde{\boldsymbol{B}}_{GG} \end{bmatrix}^{-1} \qquad (8-28)$$

于是可得灵敏度矩阵：

$$\Delta U_P = \boldsymbol{R}_{PG} \cdot \Delta \boldsymbol{Q}_G = \boldsymbol{C}_Q \cdot \Delta \boldsymbol{Q}_G \qquad (8-29)$$

$$\Delta U_G = \boldsymbol{R}_{GG}^{-1} \cdot \Delta \boldsymbol{Q}_G = \boldsymbol{C}_i \cdot \Delta \boldsymbol{Q}_G \qquad (8-30)$$

8.3.2.3　AGC 与 AVC 的交叉迭代

AGC 出力调整引起潮流的变化，必然对中枢节点的电压有所影响；而 ACE 的初次分配无法考虑 AGC 机组调整前后网损的变化，因此调节必然会存在一定的误差，尤其是当调节功率较大时，会导致频繁下发指令，对机组产生不良影响。此外 AVC 的调整也会对网损有所影响。考虑到 AGC 和 AVC 的调整将对各自的控制指标产生交互影响，可能引发频繁调节的过程，为此采用交叉迭代的方法，以两个控制系统指令的交互影响量–网损的变化和中枢节点的电压偏差作为控制目标，通过逐步迭代消除两个控制系统间的相互影响，从而实现有功无功的精细化调节。迭代过程如图8-5所示。

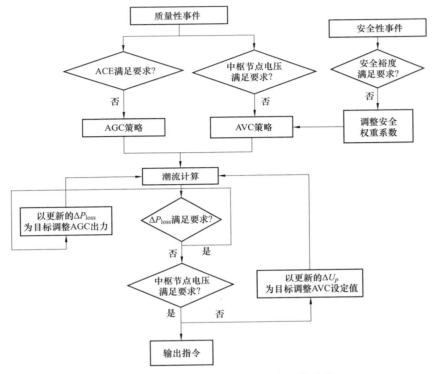

图8-5　中间层AGC和AVC指令迭代过程

由于有功与无功之间的影响程度与其调节幅度正相关，因此随着调节量的减小，其相互之间的影响程度也会逐步减小，最终质量类指标会均收敛到系统设定的阈值内。

类似于最优潮流的有功无功交叉逼近算法，将协调控制的综合控制指令求解分解成AGC调节子问题和AVC调节子问题。在AGC和AVC控制指令下发之前，生成预指令，交替计算AGC和AVC的控制指令，迭代交流潮流，直至控制目标收敛，从而减少了系统的往复调节，实现了有功和电压的精细化调节。

8.3.3　协调控制底层

AGC和AVC协调优化中间控制层计算得到的综合控制指令AGC机组的有功出力和AVC机组的无功出力，将直接送至底层各电力控制器。基层的发电厂、变电站以及无功补偿装置具有其自身数字型的闭环控制器，再加装如图8-6所示的接收和执行"中间层"下达的操作命令的装置后，可接收和执行中间层的控制命令，送至其中央处理单元，进行运算处理后经过控制操作母线下达给各台发电机的励磁控制器和调速器，改变励磁控制器的给定值及调速器设定值，从而改变发电机的机端电压和有功出力。同时其中央处理单元具备人机接口，将中间处理决策与操作层下达的操作命令显示给调度员，亦可以优先接受现场调度人员的指令，同时将各种数据进行存储。

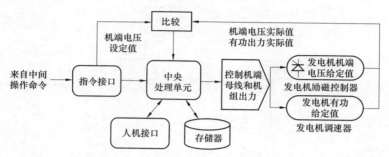

图 8-6　基层发电厂装置控制结构图

底层控制器实现对系统的控制，从而使得系统中联络线潮流维持为设定值，中枢节点电压值达到最高控制层中的设定值，同时减小系统的网络损耗，保证系统的电压稳定裕度。

8.4　协调优化系统运行情况分析

对所开发的 AGC 和 AVC 协调优化控制系统进行多断面离线优化控制测试，测试时间断面为 2009 年 11 月 21 日 8：30~11 月 22 日 8：30。对比方案为：方案一为传统的 AGC 方案；方案二为传统的 AGC 和 AVC 方案；方案三为协调 AGC 和 AVC 控制方案，测试的综合效果如图 8-7~图 8-10 所示。

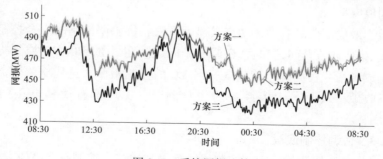

图 8-7　系统网损比较

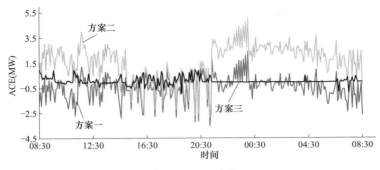

图 8-8　ACE 比较

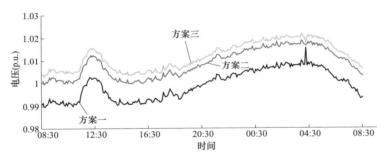

图 8-9　李家墩节点电压比较

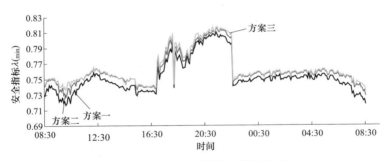

图 8-10　电压安全性状态指标比较

　　由上述多断面测试结果可以看到，所开发的 AGC 和 AVC 协调优化系统可持续进行多断面的计算，并提供相应的可视化查询界面和文件入库功能，系统运行良好。

　　从离线计算分析的网损情况分析，协调控制方案比系统原有的控制方案（仅 AGC 控制）网损率平均降低了 0.085%。可见全网的有功无功联合优化可有效地提高系统运行的经济性，带来较大的社会效应和经济效益。

另外，AGC 和 AVC 协调优化系统还可减少系统联络线控制偏差、提高系统电压水平，从而改善电能质量，同时通过协调控制还可以提高系统安全裕度，防止电压崩溃和大范围停电事故的发生，对于维持系统的安全稳定运行具有重要意义。

参考文献

［1］陈明珠．全国联网考验驾驭大电网能力［J］．国家电网，2006，（5）：48-49.

［2］王为国，王彬，郭庆来．湖北电网无功电压自动控制系统的建设及运行［J］．湖北电力，2010，34（1）：1-3.

［3］李文沅．电力系统安全经济运行——模型与方法［M］．重庆：重庆大学出版社，1989.

［4］J Carpentier. Optimal power flows［J］. International Journal o f Electrical and Energy Systems，1979，1（1）：3-15.

［5］姚小寅．电力系统电压无功控制的研究［D］．北京：清华大学电机工程与应用电子技术系，1999.

［6］胡伟，王淑颖，徐飞，等．基于分层控制的 AGC 与 AVC 自动优化协调控制策略［J］．电力系统自动化，2011，35（15）：40-45.

［7］王淑颖．基于分层控制的自动发电与自动电压协调优化控制策略研究［D］．北京：清华大学，2011.

［8］D Marija. Ilic，Xiaojun Liu，Gilbert Leung，et al. Improved secondary and new tertiary voltage control［J］. IEEE transactions on power systems，1995，10（4）：1851-1862.

［9］李予州，张伯明，吴文传，等．在线有功调度协调控制系统的研究与开发［J］．电力自动化设备，2008，28（5）：12-15.

［10］胡伟．电压混成自动控制（HAVC）系统的研究［D］．北京，清华大学，2002.

［11］姚浩威．基于混成控制系统的 AGC 与 AVC 优化协调控制的研究［D］．北京：清华大学，2011.

［12］高宗和，滕贤亮，张小白．互联电网 CPS 标准下的自动发电控制策略［J］．电力系统自动化，2005，（19）：40-43.

［13］李滨，韦化，农蔚涛，等．基于现代内点理论的互联电网控制性能评价标准下的 AGC 控制策略［J］．中国电机工程学报，2008，（25）：56-61.

［14］周双喜，朱凌志，郭锡玖，等．电力系统电压稳定性及其控制（第

一版）［M］．中国电力出版社，2004.

［15］H VU，P PRUVOT，C LAUNAY，et al. An Improved Voltage Control on Large-scale Power System［J］．Power Systems IEEE Transactions on，1996，11（3）：1295-1303.

［16］LX Bao，ZY Huang，W Xu. On voltage stability monitoring using var reserves［J］．IEEE Transaction on Power Systems，2003，18（4）：1461-1469.

［17］李淼，胡伟，陆秋瑜，等．考虑机网协调的阻尼优化控制系统研究．中国电机工程学报，2012，32（28）：55-61.

［18］QY Lu，W Hu，L Zheng，et al. Integrated Coordinated Optimization Control o f Automatic Generation Control and Automatic Voltage Control in Regional Power Grids［J］．Energies. 2012，5（10）：3817-3834.

［19］Yao Haowei，Hu Wei，Xu Fei，et al. Research on Damping Control System o f Optimized Coordination o f AGC and AVC. The International Conference on Advanced Power System Automation and Protection（APAP2011），Beijing，China，2011.10，16-20.

［20］谭贝斯．特高压背景下电网优化控制运行策略的研究［D］．北京：清华大学，2014.

第9章

发电机二次设备保护与电网安全稳定的协调配合

当前，我国电力工业已进入大电网与大机组阶段。与此同时，为适应"厂网分开、统一调度"的发展趋势，加强网源协调，确保电网和电厂的安全稳定运行，华北和华东电力调度通信中心先后发文对网内 200MW 及以上发电机组的失磁和低频/高频等异常运行保护进行监督管理，规定了保护判据的选型和整定原则，要求失磁保护定值的整定必须保证发电机失磁时可靠跳闸；并规定了低频保护的动作定值，指出机组低频保护的定值应低于系统低频减载的最低一级定值，但对于高频保护的出口方式则各有不同的规定。

根据北美电力可靠性协会（NERC）公布的美加"8·14"大停电事故的分析报告，可以看出由于未建立起网源协调的继电保护和安全稳定控制系统，使得在系统电压下降时，许多发电机组很快退出运行，加剧了电压崩溃的发生。IEEE 继电保护工作组（J-6）与旋转电机工作组（J-5）的联合撰文也指出上述大停电事故中许多发电机组的跳闸属于机组保护在系统大扰动中的误动作，进而提出发电机相关保护与发电机容量曲线、励磁调节和静稳极限的配合策略，以确保发电机在系统大扰动中的在线运行，这对于恢复系统稳定是至关重要的。

本章通过对电网动态过程中机组涉网保护动作行为的分析，从保证电网稳定的角度，找出机组失磁保护与机组控制以及系统控制的配合关系，并提出相应的设计和整定原则，以确保机组和电网的安全稳定运行。

9.1 发电机失磁保护

9.1.1 发电机失磁保护原理

发电机失磁故障是指发电机的励磁突然全部消失或部分消失。引起失磁的原因有转子绕组故障、励磁机故障、自动灭磁开关误跳闸、半导体系统中某些元件损坏或回路发生故障以及误操作等。各种失磁故障综合起来看，有以下几种形式：励磁绕组直接短路或经励磁发电机电枢绕组闭路而引起的失磁，励磁绕组开路引起的失磁，励磁绕组经灭磁电阻短接而失磁，励磁绕组经整流器闭路（交流电源消失）失磁。

以下以单机无穷大系统为例说明失磁保护的过程。

发电机与无穷大系统并列运行等效电路如图 9-1 所示。

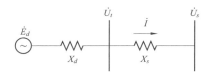

图 9-1　单机无穷大系统的等效电路

对隐极发电机，发电机送出功率为

$$P = \frac{E_d U_S}{X_d + X_S} \sin\delta \qquad (9-1)$$

$$Q = \frac{E_d U_S}{X_d + X_S} \cos\delta - \frac{U_S^2}{X_d + X_S} \qquad (9-2)$$

式中　$\dot{E}_d$——发电机的同步电动势；

　　　$\dot{U}_t$——发电机端电压，V；

　　　$\dot{U}_S$——无穷大系统母线电压，V；

　　　$\dot{I}$——发电机的定子电流，A；

　　　X_d——发电机的同步电抗；

　　　X_S——发电机与系统间的联系电抗；

　　　δ——$\dot{E}_d$ 和 $\dot{U}_t$ 之间的夹角。

发电机失磁后，转子磁通将近似地按指数规律衰减，于是 E_d 逐渐减小，发电机的电磁功率 P 减小。由于原动机供给的机械功率 P_T 还来不及减小，转子加速，δ 角增大。当不考虑励磁调节器的影响，$\delta = 90°$ 时为稳定运行的极限。在 $\delta < 90°$ 时，δ 增大导致 $\sin\delta$ 增大，自动补偿了 E_d 的下降，而使电磁功率 P 仍保持与机械功率 P_T 相平衡。当 δ 角增大到 90° 时，发电机临界失步。之后，随着 E_d 的继续下降，电磁功率 P 急剧减小，P_T 远大于 P，则转子转速急剧增加，转差率 s 显著升高，转子回路中感应出差频电流，此电流产生异步功率。在转速增大的影响下，原动机的调速器动作，机械功率减小，发电机进入异步运行状态。当异步功率与电磁功率达到新的平衡时，发电机进入稳定的异步运行状态。

因此，发电机从失磁开始到进入稳态异步运行，一般可分为三个阶段：

①失磁开始到失步前；②临界失步点；③异步运行阶段。

9.1.2 发电机失磁过程中的机端测量阻抗

长期以来，国内外广泛采用机端测量阻抗构成失磁保护阻抗继电器，因此有必要分析发电机失磁过程中机端阻抗的变化轨迹。

1. 失磁开始到失步前

在这一阶段中，发电机端的测量阻抗为

$$Z_{apr} = \frac{\dot{U}_t}{\dot{I}} = \frac{\dot{U}_S}{\dot{I}}\frac{\hat{U}_S}{\hat{U}_S} + jX_S = \frac{U_S^2}{S} + jX_S = \frac{U_S^2}{2P}\left(\frac{P - jQ + P + jQ}{P - jQ}\right) + jX_S$$

$$= \frac{U_S^2}{2P}\left(1 + \frac{P + jQ}{P - jQ}\right) + jX_S = \left(\frac{U_S^2}{2P} + jX_S\right) + \frac{U_S^2}{2P}e^{j2\varphi} \tag{9-3}$$

其中，
$$\varphi = \tan^{-1}\frac{Q}{P}$$

又知 U_S、X_S 和 P 为常数，Q 和 φ 为变数，因此式（9-3）是一个圆的方程式，在复阻抗平面上，其圆心坐标为 $\left(\dfrac{U_S^2}{2P},\ X_S\right)$，半径为 $\dfrac{U_S^2}{2P}$。

由于这个圆是在有功功率 P 不变的条件下做出的，因此称为等有功阻抗圆，且 P 越大时圆的直径越小。

发电机失磁以前，向系统送出无功功率，φ 角为正，测量阻抗位于第一象限，失磁以后随着无功功率的变化，φ 角由正值变为负值，因此测量阻抗也沿着圆周由第一象限过渡到第四象限。

2. 临界失步点

隐极式发电机组临界失步时，发出的无功功率为

$$Q = -\frac{U_S^2}{X_S + X_d}$$

这表明临界失步时，发电机自系统吸收无功功率，且为一常数，称临界失步点为等无功点。

此时机端测量阻抗为

$$Z_{apr} = \frac{\dot{U}_t}{\dot{I}} = \frac{\dot{U}_S}{\dot{I}}\frac{\hat{U}_S}{\hat{U}_S} + jX_S = \frac{U_S^2}{S} + jX_S = \frac{U_S^2}{-j2Q}\left(\frac{P - jQ - P - jQ}{S}\right) + jX_S$$

$$= \frac{U_S^2}{-2Q}\left(1 - \frac{P + jQ}{P - jQ}\right) + jX_S = \frac{U_S^2}{j2Q}\times(1 - e^{j2\varphi}) + jX_S \tag{9-4}$$

把 $Q = -\dfrac{U_S^2}{X_d + X_S}$ 代入并化简可得

$$Z_{\text{apr}} = -\,\text{j}\,\frac{X_d - X_S}{2} + \text{j}\,\frac{X_d + X_S}{2}\text{e}^{\text{j}2\varphi} \tag{9-5}$$

由式（9-5）可知，发电机在输出不同的有功功率 P 而临界失稳时，其无功功率 Q 恒为常数，因此在式（9-5）中，φ 为变数，表示的也是一个圆的方程式，其圆心坐标为 $\left(0,\ -\dfrac{X_d - X_S}{2}\right)$，圆的半径为 $\dfrac{X_d + X_S}{2}$。这个圆称为静稳极限阻抗圆或等无功阻抗圆。其圆周为发电机以不同的有功功率 P 临界失稳时，机端测量阻抗的轨迹，圆内为静稳破坏区。

3. 失磁破坏后的异步运行阶段

静稳破坏后的异步运行阶段可用图 9-2 所示的等效电路来表示。

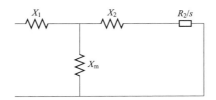

图 9-2 异步运行时的发电机等效电路图

此时，按图 9-2 所规定的电流正方向，机端测量阻抗为

$$Z_{\text{apr}} = -\left[\text{j}X_1 + \text{j}X_{\text{m}}/\!/(\text{j}X_2 + R_2/S)\right] \tag{9-6}$$

当 $s = 0$ 时，机端测量阻抗最大，$Z_{\text{apr}} = X_1 + X_{\text{m}} = X_d$；$S = \infty$ 时，机端测量阻抗最小，$Z_{\text{apr}} = X_1 + X_{\text{m}}/\!/X_2 = X_d''$。在机组异步运行时，机端阻抗随着转差率 s 而变化，其机端阻抗的变化范围如图 9-3 中黑色部分所示，而通常会以比其变化范围更大的异步边界阻抗圆（以 $-\text{j}X_d'/2$ 和 $-\text{j}X_d'$ 两点为直径作圆）作为动作边界，以保证失磁保护正确可靠动作。

综合上述三个阶段的机端阻抗轨迹图如图 9-4 所示。

9.1.3 失磁保护原理框图

对于发电机失磁保护，需要满足以下两个基本要求：

（1）失磁保护必须快速动作，以使发电机免受损伤、系统稳定运行不被破坏。

（2）在电力系统异常运行方式或扰动下，发电机失磁保护不应误动，以免损伤发电机、危及系统安全。

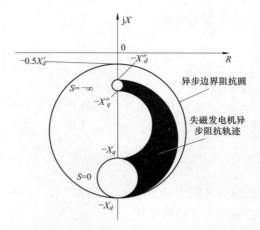

图 9-3 异步运行时发电机阻抗轨迹及异步边界阻抗圆

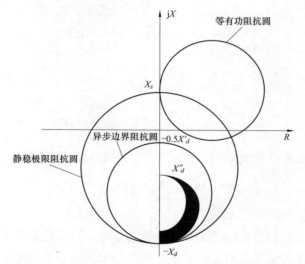

图 9-4 发电机失磁后三个运行阶段的机端阻抗范围对比

　　根据发电机失磁后机端测量阻抗轨迹进入静稳极限阻抗圆、异步边界阻抗圆的特征构建了定子侧的静稳极限阻抗圆判据、异步边界阻抗圆判据。但各种定子判据在非失磁故障的某些异常工况下常会误动，为了弥补此缺点，现有失磁保护方案中一方面加入了延时元件，另一方面补充采用等励磁电压或变励磁电压等转子侧判据作为辅助判据。由于只有失磁故障时既满足定子侧判据又满足转子侧判据，而其他异常工况下不能同时满足定子侧、转子侧判据，因此转子侧辅助判据的采用提高了失磁保护的选择性。此外，如果失磁保护不能及时动作，则在发电机与系统联系薄弱或系统无功储备不足时，发电机失磁可能造成系统电压崩溃。为避免此情况出现，又在失磁保护方案中加入了低电压判据。

综上，国内机组常见的失磁保护原理框图如图9-5所示。

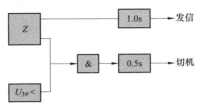

图9-5 失磁保护原理框图

图9-5中，"Z"构成了阻抗判据，当机端阻抗轨迹进入静稳极限阻抗圆或异步边界阻抗圆时，阻抗元件动作，"$U_{3\varphi}<$"表示三相电压低于整定值时，电压比较元件动作。

阻抗判据可采用图9-4所示的静稳极限阻抗圆或异步边界阻抗圆（采用异步边界阻抗圆居多）。因此机端阻抗元件动作框图的实现逻辑如图9-6所示。

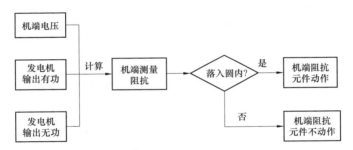

图9-6 机端阻抗元件动作框图的实现逻辑

该方案没有采用转子侧判据，在系统振荡时保护极易误动。设计人员不得不延长延时时间以降低保护的误动率，但这却会导致保护动作速度缓慢。另外，定子阻抗判据没有和低电压判据分离，由于现代电网联系紧密，发电机失磁后，系统电压仅略微下降，低电压判据常常失效，致使保护在发电机失磁时拒动。因此，现有的失磁保护方案性能不佳。

9.2 考虑网源协调下失磁保护延时元件的分析

在现有的失磁保护方案中，阻抗判据与延时元件综合作用构成了失磁保护的主判据。由于静稳极限阻抗圆及异步边界阻抗圆整定方案成熟、动作可靠，延时元件的整定成为对失磁保护方案的性能影响最显著的因素。如果延时元件整定值过小，那么在发电机失磁时，失磁保护可较快动作，有利于系统侧的安全稳定；但在系统振荡等异常运行方式下，失磁保护方案却极易误动。相反，如果延时元件整定值过大，那么在系统振荡等异常运行方式下，失磁保护可靠不动作；但在发电机失磁时，失磁保护动作时间更加滞后，这可能造成线路后备保护的误动。此外，剧烈振荡的发电机机端电气量变化对系统扰动极大，系统电压失稳可能性进一步加大。综上，延时元件的合理整定对系统的安全稳定运行影响较大，是网源协调关注的重点，有必要分析失磁保护延时元件的整定值是否合理。

9.2.1 IEEE 9 节点系统失磁过程仿真

应用中国电科院开发的电力系统分析综合程序仿真软件和 MatIab 软件，对 IEEE 9 节点系统中的 2 号机（见图 9-7）在短路失磁、开路失磁（励磁绕组经灭磁电阻闭路）等工况下的机端阻抗轨迹进行了仿真计算，并考虑了失磁前发电机所带有功的不同情况（100% Pgn、50% Pgn 和 20% Pgn），如图 9-8~图 9-10所示。在此基础上还统计了以静稳极限阻抗圆和异步边界阻抗圆为判据下，机端阻抗轨迹的进、出圆时间（见表 9-1~表 9-3），以此校核依据经验制定的延时时间是否可及时切除失磁的机组。

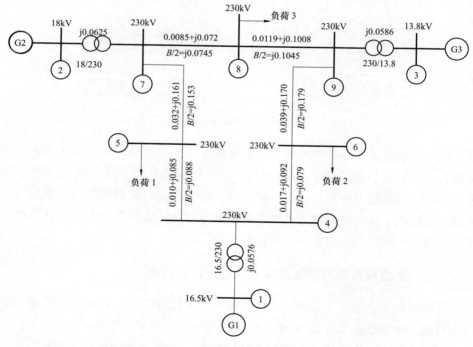

图 9-7　IEEE 9 节点系统接线图（S_B = 1000MVA）

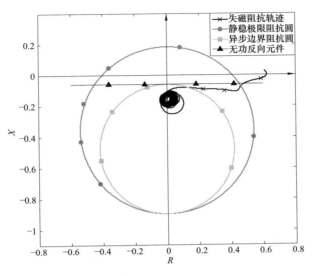

图9-8 IEEE 9 节点系统 2 号机额定负载时
发生短路失磁故障后的机端阻抗轨迹（$t=1\text{s}$）

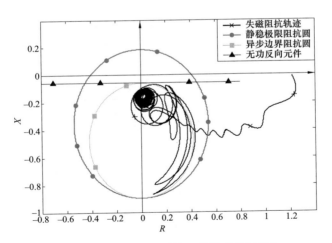

图9-9 IEEE 9 节点系统 2 号机半载时发生
短路失磁故障后的机端阻抗轨迹（$t=1\text{s}$）

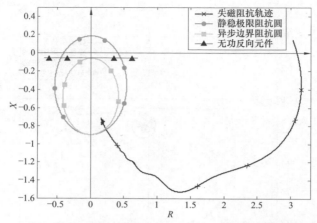

图 9-10   IEEE 9 节点系统 2 号机轻载时发生短路失磁故障后的机端阻抗轨迹（$t=1$s）

表 9-1   2 号机额定负载时发生短路失磁故障后
的机端阻抗轨迹进、出及停留阻抗圆的时间统计

机端阻抗元件的选择	第一次进圆时间（s）	第一次出圆时间（s）	圆内停留时间（s）
静稳极限阻抗圆	1.906	无	一直
异步边界阻抗圆	3.259	无	一直

表 9-2   2 号机半载时发生短路失磁故障后
的机端阻抗轨迹进、出及停留阻抗圆的时间统计

机端阻抗元件的选择	第一次进圆时间（s）	第一次出圆时间（s）	圆内停留时间（s）
静稳极限阻抗圆	5.081	10.110	5.029
异步边界阻抗圆	6.421	9.018	2.597

表 9-3   2 号机轻载时发生短路失磁故障后
的机端阻抗轨迹进、出及停留阻抗圆的时间统计

机端阻抗元件的选择	第一次进圆时间（s）	第一次出圆时间（s）	圆内停留时间（s）
静稳极限阻抗圆	16.391	无	一直
异步边界阻抗圆	17.790	无	一直

从图 9-8~图 9-10 可看出，发电机失磁初始阶段机端阻抗轨迹的变化基本表现为等有功阻抗圆，这说明了仿真计算的正确性。

从表 9-1、表 9-3 可以看出，发电机满载、轻载下发生短路失磁故障时，机端阻抗轨迹进入静稳极限阻抗圆及异步边界阻抗圆后，一直停留在圆内；从表 9-2 可以看出，发电机半载下发生短路失磁故障时，机端阻抗轨迹在静稳极限阻抗圆内、异步边界阻抗圆停留的时间分别为 5.029s、2.597s，这都分别超过了静稳极限阻抗圆元件、异步边界阻抗圆元件后的延时元件的整定值 1s、0.5s。因此，不管发电机初始运行状态如何，依据经验值整定的延时元件值均可使失磁保护在短路失磁故障时及时动作。

从图 9-11 （a）可以看出，发电机满载下发生开路失磁故障时，机端阻抗轨迹进入静稳极限阻抗圆及异步边界阻抗圆后始终停留在圆内；从图 9-11 （b）可以看出，发电机半载下发生开路失磁故障时，机端阻抗轨迹进入静稳极限阻抗圆后始终停留在圆内，在异步边界阻抗圆内则停留 1.02s；从图 9-11 （c）可以看出，发电机轻载下发生开路失磁故障时，机端阻抗轨迹在静稳极限阻抗圆及异步边界阻抗圆内停留的时间都为 6s。这均超过了静稳极限阻抗圆元件、异步边界阻抗圆元件后的延时元件的整定值 1s、0.5s。因此，在发生开路失磁故障时，不管发电机初始运行状态如何，依据经验值整定的延时元件值都可使得失磁保护及时动作。

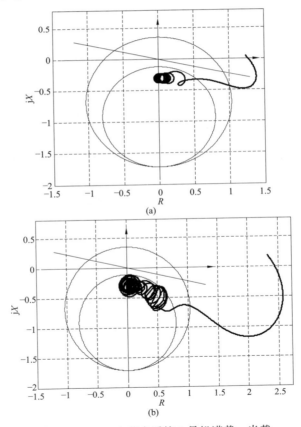

图 9-11　IEEE 9 节点系统 2 号机满载、半载

和轻载时发生开路失磁故障（经灭磁电阻闭路）（一）

（a）满载时（失磁后 0.27s 进入静稳极限阻抗圆，0.53s 进入异步边界阻抗圆）；

（b）半载时（失磁后 0.57s 进入静稳极限阻抗圆，0.94s/1.96s 进/出异步边界阻抗圆）

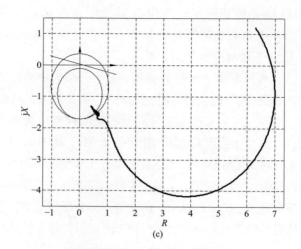

图9-11　IEEE 9节点系统2号机满载、半载

和轻载时发生开路失磁故障（经灭磁电阻闭路）（二）

（c）轻载时（失磁后2.40s/8.40s进/出静稳极限阻抗圆，2.60s/8.60s进/出异步边界阻抗圆）

9.2.2　IEEE 9 节点系统振荡仿真

应用中国电科院开发的电力系统分析综合程序仿真软件和 MatIab 软件在 IEEE 9 节点系统中设置故障如下：1 号主变压器高压侧发生三相短路（$t=1\mathrm{s}$ 时），保护临界切除时间切除故障。计算机仿真时，考虑了发电机组是否安装 AVR 的差异。图 9-12 和表 9-4 得到了此时的机端测量阻抗轨迹和出、入阻抗圆的时间，以校核依据经验制定的延时时间是否避免失磁保护误动切除机组。

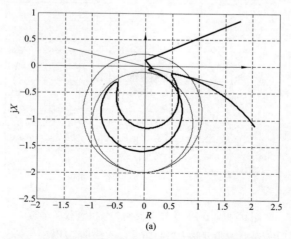

图9-12　系统稳定振荡时发电机的机端阻抗轨迹（一）

（a）机组不带 AVR

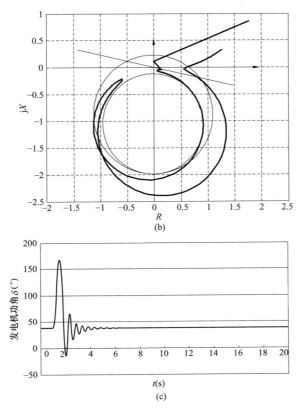

图 9-12 系统稳定振荡时发电机的机端阻抗轨迹（二）

（b）机组带 AVR；（c）对应图（b）的发电机功角曲线

表 9-4　振荡阻抗轨迹进、出及停留在失磁保护阻抗圆内的时间统计

失磁保护阻抗圆的类型		进圆时间（s）	出圆时间（s）	圆内停留时间（s）
静稳极限 阻抗圆	图 9.12（a）	1.50	2.55	1.05
	图 9.12（b）第一次	1.45	1.88	0.43
	图 9.12（b）第二次	1.90	2.08	0.18
异步边界 阻抗圆	图 9.12（a）	1.88	2.25	0.37
	图 9.12（b）	1.82	1.87	0.05

　　由图 9-12（a）、图 9-12（b）可以看出，系统振荡时，发电机不带 AVR、带 AVR 时的机端阻抗轨迹差别较大。发电机不带 AVR 时，机端阻抗轨迹范围较小，停留在阻抗圆的时间较长；发电机带 AVR 时，机端阻抗轨迹范围较大，机端阻抗轨迹多次进出阻抗圆，每次停留在阻抗圆的时间较短。因此，发电机不带 AVR 下系统振荡时的失磁保护最可能误动。

表 9-4 的结果验证了上述推断。由表 9-4 可知，发电机不带 AVR 下系统临界稳定振荡时，机端阻抗轨迹停留在静稳极限阻抗圆的时间为 1.05s，超过了失磁保护方案中静稳极限阻抗圆元件后的延时元件的整定值为 1s，此时失磁保护将误动；发电机带 AVR 下系统临界稳定振荡时，机端阻抗轨迹停留在静稳极限阻抗圆的时间分别为 0.43s、0.18s，这均小于 1s，以静稳极限阻抗圆为主判据的失磁保护不会误动。另外，发电机不带 AVR、带 AVR 下系统振荡时，机端阻抗轨迹停留在异步边界阻抗圆的时间分别为 0.37s、0.05s，均小于失磁保护方案中异步边界阻抗圆元件后的延时元件的整定值 0.5s，发电机失磁保护不会误动；但由于 0.37s 更接近 0.5s，不带 AVR 时，发电机失磁保护将更容易误动。

综上，在失磁保护中，若采用静稳极限阻抗圆，稳定振荡情况下机端阻抗轨迹在圆内停留的时间较异步边界阻抗圆更长。若带 AVR 的电压支撑作用，振荡阻抗轨迹不容易进入失磁保护阻抗圆或在其中停留时间较短，但若不带 AVR 或 AVR 失效，采用静稳极限阻抗圆则很容易误动，而采用异步边界阻抗圆整定可躲过该系统振荡。

9.2.3　失磁过程、系统振荡仿真结论

从仿真图形可清晰地看到系统失磁后的极端阻抗变化轨迹，与传统的图解法相比，与系统联网发电机机端阻抗轨迹的仿真计算更加真实全面，毕竟图解法依赖的"等有功过程"只在一定条件下才成立；并且结合所属系统的振荡周期，还可对依据运行经验确定的发电机失磁保护的延时进行校核。从上面的仿真结果可得到以下结论：

（1）失磁后系统需经过一段时间才能进入动作圆区域，该时间与工况和机组参数相关，可能长达几十秒。在此期间机组的有功无功可能已经发生较大变化，可能导致机组或系统其他保护动作，因此需要对相关的保护进行协调。

（2）利用仿真计算对失磁保护的延时进行校核。经校核，在以上的系统和工况中，两种阻抗圆整定方式下失磁轨迹在圆内的停留时间都较长，常规的动作延时时间（如 0.5s 或 1.0s）可保证失磁机组被可靠切除。

（3）采用静稳极限阻抗圆的动作判据，可更快速切除故障，但同时也增加了误动的风险。

9.3　考虑网源协调下失磁保护低电压判据分析

发电机失磁后，将导致机端电压和升压变高压侧母线电压的降低。为了防止发电机失磁可能造成的系统电压崩溃，以机端三相电压低或升压变高压侧母线电压低作为发电机失磁对系统电压影响的指标，目前继电保护厂家在发电机

失磁保护中广泛配置了低电压继电器。

依照国家电力行业标准 DL/T 684—2012《大型发电机变压器继电保护整定计算导则》的规定，低电压判据的设置分为两种情况。

当低电压继电器设置在发电机机端时，整定值设为

$$U_{\text{op.3ph}} = (0.8 \sim 0.85) U_{\text{N}} \qquad (9\text{-}7)$$

式中　　$U_{\text{op.3ph}}$——三相继电器动作电压，V；

　　　　U_{N}——发电机额定电压，V。

当低电压继电器设置在升压变高压侧时，整定值设为

$$U_{\text{op.3ph}} = (0.85 \sim 0.9) U_{\text{N}} \qquad (9\text{-}8)$$

设置低电压判据的目的是为了保证系统电压稳定，因此，三相低电压继电器设置在升压变高压侧更为合理，然而，现场运行实践表明，对目前大多数大型发电厂，此判据不仅起不到作用，反而会对系统安全造成隐患，无法实现网源协调的效果，为此，通过电压稳定理论分析低电压判据存在的问题。

9.3.1　系统静态电压稳定性分析方法综述

国内外文献［5-6］均明确指出：发电机短路失磁、部分失磁造成的失步是静稳破坏所致，发电机开路失磁造成的失步则应是暂态破坏所致。由于短路失磁、部分失磁占发电机失磁故障的绝大多数，所以重点研究发电机短路失磁、部分失磁造成的系统电压静稳破坏问题。系统静态电压稳定性分析方法通常有灵敏度分析法、模态分析法、QV 曲线法等。

1. 模态分析法

基于模态分析法的静态电压稳定性分析属于众多电压稳定性方法的一种。与 PV 曲线、QV 曲线法、灵敏度分析法等相比，模态法可以提供整个电力系统电压失稳的机理、系统电压薄弱区域以及失稳区域、系统的关键支路等信息，同时该方法具有物理概念清晰且计算快速的优点。基于模态分析法，本节将分析发电机失磁后的系统电压稳定薄弱区，并结合 QV 曲线法的分析结果为失磁保护低电压判据的设置提供建议。

2. 曲线法

QV 曲线法通常用于分析某一节点上的电压与同一节点上的无功注入的关系，以了解某节点无功补偿的需求。发电机失磁后，运行人员关心的是系统安全条件下失磁发电机从系统中吸收的无功最大值。从 QV 曲线法的本质来看，QV 曲线法同样可用于分析同一节点上的电压、无功功率吸收的关系。本节将采用 QV 曲线法分析失磁发电机节点电压同无功功率的关系。

9.3.2　发电机失磁后对电网电压稳定性的影响分析

为了研究发电机失磁后对系统电压稳定的影响，引入模态分析法和 QV 曲

线法，以便给出系统最易发生电压失稳的区域以及发电机失磁后机端电压与吸收无功的关系，并指导发电机失磁保护低电压判据的设置。

以中国电力科学研究院给出的 CEPRI-36 节点系统为算例进行系统电压稳定性分析。该系统共包括 8 台发电机、10 个节点、31 条交流线路、1 条直流线路、7 台两绕组变压器、3 台三绕组变压器。系统接线如图 9-13 所示，系统参数见文献 [7]。

考虑两种情形下的发电机失磁对系统电压稳定的影响。情形一为发电机 2 失磁。为此在原 CEPRI-36 系统中增设节点 99，以及节点 99 与发电机节点 2 间的阻抗无限小的交流线，并将系统中节点 9 的负荷改接至节点 99，如图 9-13 虚线框中所示。由于发电机短路失磁、部分失磁造成的系统失稳为静态失稳类型。因此在进行电压稳定分析时可用如下方法模拟发电机失磁过程：保持发电机 2 的输出、节点 99 负荷消耗的有功不变，而让节点 99 负荷吸收的无功一直增加直至静稳极限点。情形二为发电机 2 失磁，同时节点 23 负荷增加。与情形一对比，进而分析发电机失磁时的系统运行变化对系统电压稳定的影响。

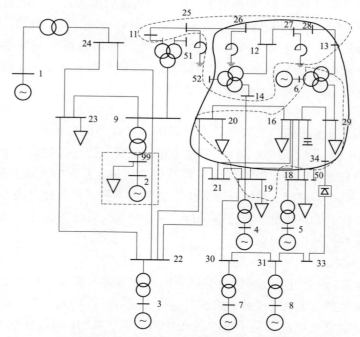

图 9-13　不同运行状态下的系统薄弱区域对比（2 号发电机失磁）

1. 基于模态分析法的系统电压稳定性分析

把各节点参与因子与该模态下的最大节点参与因子的比值定义为相对节点

参与因子，若该相对因子大于 0.5，则认为其对应的节点为影响系统稳定的中枢节点。

情形一：发电机 2 失磁

发电机 2 失磁时，对图 9-13 所示系统分别进行初始运行状态和极限运行状态下节点相对参与因子的计算。表 9-5 列出了节点相对参与因子的计算结果，未给出的节点相对参与因子值均小于表 9-5 中所列结果。

表 9-5　　　　　　　　节点相对参与因子对比（2 号发电机失磁）

初始运行		极限运行	
节点	相对参与因子	节点	相对参与因子
27	1.000	28	1.000
12	0.999	13	1.000
26	0.998	34	0.903
28	0.984	29	0.903
13	0.983	16	0.902
14	0.938	17	0.884
52	0.907	27	0.881
15	0.907	12	0.880
34	0.811	26	0.879
29	0.811	6	0.714
16	0.810	14	0.684
17	0.788	52	0.656
20	0.578	15	0.656
19	0.550	20	0.546
25	0.487	50	0.468

图 9-13 中，虚线内的区域为初始运行状态下的系统薄弱区域，实线内的区域为极限运行状态下的电压失稳区域。

从图 9-13 和表 9-5 可看出：

（1）初始运行状态下，系统中最薄弱的节点是节点 27，节点 27、12、26 直至节点 19 所包围的区域构成了初始运行状态下系统的薄弱区域。极限运行状态下，系统中最薄弱的节点是 28，节点 28、13、34 直至节点 19 所包围的区域构成了极限运行状态下系统的失稳区域。

（2）随着节点 99 负荷的增加，即失磁发电机 2 吸收无功的增加，系统的最薄弱节点和最薄弱区域发生了变化，这说明系统的薄弱区域随负荷的变化而发生转移。

（3）在初始运行状态下，系统中薄弱节点的分布比较分散，而在系统极限状态下，系统失稳节点的分布则比较集中。由表9-5可知，系统极限状态下的最薄弱节点是节点28、13。因此，系统电压失稳首先从局部区域，即节点28和节点13处发生，其他相邻节点则相继失稳。

情形二：发电机2失磁且节点23负荷增加

系统中负荷总是处于变化中，轧钢厂、钢铁公司等负荷可能在十几秒之内发生较大变化。为了在发电机失磁时考虑负荷变化的影响，在发电机2失磁时，认为节点23处的有功负荷一直增加。对图9-14所示的系统分别进行初始运行状态和极限运行状态下节点相对参与因子的计算，计算结果示于表9-3。

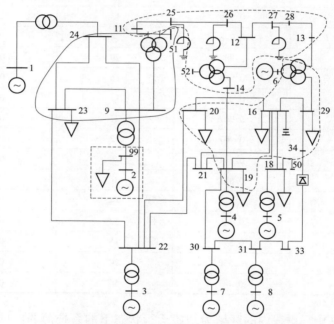

图9-14　不同运行状态下的系统薄弱区域对比

（发电机2失磁且节点23负荷增加）

图9-14中，虚线内的区域为初始运行状态下的系统薄弱区域；实线内的区域为极限运行状态下的电压失稳区域。

从图9-14和表9-6可看出：

（1）初始运行状态下，系统中最薄弱的节点是节点27，节点27、12、26直至节点19所包围的区域构成了初始运行状态下系统的薄弱区域。极限运行状态下，系统中最薄弱的节点是23，节点23、10、51直至节点24所包围的区域构成了极限运行状态下系统的失稳区域。

（2）随着节点 99 负荷即失磁发电机 5 吸收无功的增加以及节点 23 处负荷的增加，系统最薄弱节点和最薄弱区域发生了改变。

（3）在初始运行状态下，系统薄弱节点的分布比较分散；在极限运行状态下，系统失稳节点的分布则比较集中。由表 9-6 可知，系统极限运行状态下的最薄弱节点是节点 23，因此，系统电压失稳首先从局部区域即节点 23 处发生，其他相邻节点则相继失稳。

表 9-6 节点相对参与因子对比（发电机 2 失磁且节点 23 负荷增加）

初始运行		极限运行	
节点	相对参与因子	节点	相对参与因子
27	1.000	23	1.000
12	0.999	10	0.583
26	0.998	51	0.582
28	0.984	9	0.566
13	0.983	24	0.533
14	0.938	11	0.445
52	0.907	25	0.444
15	0.811	26	0.162
34	0.810	12	0.162
29	0.788	27	0.162
16	0.578	1	0.112
17	0.550	14	0.101
20	0.487	28	0.098
19	0.485	13	0.098

对上述不同负荷变化下发电机 2 失磁时的情况进行分析，对比图 9-13、图 9-14可知：

（1）发电机 2 失磁时，若系统中其余负荷保持不变，初始运行状态和极限运行状态下的系统薄弱区域变化不大；但若系统中有某节点的负荷功率一直增加，则极限运行状态下的系统失稳区域较初始运行状态下的系统薄弱区域发生了转移。因此，系统中负荷变化情况对系统失稳模态影响很大。

（2）图 9-14 中标示的失稳区域较图 9-13 中的更为集中。从而更加说明了系统电压失稳总是从局部区域开始的，这非常符合电力系统实际的。

对比表 9-5、表 9-6 可知：

（1）不同负荷变化下发电机失磁时，系统中首先发生电压失稳的节点发生了转移。

（2）不论负荷变化如何，发电机失磁时，系统中首先发生电压失稳的节点距失磁发电机母线节点的电气距离较远。

2. 基于 QV 曲线的系统电压稳定性分析

系统正常运行情况下，利用中国电科院开发的电力系统综合分析程序 PSASP 对图 9-13 和图 9-14 所示系统进行 QV 曲线计算。图 9-15 为在图 9-13 所示系统接线下，2 号发电机失磁时节点 99 的 QV 曲线图；图 9-16 为在图 9-14 所示系统接线下，母线 23 负荷增加且 2 号发电机失磁时节点 99 的 QV 曲线图。表 9-7、表 9-8 分别列出了以上两种情况下，系统达到静稳极限点时的负荷极限值、失磁发电机从系统中吸收的无功与系统临界稳定电压值。

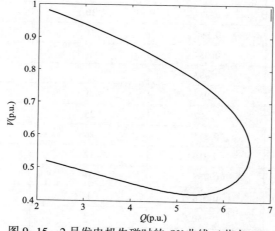

图 9-15　2 号发电机失磁时的 QV 曲线 （节点 99）

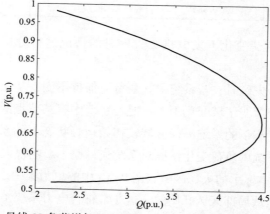

图 9-16　母线 23 负荷增加且 2 号发电机失磁时的 QV 曲线 （节点 99）

表 9-7　　　　　　　　　　　　　　负荷极限对比

类型	节点	初始负荷	极限负荷
发电机 2 失磁	99	3.76+j2.21	3.76+j4.81
2 号发电机失磁且母线 23 负荷增加	99	3.76+j2.21	3.76+j3.86

表 9-8　　　　　　　　失磁发电机吸收无功与系统临界稳定电压对比

类型	节点	发电机无功输出（p.u.）	等效失磁发电机无功吸收（p.u.）	系统临界稳定电压（p.u.）
2 号发电机失磁	2	6+j3.6	1.21	0.82
2 号发电机失磁且母线 23 负荷增加	2	6+j3.6	0.26	0.83

由图 9-15、图 9-16，表 9-7、表 9-8 可得出如下结论：

（1）负荷变化不同，同一发电机节点的临界失稳电压也不同。恒定的低电压判据整定值可能在系统失稳时拒动。

（2）两种情况下的发电机节点临界失稳电压都在 0.7p.u. 以下，这都小于系统临界失稳电压值（0.82p.u.、0.85p.u.）。采用系统临界失稳电压值作为低电压判据的整定值将过高，很可能在系统振荡时误动。

9.3.3　失磁保护中低电压判据的设置建议

现今主流的失磁保护方案采用了低电压判据，以防止失磁发电机从系统中大量吸收无功造成系统电压崩溃。低电压继电器通常安装在机端或升压变高压侧母线处，由 9.3.2 节的分析可知，低电压判据如此设置并不合理。

从模态分析法的分析结果看。发电机失磁后，系统中首先发生电压失稳的节点往往在电气距离上距失磁发电机节点较远，因此在现今的主流失磁保护方案中，设置在机端或升压变高压侧母线处的三相低电压继电器只能间接地反映电压失稳，机端或升压变高压侧母线电压低并不能代表系统已经电压失稳。

系统实际运行时，低电压判据动作值总要整定为某固定值。但从 QV 曲线法的分析结果看，失磁发电机位置不同，其机端的临界稳定电压就不同；某一发电机失磁时，系统运行状况不同，失磁发电机机端的临界稳定电压也不同。整定值固定的低电压判据无法准确反映变化的机端临界电压稳定值。若低电压判据动作整定值低于临界稳定电压，则在系统电压失稳时，低电压判据仍将拒动。即使机端电压降至临界稳定电压值以下，达到了低电压判据的动作门槛，由于低电压判据后延时环节的存在，失磁保护仍不能迅速动作，系统电压失稳区将进一步扩大，为避免系统电压崩溃而设置的低电压判据效果甚微。若低电压判据动作整定值高于临界稳定电压，由于低电压判据的延时较短（0.2s），失磁保护在其他异常运行方式下的误动率将增加。若在某种条件下，低电压判据动作整定值刚好等于临界稳定电压。但随着系统运行方式、无功储备的变化，发电机机端临界稳定电压值也会发生变化，固定的低电压判据动作整定值无法始终与变化的临界稳定电压值相符。

能否采用某种方法使得低电压判据动作值自适应地随发电机机端临界稳定电压的变化而变化呢？据上述发电机失磁时对系统电压稳定性的分析可知，机端临界稳定电压的实时获取难度很大，工程实践中又要保证实施方案的可靠性，对于自适应调整低电压判据动作值的方案，现场实施的可能性几乎为零。另外由 QV 曲线法的分析结果可知，失磁发电机机端电压达到临界稳定电压时，失磁发电机已经从系统中吸收大量无功，已对系统造成危害。因此，若能加快失磁保护的动作时间，使得发电机从系统中吸收的无功较少，不至于造成系统电压崩溃时，失磁保护就已经动作，即使没有采用低电压判据，失磁保护仍保证了系统电压的安全。因此，在加快失磁保护动作速度的前提下，本文建议失磁保护方案中不再加设低电压判据或仅用作保证厂用电的安全。

9.4 发电机失磁、系统振荡时的动态行为研究

由 9.2 节对失磁保护延时元件的分析可知，固定的延时虽能保证失磁保护可靠动作，但却可能致使失磁保护在系统振荡时发生误动。

由 9.3 节对失磁保护低电压判据的分析可知，以防止系统电压崩溃为目标的低电压判据存在整定困难、效果欠佳的不足。

因此，发电机失磁时，现有失磁保护中以躲避振荡为目的的延时元件和防止系统电压崩溃的低电压判据的采用无法使网源协调。在保证选择性的基础上，研究动作快速的新型失磁保护方案对发电机本身及电力系统的安全都具有重要意义。

基于此认识，本节分析了发电机开路失磁、短路失磁以及系统振荡时的电气变化规律，利用二者相异之处以及失磁初始发生时的特征信息，为下节新型失磁保护方案的设计提供理论支撑。

9.4.1 发电机失磁时的转子电流变化

对发电机失磁时的转子电流变化进行分析时，采用的励磁系统原理图如图 9-17 所示。

图 9-17 中，1 为直流励磁机电枢，2 为发电机定子，$Z_f = R_f + jX_f$ 为励磁绕组阻抗，$R_m \approx 5R_f$ 为灭磁电阻，$R_p \approx 10R_f$ 为减磁电阻，K_1、K_2、K_3、K_4 为断路

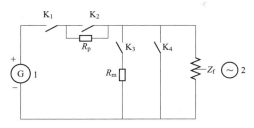

图 9-17　发电机励磁系统原理图

器。不同的 K_1、K_2、K_3、K_4 闭断组合表示励磁系统不同的工作状态。当励磁系统正常运行时，断路器 K_1、K_2 闭合，K_3、K_4 断开，此时图 9-17 所示电路回路的时间常数即为发电机参数中的定子短路时的纵轴暂态时间常数 T'_d。当励磁绕组短路失磁时，断路器 K_1、K_3 断开，K_2、K_4 闭合，励磁回路失去电源，此时图 9-17 所示电路回路的时间常数为 $T_s = \dfrac{X_f}{R_f} \approx T'_d$。当励磁绕组部分失磁时，断路器 K_1 闭合，K_2、K_3、K_4 断开，励磁回路仍存在电源，此时图 9-17 所示电路回路的时间常数为 $T_p = \dfrac{X_f}{R_f + R_p} \approx \dfrac{1}{11} T_s$。当励磁绕组开路失磁时，断路器 K_1、K_3、K_4 断开，K_2 闭合，励磁回路也失去电源，此时图 9-17 所示电路回路的时间常数为 $T_o = \dfrac{X_f}{R_\infty + R_f} \approx 0$。当励磁绕组经灭磁电阻 R_m 失磁时，断路器 K_1、K_4 断开，K_2、K_3 闭合，励磁回路同样失去电源，此时图 9-17 所示电路回路的时间常数为 $T_m = \dfrac{X_f}{R_m + R_f} \approx \dfrac{1}{6} T_s$。

若设失磁前的转子绕组电流为 i_{f0}，由电路理论知，发电机部分失磁后的转子电流为

$$i = i_{f\infty} + (i_{f0} - i_{f\infty}) \mathrm{e}^{-\frac{t}{T_p}} \tag{9-9}$$

由于时间常数 $T_p = \dfrac{X_f}{R_f + R_p} \approx \dfrac{1}{11} T_s$ 仍较大，加之剩磁的存在，转子电流衰减较慢。

发电机全失磁后的转子电流为

$$i = i_{f0} \mathrm{e}^{\frac{t}{T}} \tag{9-10}$$

式中　T——励磁回路时间常数，与失磁类型有关。

由于短路失磁、经灭磁电阻时的时间常数 T_s、T_m 都较大，以上两种情况下的转子电流衰减的也较慢。开路失磁时的情形则有所不同，由于 $T_s \approx 0$，发

电机转子电流很快衰减到零。

9.4.2 发电机失磁时的有功输出变化

发电机失磁时的有功输出由同步分量 P_t、反应分量 P_f、异步平均分量 P_{yp}、异步交变分量 P_{yb} 组成，可用公式表示为表示为

$$P = P_t + P_f + P_{yp} + P_{yb} \tag{9-11}$$

其中，

$$
\begin{cases}
P_t = \dfrac{E_{q0} U_S}{X_{d\Sigma}} \mathrm{e}^{-\frac{t}{T}} \sin(\delta_0 - St) \\[2mm]
P_f = \dfrac{U_S^2}{2} \times \dfrac{X_d - X_q}{X_{d\Sigma} X_{q\Sigma}} \sin 2(\delta_0 - St) \\[2mm]
P_{yp} = -\dfrac{U_S^2}{2} \times \dfrac{X_d - X_d'}{X_{d\Sigma} X_{d\Sigma}'} \times \dfrac{ST_d'}{\sqrt{1 + S^2 T_d'^2}} \\[2mm]
P_{yb} = -\dfrac{U_S^2}{2} \times \dfrac{X_d - X_d'}{X_{d\Sigma} X_{d\Sigma}'} \times \dfrac{ST_d'}{\sqrt{1 + S^2 T_d'^2}} \sin\left(2\delta_0 - 2St - \arctan \dfrac{1}{ST_d'}\right)
\end{cases}
\tag{9-12}
$$

在发电机失磁的初始阶段，转差 S 很小，异步分量 P_{yp}、P_{yb} 可以忽略不计，若假设发电机为隐极式，式（9-11）可写为

$$P = P_t = \frac{E_{q0} U_S}{X_{d\Sigma}} \mathrm{e}^{-\frac{t}{T}} \sin(\delta_0 - St) \tag{9-13}$$

发电机失磁瞬间，同步电动势 $E_q = E_{q0} \mathrm{e}^{-\frac{t}{T}}$ 下降，P 也随之下降，但由于 $\Delta P = P_m - P > 0$，发电机开始加速，$\sin(\delta_0 - St)$ 增大，P 也随之增大。由于机械功率 P_m 响应时间较慢，因此，从失磁开始到临界失步的阶段中，发电机有功输出 P 自动保持在 P_m 附近。励磁回路时间常数 T 不同，有功输出 P 的变化幅度也不同。当发电机短路全失磁时，T 较大，发电机失磁瞬间，P 仅有少量减小，在较小的加速功率 ΔP 作用下，$\sin(\delta_0 - St)$ 增加的也较少。如此往复，发电机功角需要几秒钟的时间才会越过静稳极限角，发电机有功输出相应的可以在几秒钟的时间内基本保持不变，一般把此过程称为等有功阶段。而在发电机断路失磁时，T 几乎为零，发电机失磁瞬间，同步电动势就几乎下降至零，由于发电机转子的惯性作用，发电机转速不会迅速增加，在同步电势急剧下降的同时，$\sin(\delta_0 - St)$ 基本保持不变。所以此时的有功输出 P 急剧下降，加速功率 $\Delta P = P_m - P$ 值很大。在值很大的 ΔP 的作用下，发电机转速增加较快，P 又开始

急剧上升，因此，此时 P 的变化幅度较为剧烈。如此往复，在很短的时间 0.2~1s 内，发电机功角便越过了静稳极限角，发电机有功输出开始剧烈振荡，不再保持在 P_m 附近。发电机经闭合回路失磁时的情形介于短路失磁与开路失磁之间，但与短路失磁时更为接近。由于发电机部分失磁时仍有剩磁存在，P 的变化幅度也较小，发电机等有功过程的持续时间也较长。

图 9-18 是某发电机 0s 时刻发生不同类型的失磁时，有功输出的变化情况。可以看出，发电机短路全失磁、部分失磁时，有功输出在较长时间内基本保持不变，分别在失磁 10s、20s 后，发电机才失去与系统保持同步运行的能力；发电机开路失磁时，有功输出几乎没有等有功过程；失磁 1s 后，发电机即失去静态稳定。

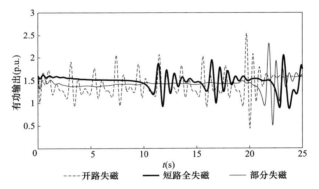

图 9-18 不同失磁类型时发电机有功输出变化

9.4.3 发电机失磁、系统振荡时的电压变化

由于失磁保护的转子低电压判据会在发电机进相运行时误动，以静稳极限圆和异步阻抗圆为主判据的各种定子判据被广泛应用在失磁保护方案中。但现有失磁保护的各种定子判据即使在采用转子电压作为辅助判据后仍会在非失磁故障的某些异常工况下（短路、振荡）误动。转子低电压判据并不能可靠地区分失磁故障与其他异常工况。

为了能区分失磁故障与系统振荡，深入分析同步发电机失磁与系统振荡时的电气量变化规律是必要的。下面推导失磁、振荡时的电气量变化规律。

1. 发电机失磁

同步发电机失磁后，转子的励磁电流逐渐衰减，发电机很快转入进相状态，从系统吸收无功以建立机组的励磁，这将造成机端、系统电压的降低。

推导失磁后机端电压的变化时，简化起见，认为励磁绕组突然短路而全失磁，励磁电压立即跃变到零。并采用图 9-19 所示的单机无穷大系统进行分析。

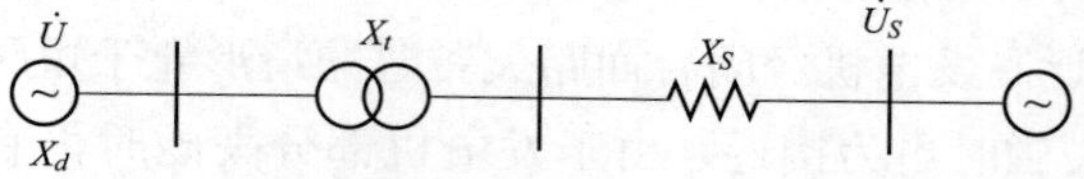

图 9-19 单机无穷大系统

利用文献〔11〕推得的定子电流和电压表达式，并假定同步发电机为隐极式，可得

$$u = u_d \cos[\delta_0 + (1-S)t] - u_q \sin[\delta_0 + (1-S)t]$$

$$= -\frac{(X_t + X_S)}{X_{d\Sigma}} E_{q0} e^{-\frac{t}{T'_d}} \sin[\theta_0 + (1-S)t] + U_S \frac{X_d}{X_{d\Sigma}} \sin(\delta_0 - \theta_0 - t)$$

$$+ (X_t + X_S) U_S \times \frac{(X_d - X'_d)}{2X_{d\Sigma}X'_{d\Sigma}} \times \frac{ST'_d}{\sqrt{1 + S^2 T'^2_d}}$$

$$\times \{ \sin[\delta_0 + \theta_0 + (1-2S)t - \alpha] - \sin(\delta_0 - \theta_0 - \alpha - t)$$

$$- e^{-\frac{t}{T'_d}} \sin[\delta_0 + \theta_0 + (1-S)t - \alpha]$$

$$+ e^{-\frac{t}{T'_d}} \sin[\delta_0 - \theta_0 - (1-S)t - \alpha] \}$$

(9-14)

式中 X_t——升压变压器电抗；

X_S——系统电抗；

$X_{d\Sigma}$——单机、无穷大系统间的联系电抗；

X_d——发电机同步电抗；

E_{q0}——失磁前发电机电动势；

T'_d——定子短路情况下励磁绕组的时间常数；

S——转差；

δ_0——失磁前发电机的功角；

θ_0——d 轴与 a 相轴线的夹角。

记

$$f_1(S) = \frac{(X_d - X'_d)}{2X_{d\Sigma}X'_{d\Sigma}} \times \frac{ST'_d}{\sqrt{1 + S^2 T'^2_d}}$$

式中 $f_1(S)$，$f_2(S)$——与 t 无关随 S 而变的量。

则有

$$u = -\frac{(X_t + X_S)E_{q0}}{X_{d\Sigma}}\mathrm{e}^{-\frac{t}{T_d'}}\sin[\theta_0 + (1-S)t] + U_S\frac{X_d}{X_{d\Sigma}}\sin(\delta_0 - \theta_0 - t)$$

$$+ (X_t + X_S)U_S f_1(S)\{\sin[\delta_0 + \theta_0 + (1-2S)t - \alpha] \qquad (9-15)$$

$$- \sin(\delta_0 - \theta_0 - \alpha - t) - \mathrm{e}^{-\frac{t}{T_d'}}\sin[\delta_0 + \theta_0 + (1-S)t - \alpha]$$

$$+ \mathrm{e}^{-\frac{t}{T_d'}}\sin[\delta_0 - \theta_0 - (1-S)t - \alpha]\}$$

把 X_t 看作发电机的内阻抗，仿照式（9-13）的形式，可得升压变母线高压侧电压 u_t

$$u_t = -\frac{X_S E_{q0}}{X_{d\Sigma}}\mathrm{e}^{-\frac{t}{T_d'}}\sin[\theta_0 + (1-S)t] + U_S\frac{(X_t + X_d)}{X_{d\Sigma}}\sin(\delta_0 - \theta_0 - t)$$

$$+ X_S U_S f_1(S)\{\sin[\delta_0 + \theta_0 + (1-2S)t - \alpha] - \sin(\delta_0 - \theta_0 - \alpha - t)$$

$$- \mathrm{e}^{-\frac{t}{T_d'}}\sin[\delta_0 + \theta_0 + (1-S)t - \alpha] + \mathrm{e}^{-\frac{t}{T_d'}}\sin[\delta_0 - \theta_0 - (1-S)t - \alpha]\}$$

$$(9-16)$$

由电路基本原理，可推知 u、u_t 的有效值为

$$U = \sqrt{\left[\frac{(X_t + X_S)\ E_{q0}}{X_{d\Sigma}}\mathrm{e}^{-\frac{t}{T_d'}}\right]^2 + \left(\frac{U_S X_d}{X_{d\Sigma}}\right)^2 + (X_t + X_S)^2 U_S^2 f_1\ (S)^2\ [2 + 2\ (\mathrm{e}^{-\frac{t}{T_d'}})^2]} \qquad (9-17)$$

$$U_t = \sqrt{\left(\frac{X_S E_{q0}}{X_{d\Sigma}}\mathrm{e}^{-\frac{t}{T_d'}}\right)^2 + \left[\frac{U_S(X_t + X_d)}{X_{d\Sigma}}\right]^2 + X_S^2 U_S^2 f_1(S)^2 [2 + 2(\mathrm{e}^{-\frac{t}{T_d'}})^2]} \qquad (9-18)$$

U、U_t 的电压变化率为

$$\frac{\mathrm{d}U}{\mathrm{d}t} = -\frac{1}{U}\left[\frac{(X_t + X_S)^2 E_{q0}^2}{X_{d\Sigma}^2 T_d'} + \frac{2(X_t + X_S)^2 U_S^2 f_1(S)^2}{T_d'}\right](\mathrm{e}^{-\frac{t}{T_d'}})^2$$

$$\frac{\mathrm{d}U_t}{\mathrm{d}t} = -\frac{1}{U_t}\left[\frac{X_S^2 E_{q0}^2}{X_{d\Sigma}^2 T_d'} + \frac{2X_S^2 U_S^2 f_1(S)^2}{T_d'}\right](\mathrm{e}^{-\frac{t}{T_d'}})^2 \qquad (9-19)$$

失磁发电机的无功反向后，机端电压 U 小于升压变压器母线处电压 U_t，又 $X_t + X_S > X_S$，由式（9-19）知，必有 $\dfrac{\mathrm{d}U}{\mathrm{d}t} < \dfrac{\mathrm{d}U_t}{\mathrm{d}t} < 0$。

与短路失磁相比,发电机开路失磁时的情形仅一点不同:励磁回路时间常数不再为 T'_d 而为 T_o。由式(9-19)知,当发电机开路失磁时,在失磁发电机失稳振荡前,同样有 $\dfrac{\mathrm{d}U}{\mathrm{d}t} < \dfrac{\mathrm{d}U_t}{\mathrm{d}t} < 0$。

与发电机全失磁的情况相比,部分失磁时机端电压、升压变高压侧母线电压表达式发生了变化。设此时励磁电压按时间常数 T_f 从初始值 u_{f0} 衰减到稳态值 $u_{f\infty}$,励磁电压的变化规律为

$$u_f = u_{f\infty} + (u_{f0} - u_{f\infty})\mathrm{e}^{-\frac{t}{T_f}} \tag{9-20}$$

发电机部分失磁时,励磁系统中仍有励磁电流存在,与机组全失磁时相比,定子电压增量可表示为

$$\Delta u = -(X_t + X_S)\Delta i_d \sin(\theta_0 + (1-S)t) \tag{9-21}$$

其中,

$$\Delta i_d = \frac{E_{q\infty}}{X_{d\Sigma}}(1 - \mathrm{e}^{-\frac{t}{T'_d}}) + \frac{T_f}{X_{d\Sigma}(T_f - T'_d)}(E_{q0} - E_{q\infty})(\mathrm{e}^{-\frac{t}{T_f}} - \mathrm{e}^{-\frac{t}{T'_d}}) \tag{9-22}$$

可推得此时机端电压为

$$u' = \left[(X_t + X_S)\frac{(E_{q0} - E_{q\infty})T'_d}{X_{d\Sigma}(T'_d - T_f)}\mathrm{e}^{-\frac{t}{T'_d}} - (X_t + X_S)\frac{E_{q\infty}}{X_{d\Sigma}}\right]\sin[\theta_0 + (1-S)t]$$

$$+ U_S\frac{X_d}{X_{d\Sigma}}\sin(\delta_0 - \theta_0 - t) + (X_t + X_S)U_S f_1(S)$$

$$\times \{\sin[\delta_0 + \theta_0 + (1-2S)t - \alpha] - \sin(\delta_0 - \theta_0 - \alpha - t)$$

$$- \mathrm{e}^{-\frac{t}{T'_d}}\sin[\delta_0 + \theta_0 + (1-S)t - \alpha] + \mathrm{e}^{-\frac{t}{T'_d}}\sin[\delta_0 - \theta_0 - (1-S)t - \alpha]\}$$

$$\tag{9-23}$$

相应可推得 u' 的有效值为

$$U' = \sqrt{(X_t + X_S)^2\left[\frac{(E_{q0} - E_{q\infty})T'_d}{X_{d\Sigma}(T'_d - T_f)}\mathrm{e}^{-\frac{t}{T'_d}} - \frac{E_{q\infty}}{X_{d\Sigma}}\right]^2 + \left(U_S\frac{X_d}{X_{d\Sigma}}\right)^2 + (X_t + X_S)^2 U_S^2 f_1(s)^2\left[2 + 2(\mathrm{e}^{-\frac{t}{T'_d}})^2\right]} \tag{9-24}$$

把 X_t 看作发电机的内阻抗,仿照式(9-21)、式(9-22)的形式,可得部分失磁时升压变高压侧母线电压 u'_t 及有效值 U'_t

$$u'_t = \left[X_S \frac{(E_{q0}-E_{q\infty})T'_d}{X_{d\Sigma}(T'_d-T_f)} e^{-\frac{t}{T'_d}} - X_S \frac{E_{q\infty}}{X_{d\Sigma}} \right] \sin\left[\theta_0 + (1-S)t\right]$$

$$+ U_S \frac{(X_t+X_d)}{X_{d\Sigma}} \sin(\delta_0 - \theta_0 - t) + X_S U_S f_1(S)$$

$$\times \{ \sin[\delta_0 + \theta_0 + (1-2S)t - \alpha] - \sin(\delta_0 - \theta_0 - \alpha - t)$$ 　(9-25)

$$- e^{-\frac{t}{T'_d}} \sin[\delta_0 + \theta_0 + (1-S)t - \alpha]$$

$$+ e^{-\frac{t}{T'_d}} \sin[\delta_0 - \theta_0 - (1-S)t - \alpha] \}$$

$$U'_t = \sqrt{ X_S^2 \left[\frac{(E_{q0}-E_{q\infty})T'_d}{X_{d\Sigma}(T'_d-T_f)} e^{-\frac{t}{T'_d}} - \frac{E_{q\infty}}{X_{d\Sigma}} \right]^2 + \left[U_S \frac{(X_t+X_d)}{X_{d\Sigma}} \right]^2 \atop + (X_t+X_S)^2 U_S^2 f_1(S)^2 \left[2 + 2(e^{-\frac{t}{T'_d}})^2 \right] }$$ 　(9-26)

由于式（9-15）与式（9-21）形式相似，则其一阶导数的形式也相似，仿照 $\frac{\mathrm{d}U}{\mathrm{d}t}$ 表达式的形式，并记 $A = \frac{(E_{q0}-E_{q\infty})T'_d}{X_{d\Sigma}(T'_d-T_f)}$，可推得

$$\frac{\mathrm{d}U'}{\mathrm{d}t} = -\frac{(X_t+X_S)^2 \left\{ \left[Ae^{-\frac{t}{T'_d}} - \frac{E_{q\infty}}{X_{d\Sigma}} \right] Ae^{-\frac{t}{T'_d}} + 2U_S^2 f_1(S)^2 (e^{-\frac{t}{T'_d}})^2 \right\}}{U'T'_d}$$ 　(9-27)

类似的，可得 U'_t 变化率为

$$\frac{\mathrm{d}U'_t}{\mathrm{d}t} = -\frac{(X_t+X_S)^2 \left\{ \left[Ae^{-\frac{t}{T'_d}} - \frac{E_{q\infty}}{X_{d\Sigma}} \right] Ae^{-\frac{t}{T'_d}} + 2U_S^2 f_1(S)^2 (e^{-\frac{t}{T'_d}})^2 \right\}}{U'T'_d}$$ 　(9-28)

比较式（9-27）、式（9-28）知，发电机部分失磁时，同样有 $\frac{\mathrm{d}U'}{\mathrm{d}t} < \frac{\mathrm{d}U'_t}{\mathrm{d}t} < 0$。

定性分析同样能得到定量分析时的结论，由式（9-14）知，发电机失磁后的机端电压由三项组成：第一、三项是由剩余励磁电流在联系电抗 X_s 上产生的压降。第二项是由系统电压 U_s 提供的励磁电流在定子回路中产生的压降，第二项的值不随时间变化。失磁后升压变高压侧母线电压与机端电压的差异之处在于联系电抗的不同，在机端电压的表达式中，联系电抗较大，因此其电压下降速度更快。

因此，不管发电机发生何种类型的失磁故障，在失磁发电机无功反向后，临界失步前，机端、升压变高压侧母线电压都始终减小，且机端电压都比升压变高压侧母线处的电压减小的快。

2. 系统振荡

采用图 9-20 所示的等效两机系统分析系统振荡时的电压变化规律。

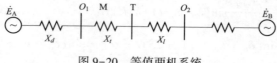

图 9-20 等值两机系统

并假设：

（1）两等效发电机电动势幅值相等；

（2）全系统阻抗角相等。

设振荡中心落在 M 点，振荡频率为 $\Delta f = |f_A - f_B|$。以 $\dot{E}_B$ 为参考相量，系统间功角差为 δ，则 $\dot{E}_A = \dot{E}_B e^{j\delta}$。

（1）系统振荡中心 M 点落在母线 T 外侧。

母线 T 内侧各点的电压为

$$\dot{U}_O = \dot{E}_B\left(\frac{1}{2} - \frac{Z_{OM}}{Z_{eq}}\right) + \dot{E}_B\left(\frac{1}{2} + \frac{Z_{OM}}{Z_{eq}}\right)e^{j\delta} \tag{9-29}$$

式中　Z_{eq}——两机间的联系阻抗。

可得相量 $\dot{U}_O$ 的幅值为

$$U_O = E_B\sqrt{4\left(\frac{Z_{OM}}{Z_{eq}}\right)^2 + \left(\frac{Z_{eq}^2 - 4Z_{OM}^2}{Z_{eq}^2}\right)\cos^2\left(\frac{\delta}{2}\right)} \tag{9-30}$$

则 U_O 的变化率为

$$\frac{dU_O}{d\delta} = -\frac{E_B\sin\delta}{4} \times \frac{1 - 4Z_{OM}^2/Z_{eq}^2}{\sqrt{(\cos\delta + 1)/2 + 2(1 - \cos\delta)Z_{OM}^2/Z_{eq}^2}} \tag{9-31}$$

由式（9-31）知：当 δ 在 $(0, \pi)$ 上时，$\dfrac{dU_O}{d\delta} < 0$，$Z_{OM}$ 增大时，$\left|\dfrac{dU_O}{d\delta}\right|$ 减

小。由于 $Z_{O_1M} > Z_{TM}$，因此 $\left|\dfrac{dU_{O_1}}{d\delta}\right| < \left|\dfrac{dU_T}{d\delta}\right|$。即当电压下降时，有 $\dfrac{dU_T}{d\delta} < \dfrac{dU_{O_1}}{d\delta} < 0$。

（2）系统振荡中心 M 点落在母线 O_1 与 T 之间。

此时，母线 O_1 电压相量依然可用式（9-29）表达。母线 T 电压相量则为

$$\dot{U}_T = \dot{E}_B\left(\frac{1}{2} + \frac{Z_{TM}}{Z_{eq}}\right) + \dot{E}_B\left(\frac{1}{2} - \frac{Z_{TM}}{Z_{eq}}\right)e^{j\delta} \tag{9-32}$$

可得相量 $\dot{U}_T$ 的幅值为

$$U_T = E_B \sqrt{4\left(\frac{Z_{TM}}{Z_{eq}}\right)^2 + \left(\frac{Z_{eq}^2 - 4Z_{TM}^2}{Z_{eq}^2}\right)\cos^2\left(\frac{\delta}{2}\right)} \qquad (9-33)$$

式（9-30）、式（9-33）结构相似，则 U_T 变化率的形式与式（9-31）相同。易知当 $Z_{O_1M} > Z_{TM}$，即振荡中心 M 点偏向母线 T 时，同样有 $\left|\dfrac{\mathrm{d}U_{O_1}}{\mathrm{d}\delta}\right| < \left|\dfrac{\mathrm{d}U_T}{\mathrm{d}\delta}\right|$。

若此时电压下降，就有 $\dfrac{\mathrm{d}U_T}{\mathrm{d}\delta} < \dfrac{\mathrm{d}U_{O_1}}{\mathrm{d}\delta} < 0$。

综上可知，系统振荡中心落在变压器半阻抗以外时，若机端、升压变母线电压下降，则一定有 $\dfrac{\mathrm{d}U_T}{\mathrm{d}\delta} < \dfrac{\mathrm{d}U_{O_1}}{\mathrm{d}\delta} < 0$，这与发电机失磁时的电压变化情况相反。还可推得，当系统振荡中心落在变压器半阻抗以内时，若机端、升压变母线电压下降，则一定 $\dfrac{\mathrm{d}U_{O_1}}{\mathrm{d}\delta} < \dfrac{\mathrm{d}U_T}{\mathrm{d}\delta} < 0$，这与发电机失磁时的电压变化情况相同。

9.4.4 发电机失磁、系统振荡时的发电机无功输出变化

1. 发电机失磁

失磁的隐极发电机向系统输送的无功功率可表示为

$$Q = Q_t + Q_p + Q_{yp} + Q_{yb} \qquad (9-34)$$

其中

$$\begin{cases} Q_t = \dfrac{E_{q0}U_S}{X_{d\Sigma}}\mathrm{e}^{-\frac{t}{T_d'}}\cos\ (\delta_0 - St) \\[3mm] Q_p = -\dfrac{U_S^2}{X_{d\Sigma}} \\[3mm] Q_{yp} = -\dfrac{U_S^2}{2}\times\left(\dfrac{X_d - X_d'}{X_{d\Sigma}X_{d\Sigma}'}\dfrac{S^2 T_d'^2}{1 + S^2 T_d'^2}\right) \\[3mm] Q_{yb} = -\dfrac{U_S^2}{2}\times\dfrac{X_d - X_d'}{X_{d\Sigma}X_{d\Sigma}'}\times\dfrac{ST_d'}{\sqrt{1 + S^2 T_d'^2}}\cos\ (2\delta_0 - 2St - \arctan\dfrac{1}{ST_d'}) \end{cases} \qquad (9-35)$$

在失磁初始阶段，转差很小，隐极发电机无功输出可表示为

$$Q = \dfrac{E_{q0}U_S}{X_{d\Sigma}}\mathrm{e}^{-\frac{t}{T_d'}}\cos(\delta_0 - St) - \dfrac{U_S^2}{X_{d\Sigma}} \qquad (9-36)$$

无功输出变化率为

$$\frac{\mathrm{d}Q}{\mathrm{d}t} = -\frac{E_{q0}U_S}{X_{d\Sigma}}e^{-\frac{t}{T'_d}}\left[\frac{1}{T'_d}\cos(\delta_0 - St) - S\sin(\delta_0 - St)\right] \tag{9-37}$$

由发电机有功输出表达式可知，式（9-35）可进一步写为

$$\frac{\mathrm{d}Q}{\mathrm{d}t} = -\left[\frac{P}{T'_d}\cot(\delta_0 - St)\right] + SP = -P\left[\frac{\cot(\delta_0 - St)}{T'_d} - S\right] \tag{9-38}$$

由式（9-38）知，随着时间的增加、功角的增大，无功输出始终减小，但其下降速度逐渐减小。

2. 系统振荡

沿用图9-20，可得等效发电机 A 的定子电流

$$\dot{I} = (\dot{E}_A - \dot{E}_B)/Z_{eq} \tag{9-39}$$

发电机无功输出为

$$Q = im(\dot{E}_A \times I^*) = \frac{E_B^2(1 - \cos\delta)}{Z_{eq}} \tag{9-40}$$

无功输出变化率为

$$\frac{\mathrm{d}Q}{\mathrm{d}t} = \frac{E_B^2\sin\delta}{Z_{eq}}\Delta f \tag{9-41}$$

当系统振荡、发电机功角增加时，由式（9-41）可知，只要δ在（0，π）内，即使越过静稳极限角度，发电机无功输出仍一直增加，不会出现无功反向。另外，由于系统的振荡周期较短，即使考虑区域内的低频振荡，其半周期也在 1s 以下，小于 1.5s。这都和发电机短路失磁时的情况不同。

利用此节得到的发电机失磁特征，当系统振荡时，即使振荡中心落在变压器半阻抗以内，保护也不会误动。

9.4.5 发电机失磁、系统振荡时的电压、无功综合变化

由 9.4.4 可知，系统振荡时，不管振荡中心落在哪里，各点电压幅值总可写为式（9-30）的形式。式（9-30）又可写为

$$U_O = E_B\sqrt{\frac{Z_{eq}^2 + 4Z_{OM}^2}{2Z_{eq}^2} + \frac{(Z_{eq}^2 - 4Z_{OM}^2)}{2Z_{eq}^2}\cos\delta} \tag{9-42}$$

由于$Z_{eq}^2 - 4Z_{OM}^2 > 0$，比较式（9-19）、式（9-38）可知，发电机失磁后、临界失步前，随着功角的增大，电压幅值和无功输出都下降。而比较式（9-40）、式（9-42）可知，系统振荡时，电压幅值和无功输出的变化情况相反。因此，失磁、振荡时的发电机无功、电压综合变化特征是相反的。

9.5 新型失磁保护方案的设计与仿真

根据 9.4 节结论设计的新型失磁保护由两部分构成，分别动作于报警和跳闸，原理框图如图 9-21 所示。

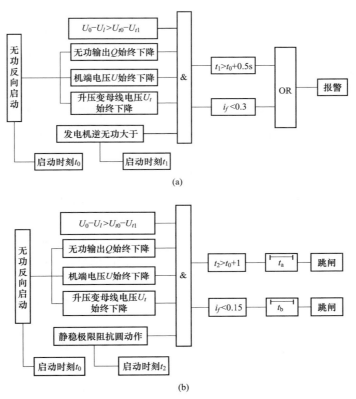

图 9-21 新型失磁保护原理框图

（a）失磁保护Ⅰ段；（b）失磁保护Ⅱ段

设计失磁保护方案的困难之一在于失磁类型、失磁程度的多样性，采用某一固定值动作的判据无法兼顾保护的选择性与速动性。比如，为保证选择性，采用静稳极限阻抗圆元件的失磁保护动作的延迟时间通常整定为 1s。在短路失磁、部分失磁时，发电机从失去静稳到失步振荡的时间通常在 1s 以上，此时发电机失步振荡的时间在 0.5s 以下，对系统危害较小。而在开路失磁时，发电机将迅速从失去静稳运行到失步振荡，发电机失步振荡的时间在 1s 以上，对系统危害较大。

失磁程度的深浅在于剩磁的多少，多种失磁类型的本质区别是励磁回路时间常数的不同。短路失磁、部分失磁时，励磁回路时间常数较大，发电机从失磁发生到失去静稳的时间较长；开路失磁时，励磁回路时间常数很小，转子绕组电流急剧减小。因此，从图9-21可看出，为了使得新型失磁保护的动作速度较快，保护Ⅰ、Ⅱ段都有两条动作回路。其中时间比较元件定值 $t_1>t_0+0.5s$、$t_2>t_0+1s$，元件动作对应于发电机短路失磁、部分失磁时的故障情形；转子电流低元件定值 $i_f<0.3$、$i_f<0.15$，元件动作对应于发电机开路失磁时的情形。时间比较元件和转子电流低元件共同作用较好地解决了因失磁类型多样造成的保护设计困难的问题。

发电机失磁后，无功输出逐渐减小，无功反向元件启动保护的同时，记录下其动作时刻 t_0。"机端电压 U 始终下降""升压变母线电压 U_t 始终下降""无功输出 Q 始终下降"动作条件满足。对失磁保护Ⅰ段，当无功输出减小到一整定值时，"发电机逆无功大于"动作条件满足，在记录下其动作时刻 t_1 后，比较 t_1、t_0 值，若满足 $t_1>t_0+0.5s$，则保护瞬时动作于报警，否则，失磁类型为开路失磁，$i_f<0.3$ 动作条件满足，保护同样瞬时动作报警。对失磁保护Ⅱ段，当失磁发电机越过静稳极限点时，静稳极限阻抗圆元件动作条件满足，在记录下其动作时刻 t_2 后，比较 t_2、t_0 值，若满足 $t_2>t_0+1s$，则保护延迟 t_a 秒后动作于跳闸；否则，失磁类型为开路失磁，$i_f<0.15$ 动作条件满足，保护延迟 t_b 秒后动作于跳闸。

当调整发电机运行方式，使其由迟相运行缓慢过渡到进相运行状态时，"无功反向启动""机端电压 U 始终下降""升压变母线电压 U_t 始终下降""无功输出 Q 始终下降" $t_1>t_0+0.5s$ 的动作条件都满足。如果"发电机逆无功大于"动作值的整定不合理，则其动作条件也可能满足。此时，新型失磁保护Ⅰ段将会误动，发出报警信号。在调整发电机运行方式时，运行人员可以关闭失磁保护Ⅰ段。另外，运行实际操作时，从迟相到进相运行方式的调整是逐次完成的，每次调整中的励磁电流减小幅度都不大，从无功反向元件启动到"发电机逆无功大于"动作条件满足历经的时间较长，如几分钟到十几分钟等，因此也可在时间判据上增加 $t_1<t_0+120s$，以避免发电机进相运行时失磁保护Ⅰ段误动。由于调整发电机运行方式时，发电机功角不允许超过70°，因此对采用了"静稳极限阻抗圆动作"的失磁保护Ⅱ段，原理上讲，失磁保护不会误动，但为可靠起见，建议此时闭锁失磁保护，待运行方式调整结束后，再开放保护。

9.5.1 新型失磁保护方案判据设置

1. 电压变化判据

电压变化判据由"机端电压始终下降""升压变高压侧母线电压始终下降""$U_0-U_1>U_{t0}-U_{t1}$"框图构成。其中"机端电压始终下降""升压变母线电

压始终下降"框图的实现形式分别为

$$\begin{cases} U_{k+1} + \varepsilon < U_k \\ U_{t,(k+1)} + \varepsilon < U_{t,k} \end{cases} \tag{9-43}$$

式中　ε——TV 测量误差。

这是因为如果在每个采样点直接比较机端、升压变母线电压的下降幅度，误差将偏大。比如：发电机重载出力下突然全失磁时，机端、升压变母线电压下降较快，两个采样点之间的电压变化也容易量取、比较。相反，发电机轻载出力下部分失磁时，机端、升压变母线电压下降缓慢。电压幅值的量取又受TV 精度的限制，在同样的采样间隔内比较二者下降幅度是困难的。若在从无功反向到失去静稳的时间内，仅检测机端、升压变母线电压是否始终下降，而将机端、升压变母线电压下降幅度的比较放到发电机失静稳时，则由于从发电机吸收无功到失去静稳的持续时间较长（1s 以上），机端、升压变母线电压的下降幅度都较大，比较二者的下降幅度是容易的。

2. 无功变化判据

无功变化判据由"无功反向元件启动""无功输出 Q 始终下降""发电机逆无功大于"框图构成。

"无功反向元件启动"框图的实现形式为

$$Q_k > 0, \quad Q_{k+1} < 0 \tag{9-44}$$

因此，发电机运行状态从迟相运行转入进相运行时，无功反向元件就会启动。

同"机端电压始终下降""升压变母线电压始终下降"的实现形式相似，"无功输出 Q 始终下降"框图的实现形式为

$$Q_{k+1} + \varepsilon < Q_k \tag{9-45}$$

这是因为相邻采样时刻的无功输出值可能差别不大，若其实现形式为 $Q_{k+1} < Q_k$，则由于测量误差的存在，在发电机轻载部分失磁时，$Q_{k+1} < Q_k$ 可能拒动。因此 $Q_{k+1} + \varepsilon < Q_k$ 的实现形式提高了"无功输出 Q 始终下降"元件的动作可靠性。

失磁发电机从系统中吸收的无功为 $\dfrac{U^2}{X}$，失磁后机端电压 U 下降，最严重时有 $U < 0.75 U_N$；由于转差的出现，从机端向发电机内部看进去的阻抗 X 在 X_d 与 X'_d 之间。为能快速检测到发电机失磁故障，令发电机吸收无功 $0.5\dfrac{U^2}{X}$ 时元件动作，若取可靠系数 $k_{rel} = 0.9$，"发电机逆无功大于"元件的动作值整定为

$$Q_{\text{set}} = 0.9 \times 0.5 \times \frac{(0.75U_N)^2}{X_d} = 0.25\frac{U_N^2}{X_d} \qquad (9\text{-}46)$$

因此，"发电机逆无功大于"框图的实现形式为

$$-Q > Q_{\text{set}} \qquad (9\text{-}47)$$

3. 时间判据的整定

发电机跳闸不仅损伤发电机本身，也会对电力系统造成大的扰动。因此，必须保证在可靠检测到失磁故障后，才允许发电机跳闸。时间判据的应用正是为了进一步提高新型失磁保护方案的可靠性。

时间判据由时间比较元件"$t_1 > t_0 + 0.5\text{s}$""$t_1 > t_0 + 1$"，延迟元件 t_a、t_b 框图构成。

由 9.4.3 节知，系统振荡时，若振荡中心落在升压变半阻抗以内，则电压变化判据失效，新型保护方案在无功变化判据的作用下才可能正确不动作。由于电压变化判据、无功变化判据的推导以两机系统为基础，在实际系统中可能出现振荡频率、两机机端电压相对幅值变化剧烈的情形，造成电压变化、无功变化判据失效。

但是，当系统振荡中心落在升压变半阻抗以内时，则系统振荡属于区内振荡情形，系统振荡频率较高，振荡半周期多在 0.1s 以下。在剧烈变化的发电机机端电气量作用下，"发电机逆无功大于""静稳极限阻抗圆元件"都不会长时间动作。因此时间比较元件的设置进一步增强了新型失磁保护方案的选择性。

由 9.4.4 节知，短路失磁、部分失磁时，失磁发电机从无功反向到失去静稳所需时间在 1.5s 以上，可靠起见，失磁保护Ⅱ段的时间比较元件动作值整定为 $t_1 > t_0 + 1\text{s}$。由于"发电机逆无功大于"元件的动作值整定为 $0.5U_N^2/X_d$，发电机失磁后的无功下降速度基本保持不变，因此从无功反向元件启动到"发电机逆无功大于"元件动作所需时间在 0.75s 以上。可靠起见，失磁保护Ⅰ段的时间比较元件动作值整定为 $t_1 > t_0 + 0.5\text{s}$。

由于失磁发电机失步后，机端电气量将开始剧烈振荡，所提判据将失效。因此，延迟元件的整定除了考虑进一步增强失磁故障判别的准确性外，也应注意发电机从静态失稳到失步的时间。现场失磁故障数据及仿真算例表明，在发电机重负荷的初始条件下短路失磁、开路失磁，发电机从静态失稳到失步的时间分别至少 1.5s、0.2s 以上。在保证判据不失效的前提下，为加快保护动作速度，失磁保护Ⅱ段的延迟元件分别整定为 $t_a = 0.3\text{s}$，$t_b = 0.1\text{s}$。

4. 转子低电流判据的整定

由 9.4 节分析可知，转子低电流低判据与电压变化判据、无功变化判据、

发电机逆无功大于、静稳极限动作等定子侧判据共同作用以判别发电机开路失磁故障。

转子电流低判据应有选择性，由新型失磁保护方案的配置图可知，应使转子电流低判据在发电机开路失磁时动作，在发电机短路失磁、部分失磁时，转子电流低判据不应动作。如果转子电流低判据整定不当，可能会出现这样的状况：发电机短路失磁、部分失磁后，随着时间的增加，转子电流缓慢减小至转子电流低判据的整定值，但时间判据还未满足，转子电流低判据先于时间判据动作。即转子电流低判据成为所有失磁故障时的主判据，时间判据失效，应避免此种状况的发生。

发电机进相运行时，转子励磁电流同样会降低。另外，当系统中发生断线故障、自动重合闸时，机端电压将会升高，自动励磁调节器将调节励磁电流至极小值，尽管此时在定子侧判据的作用下，新型失磁保护不会误动，但为可靠性起见，转子电流低判据也不应动作。

查阅某 600MW 汽轮发电机组参数可知，$T'_d = 1.058\mathrm{s}$。以 $1.058\mathrm{s}$ 作为发电机短路全失磁时的励磁回路时间常数，则有

$$i = i_{f0}\mathrm{e}^{-\frac{t}{T}} = i_{f0}\mathrm{e}^{-\frac{t}{1.058}} \tag{9-48}$$

由上文可知，新型失磁保护 I 段的时间判据整定为 $t_1 > t_0 + 0.5\mathrm{s}$。即认为发电机短路失磁、部分失磁后，从无功反向元件启动到发电机逆无功大于元件动作的时间大于 0.5s。由于发电机从短路失磁、部分失磁故障发生到失去静稳前的阶段中，无功输出的下降速度基本保持不变，因此从失磁发生到发电机逆无功大于元件动作的时间大于 1s，甚至可能大于 1.5s。对转子电流低判据的整定值，应有

$$i_{fset1} < i_{f0}\mathrm{e}^{-\frac{1}{1.058}} = 0.3886\mathrm{p.u.} \tag{9-49}$$

引入可靠系数 K_{rel1}，保护 I 段转子电流低判据的动作值可整定为

$$i_{fset1} = 0.3\mathrm{p.u.} \tag{9-50}$$

新型失磁保护 II 段的时间判据整定为 $t_1 + t_0 + 1\mathrm{s}$，即认为发电机短路失磁、部分失磁后，从无功反向启动到静稳极限阻抗圆元件动作的时间大于 1s，从失磁发生到静稳极限阻抗圆元件动作的时间可能大于 2s。因此，应有

$$i_{fset1} < i_{f0}\mathrm{e}^{-\frac{2}{1.058}} = 0.151\mathrm{p.u.} \tag{9-51}$$

引入可靠系数 K_{rel2}，保护 II 段转子电流低判据的动作值可整定为

$$i_{fset2} = 0.15\mathrm{p.u.} \tag{9-52}$$

9.5.2　新型失磁保护方案仿真分析

应用中国电科院开发的 PSASP 软件在某实际电厂（记为电厂 A）上进行新

型失磁保护方案的比较分析。电厂 A 接线如图 9-22 所示，等效系统如图 9-23 所示，系统参数为：$S_N = 100\text{MVA}$，$U_N = 220\text{kV}$，$X_d = 0.5201$，$X_q = 0.5201$，$X'_d = 0.0577$，$X_t = 0.042$，$X_{\text{smax}} = 0.116$，$X_{\text{smin}} = 0.316$，$T_J = 19.14$，$T'_{d0} = 9.34$。

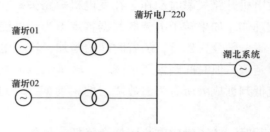

图 9-22　电厂 A 系统接线图

图 9-23　电厂 A 等效系统

1. 新型失磁保护判据整定

（1）静稳判据的整定。静稳极限阻抗圆的大小与系统阻抗值有关，以系统最大运行方式下的系统阻抗值 $X_{\text{smax}} = 0.058$ 标幺值整定静稳极限圆，可得：

1）圆心。

$$\begin{cases} r = 0 \\ x_{\text{max}} = -\dfrac{X_d - X_{\text{smax}}}{2} = -\dfrac{0.5201 - 0.058}{2} = -0.231(\text{p.u.}) \end{cases} \qquad (9-53)$$

2）半径。

$$R = \frac{X_d + X_{\text{smax}}}{2} = \frac{0.5201 + 0.058}{2} = 0.289(\text{p.u.}) \qquad (9-54)$$

（2）"发电机逆无功大于"元件的整定。

$$-Q > Q_{\text{set}} = 0.5\frac{0.5U_N^2}{X_d} = 0.5 \times \frac{0.5}{0.5201} = 0.48(\text{p.u.}) \qquad (9-55)$$

2. 现有失磁保护判据整定

（1）静稳极限阻抗圆的整定。当采用最大运行方式下的系统阻抗值时，静稳极限阻抗圆的圆心、半径与式（9-52）、式（9-53）相同。当采用最小运行方式下的系统阻抗值时，静稳极限阻抗圆整定为：

1）圆心。

$$\begin{cases} r = 0 \\ x = -\dfrac{X_d - X_{smin}}{2} = -\dfrac{0.5201 - 0.158}{2} = -0.181\text{p. u.} \end{cases} \tag{9-56}$$

2）半径。

$$R = \frac{X_d + X_{smin}}{2} = \frac{0.5201 + 0.158}{2} = 0.339\text{p. u.} \tag{9-57}$$

（2）异步阻抗的整定。异步边界阻抗圆的大小与 X_d、X'_d 有关，与系统阻抗值无关，可得

1）圆心。

$$\begin{cases} r = 0 \\ x = -\dfrac{1}{2}\left(\dfrac{X'_d}{2} + X_d\right) = -\dfrac{1}{2}\left(\dfrac{0.0577}{2} + 0.5201\right) = -0.274\text{p. u.} \end{cases} \tag{9-58}$$

2）半径。

$$R = \frac{1}{2}(X_d - 0.5X'_d) = \frac{1}{2}(0.5201 - 0.5 \times 0.0577) = 0.246\text{p. u.}$$

$$\tag{9-59}$$

（3）低电压判据的整定。

1）三相同时低电压继电器安装在机端。

$$U_{3\phi} < U_{set} = 0.8U_N \tag{9-60}$$

2）三相同时低电压继电器安装在升压变高压侧母线处。

$$U_{3\phi} < U_{set} = 0.885U_N \tag{9-61}$$

（4）动作延迟时间的整定。当失磁保护主判据采用静稳极限阻抗圆时，延迟动作时间整定为 $t_1 = 1.5\text{s}$；采用异步边界阻抗圆时，延迟动作时间整定为 $t_2 = 0.5\text{s}$。

3. 测试内容

在图 9-23 所示试验系统上对新型失磁保护方案和现有失磁保护进行测试，并对二者的动作情况进行比较分析，以对新型失磁保护方案做出评价。比较分析时考虑了以下两种情况：

（1）发电机发生失磁故障，包括短路全失磁、部分失磁、开路失磁三种情形，以全面反映发电机失磁故障。

（2）电力系统发生振荡，包括临界失稳和临界稳定振荡两种情形，以评价

失磁保护的选择性。

发电机失磁后对系统的影响取决于失磁前发电机初始运行点、机组参数、系统接线、负荷等。失磁保护动作性能的优劣则主要取决于发电机参数、初始运行点。为了正确检验新型失磁保护的性能，利用 PSASP 软件仿真分析失磁保护的动作特性时，分别考虑了发电机的 10 个迟相运行点和 10 个进相运行点。因此，仿真计算共进行了 100 次：20 次短路全失磁、20 次部分失磁、20 次开路失磁、20 次临界失稳振荡、20 次临界稳定振荡。

系统振荡是在升压变出口侧设置三相短路故障，持续一定时间后切除故障实现的。仿真时细致选择了故障持续时间，以使得系统振荡类型为临界失稳振荡或临界稳定振荡。

图 9-24 示出了发电机的容量曲线及 20 个初始运行点的位置。

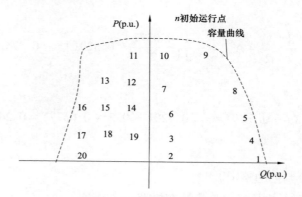

图 9-24　发电机初始运行点

4. 仿真结果分析

（1）发电机失磁。发电机分别运行在 20 个初始负荷点失磁时，三种失磁保护方案的动作情况见表 9-9。

表 9-9　　　　　　　　发电机失磁时三种失磁保护方案动作对比

方案	短路全失磁时 正确动作率（%）	部分失磁时 正确动作率（%）	开路失磁时 正确动作率（%）
静稳极限阻抗圆	100	100	80
异步边界阻抗圆	100	100	65
新型失磁保护	100	100	100

可以看出，发电机短路失磁、部分失磁时，三种失磁保护方案都能可靠动作。但当发电机为开路失磁时，现有失磁保护正确动作率较低。

图9-25示出了在初始功率 $S=2.7+j0.9$（p.u.）下失磁时，三种失磁保护的动作情况。

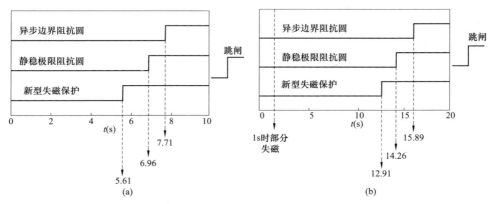

图9-25 三种失磁保护方案动作对比 ［初始负荷 $S=2.7+j0.9$（p.u.）］

（a）发电机短路失磁时；（b）发电机部分失磁时

由表9-9、图9-25可知，发电机失磁时，三种失磁保护方案都能正确动作，但新型失磁保护方案由于延时时间很短，较已有失磁保护，动作速度明显加快。

为了分析开路失磁时的现有保护方案拒动的原因，图9-26、图9-27示出了在初始功率 $S=1.5+j1.2$（p.u.）和 $S=2.7+j0.3$（p.u.）下开路失磁时，机端阻抗轨迹的变化及静稳极限阻抗圆、异步边界阻抗圆元件的动作情况。

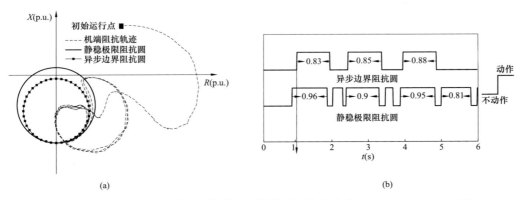

图9-26 开路失磁时现有失磁保护的动作情况 ［初始负荷 $S=1.5+j1.2$（p.u.）］

（a）机端阻抗变化轨迹；（b）阻抗圆动作信号

由图9-26（a）可知，若初始负荷为 $S=1.5+j1.2$（p.u.），则当发电机发生开路失磁故障后，机端阻抗轨迹进入又离开阻抗圆，且在圆外的部分占比较大，不能可靠地停留在圆内。由图9-26（b）知，静稳极限阻抗圆元件、异步边界阻抗圆元件动作、复归频繁。对于异步边界阻抗圆元件，该元件在 $t=1.05$s时刻动作，并保持动作信号0.83s，这超过了异步边界阻抗圆元件后的延时元件的整定值 $t_{set}=0.5$s。因此，采用异步边界阻抗圆为主判据的现有失磁保护方案正确动作。对于静稳极限阻抗圆元件，该元件动作后能保持的最长时间为0.96s，没能达到静稳极限阻抗圆元件后的延时元件的整定值 $t_{set}=1.5$s。因此，采用静稳极限阻抗圆为主判据的现有失磁保护方案拒动。

由图9-26还可知，若初始负荷较轻，则发电机开路失磁后的振荡幅度较小、振荡频率较低，机端阻抗轨迹停留在阻抗圆内、圆外的时间都较长。较静稳极限阻抗圆元件，异步边界阻抗圆后的延时元件整定值较短，以静稳极限阻抗圆为主判据的现有保护方案比以异步边界阻抗圆为主判据的保护方案更容易拒动。在本仿真算例中就出现了以异步边界阻抗圆为主判据的保护方案正确动作，以静稳极限阻抗圆为主判据的保护方案拒动的状况。还可推知，若初始负荷继续减小，则机端阻抗轨迹停留在阻抗圆内的时间将延长，以静稳极限阻抗圆为主判据的保护方案正确动作的可能性将加大。实际上，初始负荷更轻的算例也验证了这一点。这也从侧面说明了发电机开路失磁后减负荷措施的有效性。

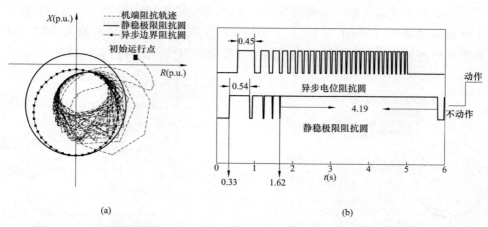

图9-27 开路失磁时现有失磁保护的动作情况 ［初始负荷 $S=2.7+j0.3$（p.u.）］
（a）机端阻抗变化轨迹；（b）阻抗圆动作信号

由图9-27（a）可知，若初始负荷为 $S=2.7+j0.3$（p.u.），则当发电机发生开路失磁故障后，机端阻抗轨迹更加频繁的进出阻抗圆，同样不能可靠的停留在圆内，但在圆内的部分占比较大。由图9-27（b）可知，异步电位阻抗圆元件动作、复归频繁。异步电位阻抗圆元件动作后能保持的最长时间为0.45s，没能达到静稳极限阻抗圆元件后的延时元件的整定值 $t_{set}=0.5\text{s}$。因此，此时采用异步电位阻抗圆为主判据的现有失磁保护方案拒动。对于静稳极限阻抗圆元件，该元件第一次动作的时刻 $t=0.33\text{s}$ 比异步电位阻抗圆元件动作时的时刻还早。但由于该动作信号仅能保持 0.54s，没能达到静稳极限阻抗圆元件后的延时元件的整定值 $t_{set}=1.5\text{s}$，采用静稳极限阻抗圆为主判据的现有失磁保护方案的动作时刻被迫推迟。直到 $t=1.62\text{s}$ 时刻，静稳极限阻抗圆元件动作信号的保持时间才超过 1.5s，保护在 3.12s（$1.62+1.5$）时刻动作。还可推知，此时新型失磁保护的动作时刻为 0.43s（$0.33+0.1$），较现有失磁保护方案动作速度明显加快。

由图 9-27 还可知，若初始负荷较重，则发电机开路失磁后的振荡幅度较大、振荡频率较高，机端阻抗轨迹虽在变化但较集中。由于静稳极限阻抗圆元件的动作区域更大，机端阻抗轨迹可能频繁进出异步电位阻抗圆，但完全停留在静稳极限阻抗圆内的可能性则较大。相应地，以静稳极限阻抗圆为主判据的现有失磁方案正确动作的可能性更高。在本仿真算例中就出现了以异步电位阻抗圆为主判据的保护方案拒动，以静稳极限阻抗圆为主判据的保护方案正确动作的状况。还可推知，即使初始负荷继续增加，机端阻抗轨迹更为集中，但由于其仍可能频繁进出异步边界阻抗圆，以异步边界阻抗圆为主判据的保护方案的拒动可能性减小甚微；而以静稳极限阻抗圆为主判据的保护方案的正确动作的可能性将进一步提高。实际上，初始负荷更重下的算例也验证了这一点。因此，发电机重载下开路失磁时，以异步边界阻抗圆为主判据的保护方案的拒动可能性非常高。

（2）系统振荡。在 20 个初始负荷点下系统振荡时，各保护方案的动作情况见表 9-10。

表 9-10　　　　　　　系统振荡时三种失磁保护方案动作对比

方案	稳定振荡时误动率（%）	失稳振荡时误动率（%）
静稳极限阻抗圆	0	20
异步边界阻抗圆	0	10
新型失磁保护	0	0

可以看出，系统稳定振荡时，三种失磁保护方案都能可靠动作。系统失稳振荡时，现有失磁保护有误动发生，新型失磁保护则正确不动作。

为了分析系统振荡时以静稳极限阻抗圆为主判据的现有保护方案误动的原因。图 9-28 示出了在发电机初始功率 $S=2.7-\text{j}0.6$（p.u.）下系统振荡时，机端阻抗轨迹的变化及静稳极限阻抗圆、异步边界阻抗圆元件的动作情况。

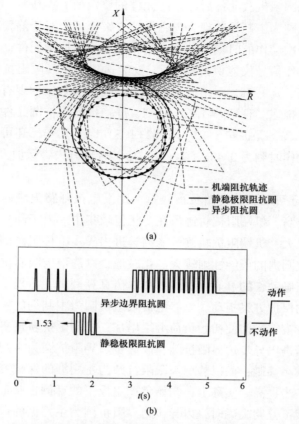

图 9-28   系统振荡时现有失磁保护的动作情况 ［初始负荷 $S=2.7-j0.6$（p. u. ）］
(a) 机端阻抗变化轨迹；(b) 阻抗圆动作信号

由图 9-28（a）可知，若发电机初始负荷较重，则在系统发生振荡后，机端功率振荡幅度较大，这造成机端阻抗轨迹较为集中，并且非常频繁的进入阻抗圆。由于静稳极限阻抗圆的动作区域较大，机端阻抗轨迹停留在该圆内的时间较长。由图 9-28（b）可知，较静稳极限阻抗圆元件，异步边界阻抗圆元件动作、复归的频率更高。尽管异步边界阻抗圆元件频繁动作，但其动作信号的持续时间非常短，没能超过异步边界阻抗圆元件后的延时元件的整定值 $t_{set}=0.5s$。因此，采用异步边界阻抗圆为主判据的现有失磁保护方案可靠不动。而静稳极限圆元件动作后能保持的时间则较长，该元件第一次动作后，保持 1.53s 才复归。这超过了静稳极限阻抗圆元件后的延时元件的整定值 $t_{set}=1.5$。因此，采用静稳极限阻抗圆为主判据的现有失磁保护方案将误动。

由机端测量阻抗表达式可知，若初始负荷较重且发电机进相运行，则测量阻抗中的电阻值较小、电抗值在阻抗复平面的下半部分，机端测量阻抗始终落在两阻抗圆内的可能性都较大，且停留在静稳极限阻抗圆内的时间较长。但由于静稳极限阻抗圆元件后的延迟时间值也较大，以静稳极限阻抗圆为主判据的现有失磁保护方案是否误动取决于具体的场景。在图9-28所示的仿真结果中虽出现了以静稳极限阻抗圆为主判据的保护方案误动的情况，但这并不能代表所有的场景。还可推知，初始负荷继续加重后，一方面，机端测量阻抗轨迹进出阻抗圆的频率更高，停留在阻抗圆内的时间更短；另一方面，机端测量阻抗轨迹始终停留在静稳极限阻抗圆内的可能性更大。因此，仅依靠理论推导无法确定以静稳极限阻抗圆为主判据的失磁保护方案是否在此情况下误动。这也侧面说明了现有失磁保护方案存在着可靠性较低的不足。

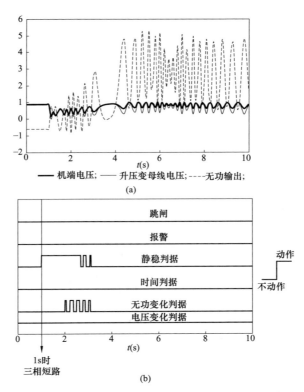

图9-29　系统振荡时新型失磁保护的动作情况 ［初始负荷 $S = 2.7 - j0.6$（p.u.）］

(a) 电气量变化曲线；(b) 动作信号

与现有失磁保护方案相比，新型失磁保护方案正确不动作。由图9-29（a）可知，系统发生故障后，电压变化判据、无功变化判据的动作条件都不满足。由图9-29（b）所示的动作信号可知，在系统振荡的暂态过程中，电压变化判据会误动，静稳判据也会偶尔动作。但在无功变化判据、时间判据的共同作用下，新型失磁保护Ⅰ段的报警信号、Ⅱ段的跳闸信号都不会误动，表现出良好的选择性。

为了分析系统振荡时以异步边界阻抗圆为主判据的现有保护方案误动的原因。图9-30（a）所示出了在发电机初始功率 $P=1.5-j1.5$（p.u.）下系统振荡时，机端阻抗轨迹的变化及静稳极限阻抗圆、异步边界阻抗圆元件的动作情况。作为对比，图9-30（b）所示出了新型失磁保护各判据及方案的动作情况。

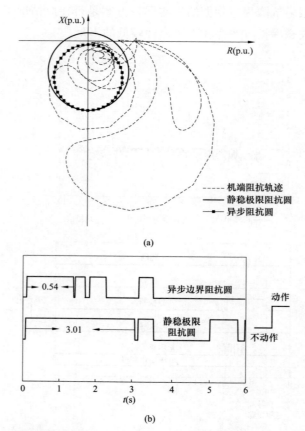

图9-30　系统振荡时现有失磁保护的动作情况［初始负荷 $P=1.5-j1.5$（p.u.）］
（a）机端阻抗变化轨迹；（b）阻抗圆动作信号

由图9-30（a）可知，若发电机初始负荷较轻，则在系统发生振荡后，机端功率振荡幅度较小、振荡频率较低，造成机端阻抗轨迹非常分散。另外，随着时间的增加，机端阻抗轨迹逐渐远离阻抗圆，阻抗元件不再动作。尽管机端阻抗轨迹虽进入阻抗圆而没有始终停留在阻抗圆内，但由于系统振荡幅度较小、振荡频率较低，阻抗轨迹停留在圆内的时间也较长。由图 9-30（b）可知，异步边界阻抗圆、静稳极限阻抗圆第一次动作后，其动作信号分别保持了 0.54s、3.01s，这都分别超过了异步边界阻抗圆元件、静稳极限阻抗圆元件后的延时元件的整定值 $t_{set}=0.5s$、$t_{set}=1.5s$。以阻抗圆为主判据的现有失磁保护方案将误动。

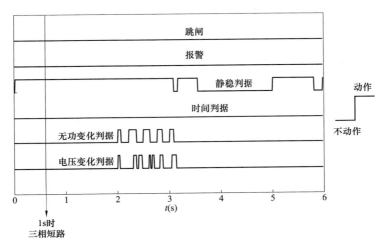

图 9-31　系统振荡时，新型失磁保护方案
各判据动作情况 ［初始负荷 $P=1.5-j1.5$（p.u.）］

由图 9-31 可知，相对于现有失磁保护的误动，新型失磁保护方案将正确不动作。在系统发生故障的暂态过程中，静稳判据动作、电压变化判据、无功变化判据不动作；系统振荡进入稳态过程后，静稳判据不动作、电压变化判据、无功变化判据动作。静稳判据和电压变化判据、无功变化判据互为补充，共同作用以保证新型方案的选择性。另外，时间判据动作条件的始终不满足也进一步提高了新型保护方案的选择性。

参考文献

［1］卢强，梅生伟，孙元章. 电力系统非线性控制 ［M］. 北京：清华大学出版社，2008.

［2］印永华，郭剑波，赵建军，等. 美加"8·14"大停电事故初步分析以及应吸取的教训 ［J］. 电网技术，2003，28（10）：8-11.

［3］Final report on the August 14, 2003 Blackout in the United States and Canada.

［4］王维俭.电气主设备继电保护原理与应用（第二版）［M］.北京：中国电力出版社，2002.

［5］李滨，韦化，农蔚涛，等.基于现代内点理论的互联电网控制性能评价标准下的 AGC 控制策略［J］.中国电机工程学报，2008，25：56-61.

［6］郭庆来，孙宏斌，张伯明，等.协调二级电压控制的研究［J］.电力系统自动化，2005，23：19-24.

［7］卢强，梅生伟，孙元章.电力系统非线性控制［M］.北京：清华大学出版社，2008.

［8］严姝.多机电力系统励磁与汽门分散鲁棒协调控制的研究［D］.北京：清华大学，2000.

［9］郝玉山，王海风，韩祯祥，等.电力系统稳定器实现于调速系统之研究第一部分：可行性分析［J］.电力系统自动化，1992（5）：36-42+60.

［10］李文沅.电力系统安全经济运行——模型与方法［M］.重庆：重庆大学出版社，1989.

［11］庄莉莉.电网调度 AGC 机组性能评测的研究与实现［D］.上海：上海交通大学，2009.

［12］高宗和，滕贤亮，张小白.互联电网 CPS 标准下的自动发电控制策略［J］.电力系统自动化，2005，（19）：40-43.

［13］LEFEBVRE H.，FRANGIER D.，BOUSSION J. Y.，et al. Secondary Coordinated Voltage Control System：Feedback of EDF. In：Proceedings of IEEE PES 2000 Summer Meeting［J］. Seattle（WA. US），2000：290-295.

［14］雷晓蒙.美国西部电网 1996 年两次大面积停电事故初步分析［J］.中国电力，1996，29（12）：62-67.

［15］杨建华.华中电网一次调频考核系统的研究与开发［J］.电力系统自动化，2008，32（9）：96-99.

［16］Zhang Jiankun，Hu Wei，Xu Fei，et al. Study on a new Loss-of-Field Protection Strategy［J］. Polyring Chloride，2012：1-6.

［17］张建坤.考虑机网协调下大型汽轮发电机失磁保护控制策略的研究［D］.北京：清华大学，2011.